21世纪高等学校计算机规划教材

21st VBentury University Planned Textbooks of VBomputer SVBienVBe

VB语言程序设计教程（第2版）

VB Language Programming (2nd Edition)

杨忠宝 刘向东 主编

康顺哲 官宇哲 李颖昉 副主编

高校系列

人 民 邮 电 出 版 社

北 京

图书在版编目（CIP）数据

VB语言程序设计教程 / 杨忠宝，刘向东主编. -- 2版. -- 北京 : 人民邮电出版社，2015.2
21世纪高等学校计算机规划教材. 高校系列
ISBN 978-7-115-38447-8

Ⅰ. ①V… Ⅱ. ①杨… ②刘… Ⅲ. ①BASIC语言—程序设计—高等学校—教材 Ⅳ. ①TP312

中国版本图书馆CIP数据核字(2015)第030043号

内 容 提 要

本书主要介绍了 Visual Basic 的基础知识、Visual Basic 语言的常用对象、控件的概念及开发简单 Visual Basic 程序的步骤、3 种基本控制结构、数组、过程、标准控件、高级控件、菜单、文件、数据库开发和网络开发等知识。另外，本书配有《VB 语言程序设计实验教程》，为学生提供配套的辅导教材。

本书既可作为高等院校 Visual Basic 程序设计课程的教材，也可作为爱好者学习 VB 语言的参考书。

◆ 主　　编　杨忠宝　刘向东
副 主 编　康顺哲　官宇哲　李颖昉
责任编辑　武恩玉
责任印制　沈　蓉　彭志环

◆ 人民邮电出版社出版发行　　北京市丰台区成寿寺路 11 号
邮编　100164　　电子邮件　315@ptpress.com.cn
网址　http://www.ptpress.com.cn
北京七彩京通数码快印有限公司印刷

◆ 开本：787×1092　1/16
印张：17.25　　2015 年 2 月第 2 版
字数：449 千字　　2025 年 1 月北京第 24 次印刷

定价：39.80 元

读者服务热线：(010)81055256　印装质量热线：(010)81055316
反盗版热线：(010)81055315
广告经营许可证：京东市监广登字20170147号

第 2 版前言

Visual Basic 语言在计算机程序设计领域应用非常广泛，它具有功能丰富、使用方便、语法灵活等诸多优点。

Visual Basic 语言是我国各高校非计算机专业普遍开设的一门重要的计算机基础课程，也是计算机专业学生学习程序设计语言的必修课程。同时，也是全国计算机等级考试二级考试的主要语言。本书内容主要是根据全国计算机等级考试二级考试大纲设计的，又补充了数据库程序设计和网络程序设计的相关知识。所以，本书既可作为各大学语言课程的教学用书，也可作为全国计算机等级考试二级考试的参考用书。

本书是第 1 版的修订版。第 1 版深受读者欢迎，4 年来累计发行量多达 2 万册。第 2 版在保持第 1 版的结构体系的基础上，又补充了一些新知识，如多窗体程序设计；并更正了第 1 版的错误，删除了全国计算机等级考试二级考试大纲中没有的内容，如 MDI 窗体设计。另外，除了数据库程序设计和网络程序设计这两章以外，对其他章节的示例也做了大量的更新。

编者结合多年从事 Visual Basic 语言及全国计算机等级考试二级考试教学的经验编写此书。本书主要特点如下。

（1）分析近几年全国计算机等级考试二级考试试题，将知识点、考点合理分布在各章；各章节内容由浅入深，前后内容衔接合理。

（2）理论联系实际，尽可能将概念、知识点与例题结合起来，力求通俗易懂。

（3）书中大部分例题和习题都是选自历年全国计算机等级考试二级考试原题。本书大部分例题都是经典试题，适合举一反三。课后习题的题型与全国计算机等级考试二级考试题型完全一致。

（4）每道例题都添加了必要的中文注释，并且程序中输入/输出提示信息也都采用中文，增加了程序的可读性。

（5）稍有难度的例题都配有算法分析、设计步骤、配套图表及运行结果。

（6）流程控制语句均配有程序流程图。

（7）书中所提供的例题均在 Visual Basic 6.0 平台下实际运行通过。两个数据库实例中的图片存取程序非常实用，读者可以直接选用。

为了便于教学和自学，我们还编写了下列与本教材配套的教学工具。

《VB 语言程序设计实验教程》：包括知识点、实验内容、课程设计、自测习题；

《VB 语言程序设计教程》教材的配套 PowerPoint 电子课件；

《VB 语言程序设计教程》教材的源程序已在 Visual Basic 6.0 环境下编译调试通过。

上述课件和源程序有需要者可登录人民邮电出版社教学服务与资源网（http//:www.ptpedu.com.cn）免费下载。

本书由杨忠宝、刘向东、康顺哲、官宇哲、李颖昉、吕伟力编写。全书由杨忠宝主编并统稿。

由于编者水平有限，书中难免存在缺点和错误，殷切希望读者批评指正。

邮箱地址：876494387@qq.com。

编　者

2014 年 11 月

目 录

第 1 章 Visual Basic 概述

本章简单介绍 Visual Basic 的发展历程与主要特点，重点介绍 Visual Basic 6.0 的集成开发环境，使读者对 Visual Basic 有一个概括性的认识和了解。

1.1 Visual Basic 的发展历程及特点

1.1.1 Visual Basic 的发展历程

Visual Basic（VB）是由美国微软公司于 1991 年开发的一种可视化的、面向对象和采用事件驱动方式的结构化高级程序设计语言，可用于开发 Windows 环境下的各类应用程序，它简单易学、效率高，且功能强大。

Visual 意为可视的、可见的，指的是开发 Windows 下的 GUI（图形用户界面）应用程序时，不需要编写大量代码去描述界面元素的外观和位置，只要把预先建立好的对象拖放到屏幕上相应的位置即可。程序员可以像堆积木一样使用现成的对象来开发应用程序。

Basic 指的是 BASIC（Beginners All Purpose Symbolic Instruction Code）语言，它是一种在计算机技术发展历史上应用最为广泛的语言。VB 在原有 BASIC 语言的基础上进一步发展，至今包含了数百条语句、函数及关键字。程序员可以用 VB 实现其他任何编程语言的功能，而初学者只要掌握几个关键字就可以建立简单实用的应用程序。

1991 年，微软公司推出了 VB 1.0 版本。在此之后，微软公司相继于 1992 年推出 2.0 版，1993 年推出 3.0 版，1995 年推出 4.0 版，1997 年推出 5.0 版，1998 年推出 6.0 版，VB 6.0 一直沿用到现在。

VB 6.0 有 3 种不同的版本，可满足不同的开发需要。

（1）学习版：是 VB 的基础版本，适合初学者用来学习开发 Windows 应用程序。该版本包括所有的内部控件以及网格（Grid）控件、选项卡控件和数据绑定控件。

（2）专业版：为专业编程人员提供了一整套功能完备的开发工具。该版本包括学习版的全部功能以及 ActiveX 控件、Internet 控件、集成的数据库工具和数据编辑环境、ADO 和 DHTML。

（3）企业版：使得专业编程人员能够开发功能强大的组内分布式应用程序。该版本包括专业版的全部功能，同时具有自动化管理器、部件管理器、数据库管理工具、Visual SourceSafe 面向对象的控制系统等。

本书中使用的开发环境是 VB 6.0 中文企业版。

1.1.2 Visual Basic 语言的主要特点

VB 是一种新型的现代程序设计语言，具有很多与传统程序设计语言不同的特点，其主要的特点如下。

1. 可视化的编程工具

用传统程序设计语言设计程序时，主要的工作就是设计算法和编写代码，程序的各种功能和用户界面都可以通过程序语句来实现。在设计过程中看不到界面的实际显示效果，必须在编译后运行程序才能观察效果，有时要反复修改多次。这种重复的操作会大大影响软件的开发效率。VB 提供了可视化设计工具。程序设计者只要从“工具箱”中选择所需工具（控件），按设计要求在屏幕上画出各种控件，就可以得到相应的对象，然后设置这些对象的属性。VB 将自动生成界面程序代码，程序设计者只需编写实现程序功能的那部分代码即可。与传统程序设计语言相比，提高了编程效率。

2. 面向对象的程序设计

VB 是面向对象的程序设计语言，它把程序和数据封装起来作为一个对象，并为每个对象赋予应有的属性，使对象成为实在的东西。在设计对象时，不必编写建立和描述每个对象的程序代码，而是用工具在界面上画出来，VB 便会自动生成对象的程序代码并封装起来。如 VB 中的窗体和控件，就是它的对象。这些对象是由系统设计好并提供给用户使用的。对象的建立、移动、增删、缩放操作也是由系统规定好的，这比一般的面向对象程序设计中的操作要简单得多。

3. 事件驱动的编程机制

VB 是采用事件驱动编写机制的语言。传统编程是面向过程的，采取的方式是按程序事先设计好的流程运行。这种编程方式的缺点是编程人员总是要关心什么时候发生什么事情。而在事件驱动编程中，应用程序在响应不同的事件时，驱动不同的事件代码，并不是按预定的顺序来执行的。一个对象可能会产生多个事件（如单击、双击、获得焦点等），每个事件都可以通过一段代码来响应。为了让窗体或控件响应某个事件，必须把代码放入到这个事件的事件过程之中。

4. 结构化的程序设计语言

VB 是在 Basic 和 Quick Basic 语言的基础上发展起来的，具有高级语言的语句结构，用过程作为程序的组织单位，是理想的结构化语言。

5. 强大的数据库功能

VB 支持各类数据库和电子表格，如 Microsoft Access、SQL Server、Oracle、Excel、Lotus 等，并提供了方便的数据库与控件连接的功能，开发人员只要设计控件与数据库的数据连接，就可以做出功能强大的数据库应用系统。VB 6.0 中新增了功能强大、使用方便的 ADO（ActiveX Data Objects）技术。ADO 包括了现有的开放式数据连接 ODBC 功能，可以通过直接访问或建立连接的方式使用并操纵后台大型网络数据库，从而使网络数据库的开发更加快捷、简单。

6. 动态数据交换功能

VB 提供了动态数据交换（Dynamic Data Exchange，DDE）技术，可以在应用程序中与其他 Windows 应用程序建立动态数据连接交换，在不同的应用程序之间进行通信。

7. ActiveX 技术

VB 提供了 ActiveX（OLE）技术（也称对象的链接和嵌入技术）。该技术可以将多个应用程序看作不同的对象，将它们连接起来组合为一体，再嵌入某个应用程序中。而这些应用程序可以通过许多不同的工具来创建。这样就可以在开发应用程序的过程中利用其他应用程序提供的功能。

8. 定制 ActiveX 控件

在 VB 6.0 中，可以开发用户自己的 ActiveX 控件，并把它作为集成开发环境和运行环境的一部分为开发应用程序提供服务。

9. ActiveX 文档

ActiveX 文档是一种能在 Internet 浏览器窗口中显示的窗体，提供了内置的视口滚动、超链接以及菜单组合。建立 ActiveX 文档同建立其他 VB 窗体一样，可以包含可插入的对象，如 Microsoft Excel 的数据透视表，还可显示一些消息框和次级窗体；更重要的是它能控制包含它的页面。

10. 动态链接库和 WinAPI

VB 不仅支持对动态链接库（Dynamic Link Library，DLL）的调用，还支持访问 Microsoft Windows 操作系统的 API 函数，完成窗口与图形的显示、内存管理或其他任务。通过动态链接库可以将其他语言编写的各种例程加入到 VB 应用程序中，像调用内部函数一样调用它们。

11. 网络功能

在 Internet 编程上，VB 6.0 提供了 IIS 和 DHTML（Dynamic HTML）两种类型的程序设计方法。利用它们进行程序设计，编程人员不再需要学习编写脚本和操作 HTML 标记，就可以开发功能很强的基于 Web 的应用程序。

1.2 Visual Basic 6.0 的安装与启动

1.2.1 Visual Basic 6.0 的安装

VB 6.0 的安装工作由系统提供的相应安装程序 Setup.exe 完成。安装步骤如下。

（1）插入具有 VB 6.0 系统安装文件的光盘。

（2）运行 VB 6.0 安装程序 Setup.exe，进入“安装程序向导”，如图 1-1 所示。

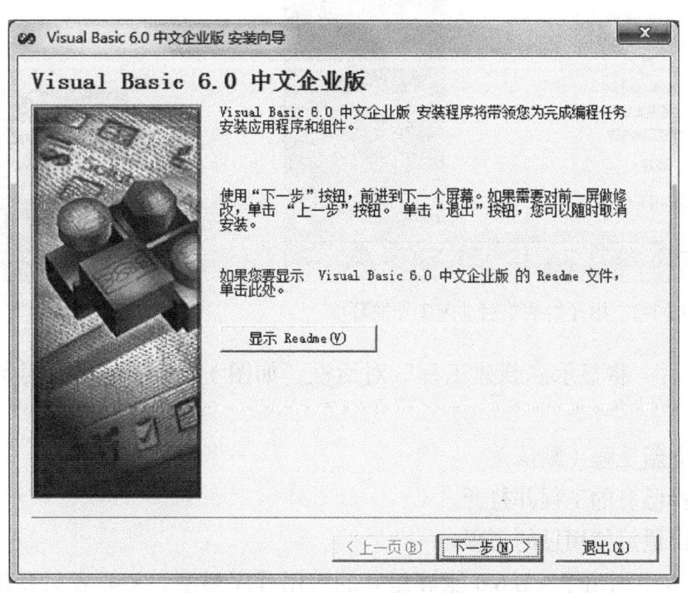

图 1-1 “Visual Basic 6.0 中文企业版安装向导”对话框

（3）进入安装程序向导后，用户要阅读一份“最终用户许可协议”，单击“同意”按钮方可进行下一步安装，接着安装程序向导会要求用户选择安装 VB 6.0 的驱动器和文件夹，可以直接单击“确定”按钮，按默认文件夹安装。

（4）在进行以上步骤后，安装程序向导将显示安装类型选择窗体，有 3 种安装方式供选择：典型安装、自定义安装和最小安装。一般情况下，可选择典型安装，单击典型安装的按钮后，即开始 VB 6.0 应用程序的安装。安装完成后，会在 Windows 的开始菜单中添加“Microsoft Visual Basic 6.0 中文版”程序组。

1.2.2 Visual Basic 6.0 的启动与退出

1. Visual Basic 6.0 的启动

（1）在“开始”菜单中启动 VB 6.0。

① 单击屏幕左下角的“开始”按钮，选择“程序”菜单。

② 单击“Microsoft Visual Basic 6.0 中文版”子菜单下的“Microsoft Visual Basic 6.0 中文版”，如图 1-2 所示，就可以启动 VB 6.0。

（2）用快捷方式启动 VB 6.0。一般安装完成后，系统默认在桌面创建一个启动 VB 6.0 的快捷方式，如图 1-3 所示。用户只需双击该快捷方式即可启动 VB 6.0。

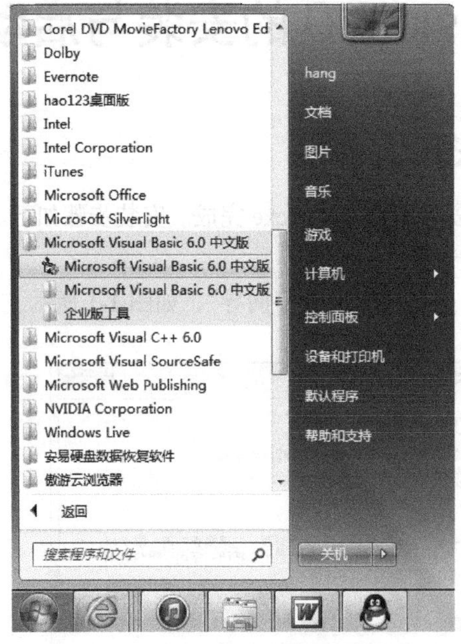

图 1-2　用开始菜单启动 VB 开发环境

图 1-3　用快捷方式启动 VB

启动 VB 6.0 后，将显示“新建工程”对话框，如图 1-4 所示。在该对话框中有如下 3 个选项卡。

① 新建：建立新工程（默认）。

② 现存：选择已有的工程并打开。

③ 最新：列出最近使用过的工程。

“新建”选项卡中列出了 VB 6.0 能够建立的应用程序类型，初学者只要选择默认的“标准 EXE”即可。单击“打开”按钮，就可以创建标准 EXE 工程，进入如图 1-5 所示的 VB 6.0 应用程序集成开发环境。

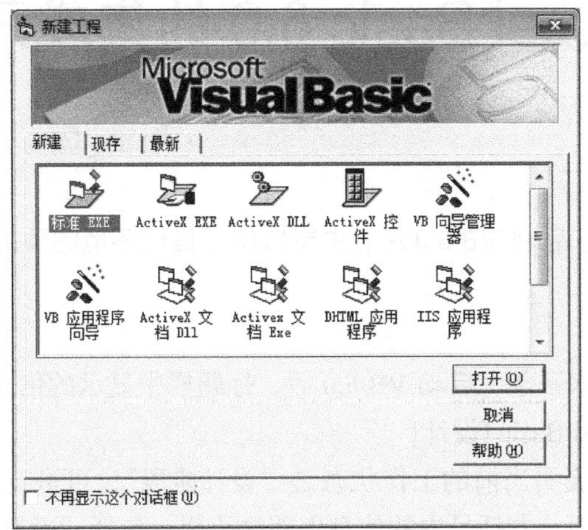

图 1-4 打开 VB 应用程序并新建工程

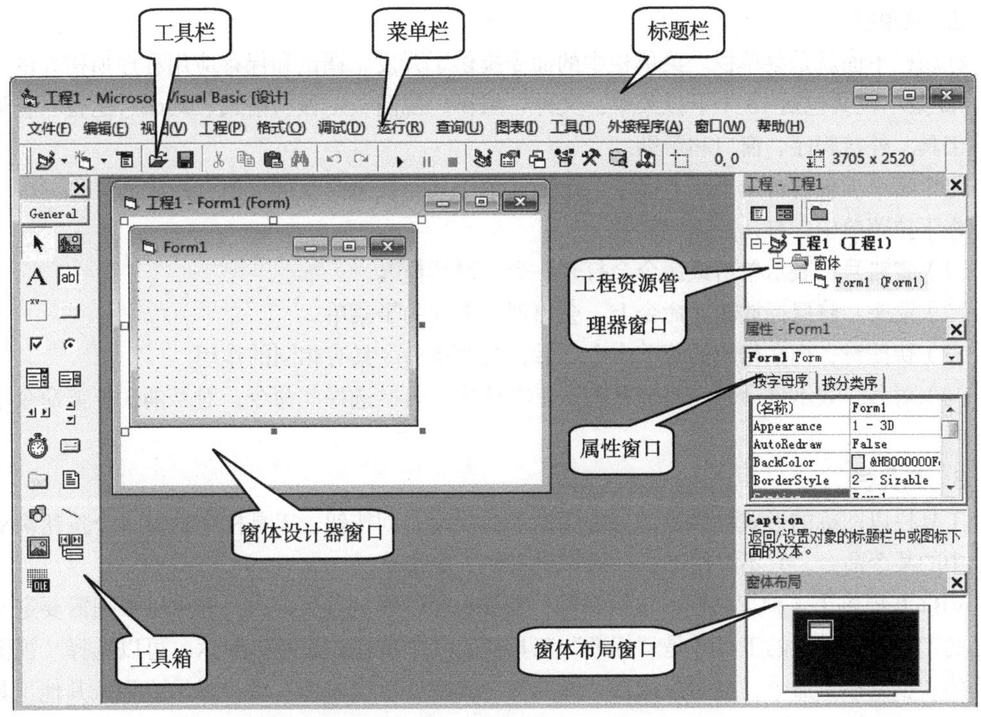

图 1-5 VB 6.0 应用程序开发环境

2. Visual Basic 6.0 的退出

退出 VB 6.0 并返回到 Windows 环境，有以下几种方法。

（1）在“文件”菜单中，单击“退出”命令。

（2）直接按 Alt + Q 组合键。

（3）单击标题栏上的关闭按钮。

（4）双击标题栏左侧的控制菜单。

1.3 Visual Basic 6.0 的集成开发环境

1.3.1 主窗口

主窗口也称设计窗口。启动 VB 6.0 后，主窗口位于集成环境的顶部，由标题栏、菜单栏和工具栏组成，如图 1-5 所示。

1. 标题栏

标题栏是屏幕顶部的水平条。启动 VB 6.0 后，标题栏中显示的信息为：

工程 1-Microsoft Visual Basic [设计]

方括号内的“设计”表明当前的工作状态是“设计阶段”，可进行用户界面的设计和代码的编制。随着工作状态的不同，方括号内的信息也随之改变，包括“运行”和“中断”。

标题栏最左端是控制菜单栏，最右端是最小化、最大化/还原、关闭按钮。

2. 菜单栏

标题栏下面就是菜单栏。菜单栏中的命令提供了开发、调试和保存应用程序所需要的工具。VB 6.0 菜单栏共包括 13 个下拉菜单：文件、编辑、视图、工程、格式、调试、运行、查询、图表、工具、外接程序、窗口和帮助。

每个菜单项包含若干个菜单命令，用鼠标单击某一条命令就可以执行相应的操作。

在下拉菜单中，有几点需要注意。

（1）省略号：表示单击该命令会打开一个“对话框”。

（2）箭头：将鼠标放在此命令上，会出现一个新的子菜单。

（3）快捷键：列在相应的菜单命令之后，与菜单命令具有相同的作用。

（4）对号：表示该命令在当前状态下正在使用。再次选择此命令，对号消失，该命令不起作用。

3. 工具栏

工具栏以图标的形式提供了部分常用命令的快速访问按钮。工具栏中的每一个按钮都对应着菜单中的某个命令，只不过用工具栏操作更方便、更快速。

VB 6.0 提供了 4 种工具栏，包括编辑、标准、窗体编辑器和调试，并可以根据需要定义用户自己的工具栏。默认的工具栏是“标准”工具栏，其中按钮如表 1-1 所示。可以选择“视图”菜单下的“工具栏”命令，或用鼠标在“标准”工具栏处单击鼠标右键，显示或隐藏其他工具栏。

表 1-1　标准工具栏按钮

图　标	名　称	功　能
	添加标准工程	用来添加新的工程。单击其右边的箭头，在弹出的下拉菜单中可以选择所要添加的工程类型
	添加窗体	用来添加新的窗体到工程中。单击其右边的箭头，在弹出的下拉菜单中可以选择所要添加的窗体类型
	菜单编辑器	显示菜单编辑器对话框
	打开工程	用来打开一个已经存在的工程文件
	保存工程（组）	用来保存当前的工程（组）文件

续表

图　标	名　称	功　能
	剪切	把选择的文字或控件剪切到剪贴板
	复制	把选择的文字或控件复制一份到剪贴板
	粘贴	将剪贴板上的内容复制到当前的插入位置
	查找	查找指定的字符串在程序代码窗口中的位置
	撤消	撤销上一次的编辑操作
	恢复	将上一次的撤销命令取消
	启动	启动目前正在设计的程序
	中断	暂时中断正在运行的程序
	结束	结束目前正在运行的程序，回到设计窗口
	工程资源管理器	打开工程资源管理器窗口
	属性窗口	打开属性窗口
	窗体布局窗口	打开窗体布局窗口
	对象浏览器	显示对象浏览器对话框
	工具箱	打开工具箱窗口
	数据视图	打开数据视图窗口
	可视化组件管理器	打开可视化组件管理器
600, 840　1215 x 495	数据显示区	显示当前对象的位置和大小（窗体工作区的左上角为坐标原点），左数字区显示的是对象的坐标位置，右数字区显示的是对象的宽度和高度

1.3.2　窗体设计器窗口

窗体设计器窗口简称窗体（Form），是应用程序最终面向用户的窗口。在窗体中可以设计菜单，可以添加按钮、文本框、列表框、图片框等控件，并通过窗体或窗体中的这些控件将各种图形、图像、数据等显示出来。

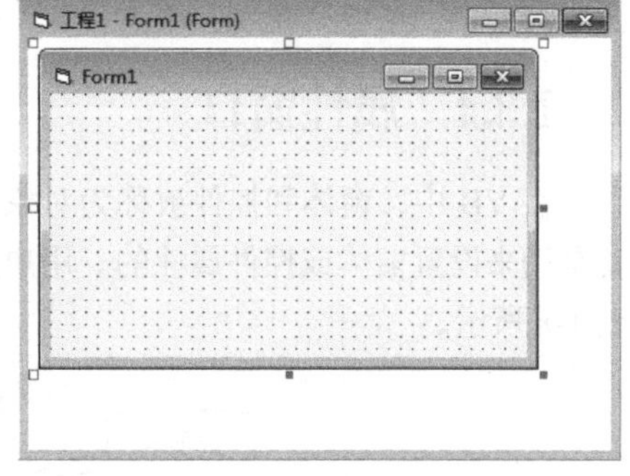

图 1-6　窗体设计器窗口

启动 VB 6.0 后，Form1 作为窗体的默认名称显示在屏幕上，如图 1-6 所示。若再添加新的空窗体，默认窗体名称为 Form2、Form3…。

窗体上有标准的网格点线，它用于对齐窗体中的控件。如果想清除网格点线或改变网格点线间的距离，则可以通过“工具”菜单下的“选项”命令（“通用”选项卡）进行调整。

1.3.3　工程资源管理器窗口

工程资源管理器窗口类似于 Windows 下的资源管理器。在这个窗口中列出了当前工程中的窗体和模块，其结构用树形的层次管理方法显示，如图 1-7 所示。应用程序就是在工程的基础上完成的，而工程又是各种类型的文件的集合。这些文件可以分为以下几类。

（1）工程文件（.vbp）和工程组文件（.vbg）：保存的是与该工程有关的所有文件和对象的清

单。每个工程对应一个工程文件。当一个应用程序包含两个以上的工程时，这些工程构成一个工程组，存储为工程组文件。

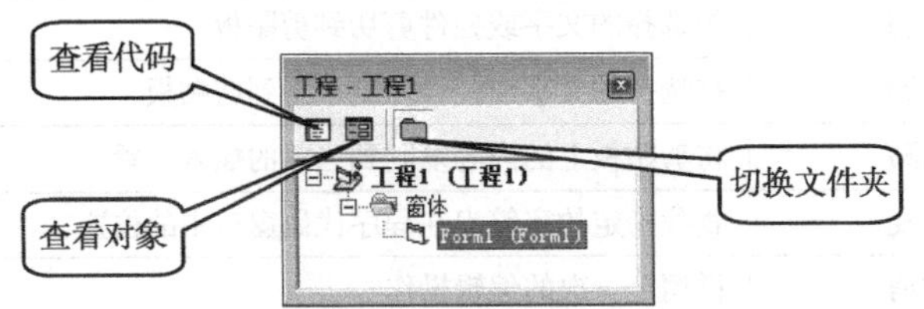

图 1-7　工程资源管理器窗口

（2）窗体文件（.frm）：窗体及其控件的属性和其他信息都存放在窗体文件中。一个工程可以有多个窗体（最多可达 255 个）。

（3）标准模块文件（.bas）：纯代码性质的文件，不属于任何一个窗体。主要用来声名全局变量和定义一些通用的过程，可以被不同窗体的过程调用。

（4）类模块文件（.cls）：VB 提供了大量预定义的类，同时也允许用户定义自己的类。每个类都用一个文件来保存，称为类模块文件。

（5）资源文件（.res）：保存的是各种“资源”，包括文本、图片、声音等。它由一系列独立的字符串、位图及声音文件组成。是一个纯文本文件。

除上面几类文件外，在工程资源管理器窗口的顶部还有 3 个按钮，如图 1-7 所示，它们的功能如下。

（1）“查看代码”按钮：切换到“代码窗口”，查看和编辑代码。

（2）“查看对象”按钮：切换到“窗体设计器窗口”，查看和编辑对象。

（3）“切换文件夹”按钮：折叠或展开包含在对象文件夹中的个别项目列表。

在工程资源管理器窗口中，括号内的文字是工程、窗体、模块、类模块等的存盘文件名，括号外是相应的名字（Name 属性）。每个工程名左侧都有一个方框，当方框内为“+”号时，表明此工程处于“折叠”状态，单击“+”号后变为“展开”状态，“+”号变为“-”号。

1.3.4　属性窗口

在 VB 中，窗体和控件被称为对象。每个对象都可以用一组属性来刻画其特征，而属性窗口就是用来设置窗体或控件属性的。用户可以通过修改对象的属性来设计满意的外观。属性窗口如图 1-8 所示。

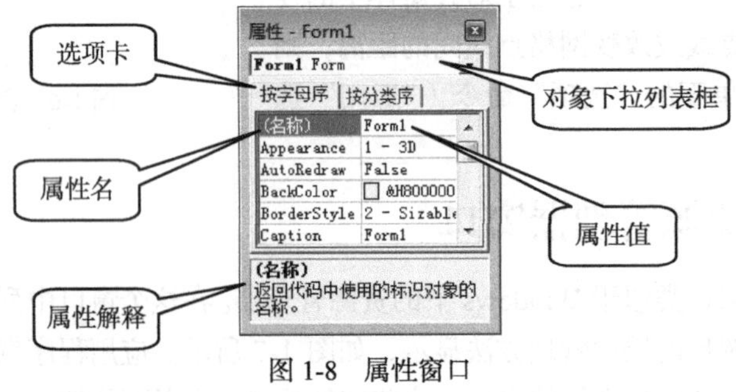

图 1-8　属性窗口

除了属性窗口标题外，属性窗口中还包括如下内容。

（1）对象下拉列表框：标识当前选定对象的名称和所属类型。单击右边的下拉按钮可打开所选窗体所含对象的列表，可从中选择要设置其属性的对象。

（2）选项卡：具有按字母顺序和按分类顺序两个方式，可以按不同的排列方式显示属性。

（3）属性列表框：可以滚动显示当前活动对象的所有属性。左侧显示的是属性名，右侧显示的是相应的属性值。

（4）属性解释：当在属性列表框中选取某一属性时，在该区内显示所选属性的含义。

属性窗口默认出现在 VB 6.0 集成环境中，若环境中没有属性窗口，可以用以下 3 种方法打开。

（1）执行“视图”菜单中的“属性窗口”命令。

（2）按 F4 键。

（3）单击工具栏上的“属性窗口”按钮。

1.3.5　工具箱窗口

工具箱窗口由工具图标组成。这些图标是 VB 应用程序的构件，称为控件，每个控件由工具箱中的一个工具图标来表示，如图 1-9 所示。

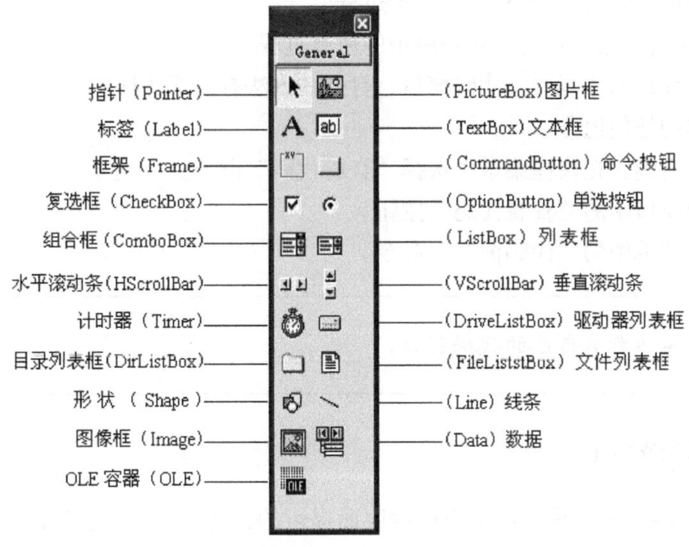

图 1-9　工具箱窗口

VB 中的控件通常分两类，一类称为标准控件，另一类称为 ActiveX 控件。其中标准控件是 VB 启动时默认显示在工具箱中的，是不能从工具箱中删除的；而 ActiveX 控件是用户需要时从“工具”菜单下的“部件”命令中添加的，是能从工具箱中删除的。

1.3.6　代码窗口

代码（Code）窗口又称“代码编辑器”，是用来编写和修改程序代码的，如图 1-10 所示。代码窗口中主要有“对象下拉列表框”“过程下拉列表框”和“代码区”几部分，其用途如下。

（1）对象下拉列表框：标识所选对象的名称，单击下拉按钮可以显示当前窗体及所含的所有对象名称。其中“通用”一般用于声明模块级变量或用户编写自定义过程。

（2）过程下拉列表框：列出了对象框中与所选对象有关的所有事件过程名。选择所需的事件过程名，就可以在代码区的该事件过程代码头尾之间编辑代码了。其中“声明”表示声明模块级变量。

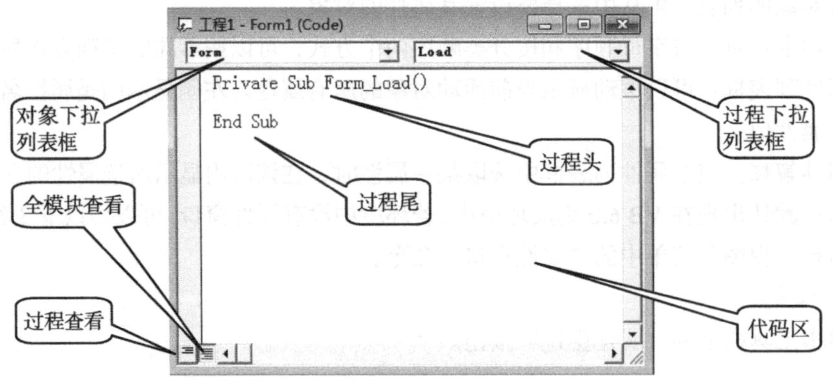

图 1-10　代码窗口

（3）代码区：是编写和修改程序代码的编辑区。

在代码窗口的左下角有如下两个查看按钮。

（1）“过程查看”按钮：一次只查看一个过程。

（2）“全模块查看”按钮：可查看程序中的所有过程。

只有在程序设计状态才能打开代码窗口，打开的方法有以下几种。

（1）双击窗体的任何地方。

（2）单击鼠标右键，在快捷菜单中选择“查看代码”命令。

（3）单击工程窗口中的“查看代码”按钮。

（4）单击视图菜单中的“代码窗口”命令。

每个窗体都有自己的代码窗口。

1.3.7　立即窗口

立即（Immediate）窗口是为调试应用程序而提供的，在运行应用程序时才有用，如图 1-11 所示。用户可以直接在该窗口利用 Print 方法或直接在程序中用 Debug.Print 显示所关心的表达式的值。

1.3.8　调色板窗口

在 VB 程序中经常会用到背景色彩（BackColor）和前景色彩（ForeColor），可以调出调色板直接选用某种颜色来进行设置，调色板窗口如图 1-12 所示。

图 1-11　立即窗口

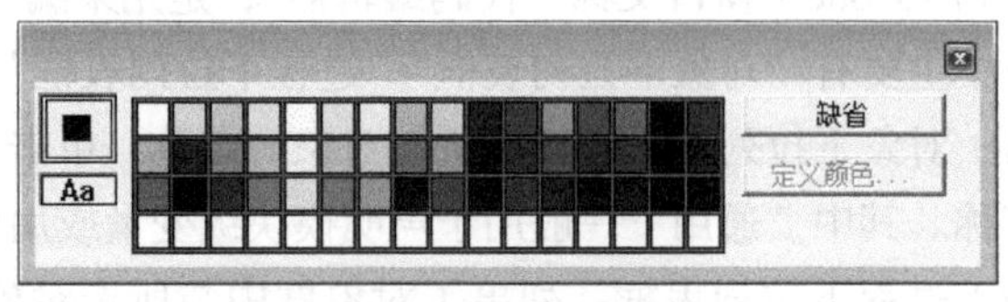

图 1-12　调色板窗口

1.3.9　窗体布局窗口

窗体布局（Form Layout）窗口用于设计应用程序运行时各个窗体在屏幕上的位置，如图 1-13 所示。用户只要用鼠标拖曳“窗体布局”窗口中计算机屏幕上的任一个 Form 窗体的位置，就可设置该窗体在程序运行时显示的初始位置。

图 1-13　窗体布局窗口

1.3.10　对象浏览器窗口

对象浏览器窗口是一个非常有用的 Visual Basic 工具，通过它去检查对象输出的属性和方法，以及各种必要的参数；测试人员可以利用这些信息创建对这些对象的验证性和功能性的测试，特别是对面向对象测试，非常有用，而且非常有效。对象浏览器窗口如图 1-14 所示。

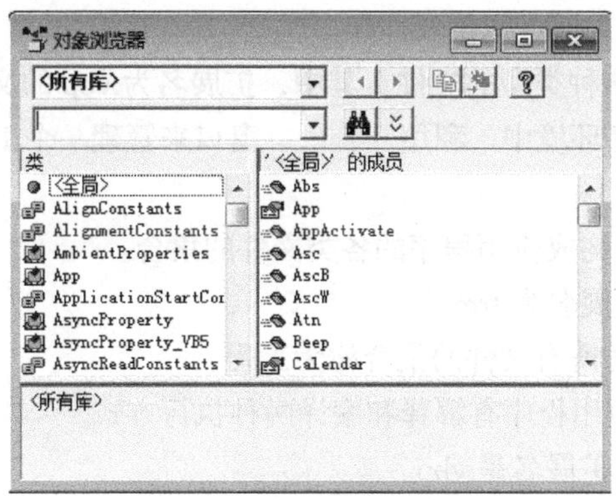

图 1-14　对象浏览器窗口

习　　题

一、选择题

1. 在 VB 集成开发环境中，用来编写和修改程序代码的窗口是（　　）。

   [A]属性窗口　　[B]代码窗口

   [C]立即窗口　　[D]工程资源管理器窗口

2. 下列可以打开立即窗口的操作是（　　）。

   [A]Ctrl+D 组合键　　[B]Ctrl+E 组合键

   [C]Ctrl+F 组合键　　[D]Ctrl+G 组合键

3. 以下叙述中错误的是（　　）。

   [A]VB 是事件驱动型可视化编程工具

[B]VB 应用程序不具有明显开始和结束语句

[C]VB 工具箱中的所有控件都具有宽度(Width)和高度(Height)属性

[D]VB 中控件的某些属性只能在运行时设置

4. 一个工程必须包含的文件的类型是（ ）。

[A]*.vbp *.frm *.frx　　[B]*.vbp *.cls *.bas

[C]*.bas *.ocx *.res　　[D]*.frm *.cls *.bas

5. 每个窗体对应一个窗体文件，窗体文件的扩展名是（ ）。

[A].bas　　[B].cls

[C].frm　　[D].vbp

二、填空题

1. 属性窗口由________、属性显示方式、________、属性解释四部分组成。
2. VB 6.0 适用于开发________环境下的应用程序。
3. 退出 VB 的组合键是________。
4. 工程资源管理器窗口顶部有 3 个按钮，分别为________、查看对象和切换文件夹。
5. VB 是一种面向________的程序设计语言，采用了________编程机制。
6. VB 6.0 是运行于 Windows 操作系统环境下的一个快速可视化程序开发工具，用它进行程序设计，有两个基本的特点，即可视化设计和________。
7. 一个工程可以包括多种类型的文件，其中，扩展名为.vbp 的文件表示________文件。
8. 在 VB 开发应用程序环境中，利用________窗口来管理一个工程及工程中所包含的文件。

三、判断题

1. VB 通过窗体管理，构成应用程序的各类文件的集合。（ ）
2. VB 的工程文件的扩展名为.frm。（ ）
3. 一个目标程序所需的所有文件的集合称为工程。（ ）
4. 由 VB 语言编写的应用程序有解释和编译两种执行方式。（ ）
5. VB 规定窗体文件的扩展名是.vbp。（ ）

第 2 章 Visual Basic 简单程序设计

本章将介绍面向对象程序设计的概念，几个常用的内部控件的属性、事件和方法，并通过一个简单的示例，说明 VB 应用程序设计的一般步骤。通过本章的学习，使读者对 VB 程序设计的概念、方法和过程有一个全面的了解。

2.1 面向对象程序设计基本概念

2.1.1 对象与类

在现实世界中，我们身边的一切事物都是对象，一本书、一个人、一台计算机、一次考试、一段程序等。每个对象都有描述其特征的属性和行为。

“类”是对具有相同属性和相同操作的一组对象的共同描述，是同类对象的抽象。例如，一个班级的所有同学都属于学生的范畴，学生就是一个类，其中“张三”是学生类中的一个具体对象。

在 VB 中，系统预先定义了众多的类，如控件工具箱中的命令按钮、文本框、计时器等控件就是 VB 系统预先定义的类。设计程序时可以用它来定义对象，当我们将控件工具箱中某个控件拖放到窗体上时，就相当于用该控件类定义了一个对象。一个对象就是类的一个实例。

在 VB 6.0 中，对象分为两种，一种是由系统设计好的，称为预定义对象，可以直接使用；另一种是由用户定义的，可以建立用户自己的对象。本书只介绍第一种。

后面要介绍的窗体和控件就是 VB 中预定义的对象，这些对象是由系统设计好提供给用户使用的，其移动、缩放等操作也是由系统预先规定好的。除了窗体和控件外，VB 还提供了其他一些对象，包括打印机、剪贴板、屏幕等。

在面向对象程序设计中，对象是系统中基本的运行实体。建立一个对象后，其操作是通过与该对象有关的属性、方法和事件来描述的。属性、方法和事件统称为对象的三要素。

2.1.2 对象的三要素

VB 中的对象由三大要素描述，分别是：描述对象的特性，即属性；对象执行的某种行为，即方法；作用在对象上的动作，即事件。

1. 属性

属性用来描述对象的特性，不同的对象有不同的属性。每个属性的取值称为属性值，不同的对象其同一属性的属性值也不相同。例如，有两台笔记本电脑，可以用显示屏尺寸、硬盘大小、

CPU 主频、内存容量等属性来分辨其差异。

同样的道理，VB 窗体或控件的属性决定了对象以什么样的外观展现在用户界面中。VB 中对象常用的属性有名称（Name）、标题（Caption）、颜色（Color）、字体（Font）、是否可见（Visible）等。

VB 中对象属性设置有以下两种方法：

（1）通过属性窗口设置对象的属性；

（2）在程序代码中通过赋值语句实现。

格式：`[对象名.]属性名 = 属性值`

例如，`Label1.Caption = "欢迎学习 Visual Basic 6.0"`。

这里，Label1 是对象名，代表标签；Caption 是属性名，表示“标题”；"欢迎学习 Visual Basic6.0" 是属性值。

说明：大部分属性既可以在属性窗口中修改，也可以在程序中用语句修改。但有些属性只能在属性窗口中修改，如 Name 属性，通常把只能通过属性窗口设置的属性称为“只读属性”。而有些属性只能在程序代码中用语句进行设置，如文本框的 SelStart、SelLength、SelText 属性等。

2. 方法

方法指的是作用在对象上的内部指令或函数的统称。方法决定了对象可以执行的动作（行为）。

格式：`[对象名.]方法名 [参数列表]`

说明：调用方法时，是否需要参数需根据方法的种类以及具体的使用情况而定。

例如，`Form1.Print "Visual Basic 语言程序设计！"`。

这里，Form1 是窗体的名称；Print 是方法；整个语句的功能是在 Form1 的窗体上显示字符串“Visual Basic 语言程序设计！”。

在调用方法时，可以省略对象名。此时，VB 会把当前窗体（Me）作为当前对象。下面 3 条语句是等价的。

```
Form1.Print "Visual Basic 语言程序设计！"
Me.Print "Visual Basic 语言程序设计！"
Print "Visual Basic 语言程序设计！"
```

3. 事件

所谓事件（Event），是由 VB 预先设置好的、能够被对象识别的动作。例如，Click（单击）、DblClick（双击）、Load（装入）、Gotfocus（获得焦点）、Activate（被激活）、Change（改变）等。

不同的对象能够识别的事件也不一样。例如，窗体能识别单击和双击事件，而命令按钮只能识别单击事件。

当事件由用户触发（如 Click）或由系统触发（如 Load）时，对象就会对该事件做出响应。响应某个事件后所执行的操作是通过一段代码来实现的，这段代码就叫作事件过程。在 VB 中，编程的核心就是为每个要处理的对象事件编写相应的事件过程，以便在触发该事件时执行相应的操作。

一般格式如下：

```
Private Sub 对象名_事件名([参数列表])
    …(程序代码)
End Sub
```

事件过程的开始（Private Sub 对象名_事件名）和结束（End Sub）是由系统自动生成的，因此程序员只需在事件过程中编写对事件做出响应的程序代码。例如：

```
Private Sub Command1_Click()
   '显示信息
   Text1.Text = "Visual Basic语言程序设计！"
   Form1.Print "欢迎学习VB语言程序设计！"
End Sub
```

这里，操作的对象是 Command1，事件是 Click（单击）。

说明：事件过程的名字（对象名_事件名）是固定的，用户是不能随意修改的。

2.2　窗　　体

窗体和控件都是 VB 中的对象，它们共同构成用户界面。窗体（Form）是所有其他控件的容器。窗体具有自己的属性、方法和事件。控件以图标的形式放在工具箱中，每个控件都有与之对应的图标。正是因为有了控件，才使得 VB 的功能更加强大，而且易于使用。

2.2.1　窗体结构

窗体结构与 Windows 下的窗口十分类似。在程序的设计阶段，这些用户界面称为窗体，在程序运行后称为窗口。窗口可以任意缩放、移动，可最大化也可以最小化。窗体结构如图 2-1 所示。

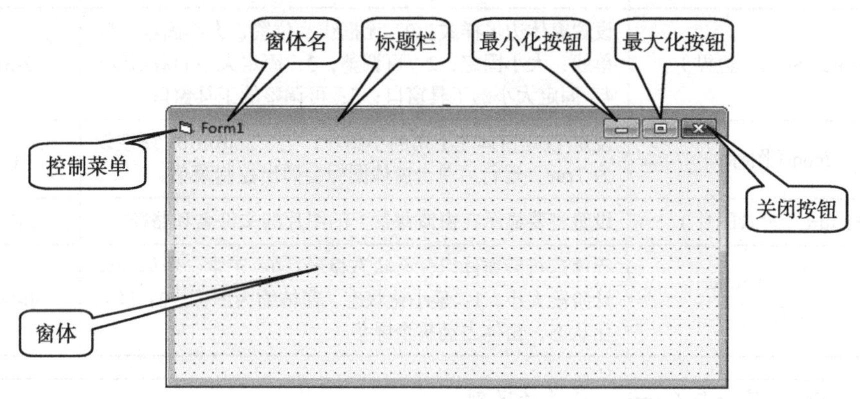

图 2-1　窗体结构

2.2.2　窗体的属性、方法和事件

1. 窗体的主要属性

窗体属性决定了窗体的外观。表 2-1 所示是窗体对象的主要属性说明。

表 2-1　窗体的主要属性

序号	属　性	说　明	默 认 值
1	Name（名称）	窗体的名称。窗体和所有控件在创建时由 VB 自动提供一个默认名称，可在属性窗口中修改。每个对象都有名称	Form1

续表

序号	属　性	说　明	默 认 值
2	Caption（标题）	窗体标题栏上显示的文字	Form1
3	Width（宽度）	对象的宽度，每个对象都有该属性。这里是窗体的水平宽度	
4	Height（高度）	对象的高度，每个对象都有该属性。这里是窗体的垂直高度	
5	Left（左边界限）	窗体左边框距屏幕左边的距离	
6	Top（上方界限）	窗体上边框距屏幕顶部的距离	
7	ForeColor（前景颜色）	窗体工作区的前景色，即正文颜色	&H80000012&
8	BackColor（背景颜色）	窗体工作区的背景色	&H8000000F&
9	Enabled（可用）	决定窗体是否响应用户的事件 True：能够响应用户事件；False：不能响应用户事件	True
10	Visible（可视）	决定运行后窗体是否可见 True：窗体可见；False：窗体隐藏	True
11	Font（字体）	可以设置窗体上文字的字体、字形、字号大小等	宋体
12	AutoRedraw（重绘）	True：当缩小了的或部分内容被覆盖的窗体复原时，重绘覆盖的内容；False：不重绘曾被覆盖了的内容	False
13	Appearance（外观）	0-Flat：窗体以平面显示；1-3D：窗体以立体显示	1-3D
14	BorderStyle（边界）	设置窗体边界样式。0：无框线，位置、大小固定；1：单线，大小固定；2：可调整；3：固定大小的对话框；4：固定大小的工具窗口；5：可调整的工具窗口	2-Sizable
15	Icon（图标）	设定/改变窗体左上角的小图片；当 ControlBox 属性设为 True，运行后单击窗体图标会弹出控制菜单	(Icon)
16	Picture（背景图片）	设置将要显示在窗体背景上的图片的文件名和路径	(None)
17	WindowState（窗体状态）	程序运行后窗体以什么状态显示。0：正常，窗体为设计阶段大小；1：最小化状态，窗体缩为图标；2：最大化状态，窗体占满整个屏幕	0-Normal

注意

Name 属性与 Caption 属性的区别。

① Name 属性是对象在程序中被引用的名字，每个对象都有该属性；Caption 属性是窗体或控件外观上的标题，不是每个对象都有该属性。

② Name 属性是只读属性，只能在设计阶段设置，在运行阶段不能改变；Caption 属性既可以在设计阶段设置，也可以在运行阶段改变。

2. 常用方法

窗体的方法是指窗体可以执行的动作和行为，窗体含有许多方法，通过在代码中调用方法可以执行某种行为。常用方法如下。

（1）Show 方法

格式：对象名.Show

功能：显示被遮住的窗体，或将窗体载入内存后再显示。

（2）Hide 方法

格式：[对象名.]Hide

功能：使窗体从屏幕上暂时隐藏，但并没有从内存中清除。

（3）Print 方法

格式：[对象名.]Print [表达式表]

功能：该方法用来在窗体上输出文本和数据。

（4）Move 方法

格式：[对象名.]Move X[, Y[, Width[, Height]]]

功能：窗体调用该方法可以进行移动，并可在移动中动态改变窗体的大小。

说明：参数 X 和 Y 表示移动到目标位置的坐标；Width 和 Height 表示移动到目标位置后窗体的宽度和高度，通过这两个参数实现窗体大小的调整。若省略 Width 和 Height 参数，则移动过程中窗体大小不变。

例如，要将 Form1 移动到屏幕的（100，100）处，并使其大小变为高 2000、宽 3000，可使用如下语句：Form1.Move 100, 100, 3000, 2000。

（5）Cls 方法

格式：[对象名.]Cls

功能：用于清除窗体上的文本或图形。

说明：如果省略对象名，则清除当前窗体中所显示的内容。

3. 常用事件

与窗体有关的事件较多，其中常用的有以下几个。

（1）Initialize 事件：仅当窗体第一次创建时（用对象的方法）触发该事件。编程时一般将窗体或其他对象的属性设置的初始化代码放在该事件过程中。

（2）Load 事件：当窗体装入到内存时就会触发 Load 事件。编程时，一般把设置控件属性默认值和窗体级变量的初始化代码放到 Load 事件过程中。

（3）Activate、Deactivate 事件：当窗体变为活动窗口时触发 Activate 事件，而在另一个窗体变为活动窗口前触发 Deactivate 事件。

（4）UnLoad 事件：当从内存中清除一个窗体时触发该事件。如果重新装入该窗体，则窗体中所有的控件都要重新初始化。

（5）Click 事件：单击鼠标左键时发生的事件。程序运行时，单击窗口内的空白处将调用窗体的 Form_Click 事件过程，否则调用控件的 Click 事件过程。

（6）DblClick 事件：双击鼠标左键时发生的事件。

（7）Paint 事件：为了确保程序运行时不至于因某些原因使窗体内容丢失，通常用 Paint 事件过程来重画窗体内容。程序运行时，如果出现以下情况会自动触发 Paint 事件。

① 窗体被最小化成图标，然后又恢复为正常显示状态。

② 全部或者部分窗体内容被遮住。

③ 窗体的大小发生改变。

（8）Resize 事件：运行时如果改变窗体的大小，则会自动触发该事件。

注意

无论窗体的名称是什么，窗体的事件过程的名称都是以“Form”开始的，如 Form_Click、Form_DblClick。

2.3 三个常用的标准控件

VB 6.0 控件分为以下 3 类。

（1）标准控件：由 VB 本身提供的控件，如标签、文本框、图片框等。启动 VB 后，这些控件就显示在工具箱中，不能删除。

（2）ActiveX 控件：微软或第三方开发的控件。这些控件使用前必须添加到工具箱中，否则不能在窗体中使用。

（3）可插入对象：是由其他应用程序创建的不同格式的数据，如 Microsoft Excel。因为这些对象能添加到工具箱中，所以可以把它们当作控件使用。

启动 VB 6.0 后，工具箱中列出的就是标准控件，如图 1-9 所示。

表 2-2 所示为标准工具箱中各控件的名称和作用。后续章节将陆续介绍这些标准控件。

表 2-2　　VB 6.0 标准控件

名　称	作　用
Pointer（指针）	这不是一个控件，只有在选择 Pointer 后，才能改变窗体中控件的位置和大小
PictureBox（图片框）	用于显示图片或文本，可以装入位图（Bitmap）、图标（Icon），以及.wmf、.jpg、.gif 等各种图形格式的文件，或作为其他控件的容器（父控件）
Label（标签）	可以显示（输出）文本信息，但不能输入文本
TextBox（文本框）	文本的显示区域，既可输入也可输出文本，并可对文本进行编辑
Frame（框架）	组合相关的对象，将性质相同的控件集中在一起
CommandButton（命令按钮）	用于向 VB 应用程序发出指令，当单击此按钮时，可执行指定的操作
CheckBox（复选框）	又称检查框，用于多重选择
OptionButton（单选按钮）	又称录音机按钮，用于表示单项的开关状态
ListBox（列表框）	用于显示可供用户选择的固定列表
ComboBox（组合框）	为用户提供对列表的选择，或者允许用户在文本框内输入选择项。它把 TextBox（文本框）和 ListBox（列表框）组合在一起，既可选择内容，又可进行编辑
HScrollBar（水平滚动条）	用于表示在一定范围内的数值选择。常放在列表框或文本框中用来浏览信息，或用来设置数值输入
VScrollBar（垂直滚动条）	用于表示在一定范围内的数值选择。可以定位列表，作为输入设备或速度、数量的指示器
Timer（计时器）	在给定的时刻触发某一事件
DriveListBox（驱动器列表框）	显示当前系统中的驱动器列表
DirListBox（目录列表框）	显示当前驱动器磁盘上的目录列表
FileListBox（文件列表框）	显示当前目录中文件的列表
Shape（形状）	在窗体上绘制矩形、圆等几何图形
Line（线条）	在窗体上画直线
Image（图像框）	显示一个位图式图像，可作为背景或装饰的图像元素
Data（数据）	用来访问数据库
OLE（OLE 容器）	用于对象的链接与嵌入

为了让读者能在后续章节中顺利地学习 VB 的基本语法，本节先简要介绍标签、文本框和命令按钮等几个标准控件，并通过几个例题加深对它们的理解。

2.3.1　标签

标签（Label）的用途就是显示文字。标签的 Caption 属性就决定了将要显示的文字信息。

1. 标签的主要属性

（1）Name（名称）属性：标签的名称。默认值为 Label1。

（2）Caption（标题）属性：设置要在标签上显示的文字。默认值为 Label1。

（3）AutoSize（自动调整大小）属性：当取值为 True 时，使标签能够自动水平扩充来适应标签上显示的文字。取值为 False 时，控件大小不变。默认值为 False。

（4）Alignment（对齐）属性：标签中文本的对齐方式。共 3 种取值：0-靠左对齐，1-靠右对齐，2-居中对齐。默认值为 0。

（5）BorderStyle（边界样式）属性：设定标签外框的样式。共两种取值：0-无框线，1-单线固定。默认值为 0。

（6）BackStyle（背景样式）属性：设定标签背景样式。两种取值：0-透明；1-不透明（默认）。

除了直线控件（Line）外，其他控件都有 Left 和 Top 属性。与窗体的 Left 和 Top 属性不同，控件的 Left 和 Top 属性决定了控件在窗体中的位置。Left 表示控件左边线到窗体左边框的距离，Top 表示控件顶端到窗体顶部的距离，如图 2-2 所示。

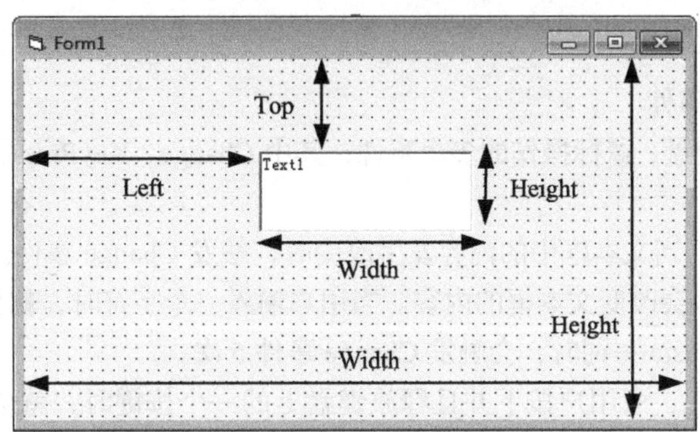

图 2-2　Top、Left、Width 和 Height 属性

2. 标签的常用事件

标签控件可以接受的事件有单击（Click）、双击（DblClick）和改变（Change）。但标签只用于显示文字，一般不需要编写事件过程。

2.3.2　文本框

文本框（TextBox）是用于输入和输出信息的最主要方法。与标签不同的是，用户可以编辑文本框中的信息。

1. 文本框的主要属性

文本框与窗体、标签三者之间有许多相同属性，为节省篇幅，相同的属性不再赘述，只介绍不同的属性。

（1）Text（文本）属性：显示在文本框中的文本，为字符串型。默认值为 Text1。

（2）MaxLength（文本最大长度）属性：限制允许在文本框中输入的最多字符个数。默认值为 0，表示不限长度。

（3）MultiLine（多行）属性：设置文本框中是否可以输入或显示多行文本。取值为 True，则允许多行显示，即当输入的文本超出文本框边界时，将自动换行；取值为 False，则只能单行显示文本内容。默认值为 False。

（4）PasswordChar（密码字符）属性：向文本框中输入密码时，所有字符均显示为该属性设定的字符（如“*”）。

（5）Locked（锁定）属性：决定文本框中内容是否可编辑。取值为 True 时，不能修改，只能对文字做选取和滚动显示；取值为 False 时，允许修改。默认值为 False。

（6）ScrollBars（滚动条）属性：为文本框添加滚动条，仅当 MultiLine 属性为 True 时才起作用。共 4 种取值：0-None，无滚动条；1-Horizontal，水平滚动条；2-Vertical，垂直滚动条；3-Both，水平和垂直滚动条均出现。默认值为 0。

（7）SelStart 属性：返回或设置选中文本的起始位置，为整型。

（8）SelLength 属性：返回或设置选中文本的长度（字符个数），为整型。

（9）SelText 属性：返回或设置选中文本的内容，为字符串型。

注意

① 当 MultiLine 设为 True 时，ScrollBars 属性才有效。

② 当 Locked 属性为 True 时，无法通过界面输入或编辑该文本框，但可以通过代码设置 Text 属性来改变文本框中的内容。

③ SelStart、SelLength、SelText 属性只在程序运行阶段有效。

---

2. 文本框的常用事件

文本框可以识别键盘、鼠标操作的多个事件，其中 Change、KeyPress、LostFocus、GotFocus 是最重要的事件。

（1）Change 事件：当文本框中的内容发生改变时，触发 Change 事件。用户输入新内容或将 Text 属性设置新值，都会改变文本框的内容。当用户输入一个字符时，就会触发一次 Change 事件。例如，用户输入 Basic 一词时，会触发 Change 事件 5 次。

（2）KeyPress 事件：当用户按下并且释放键盘上的一个按键时，就会触发焦点所在控件的 KeyPress 事件。用于监视用户输入到文本框中的内容。用户输入的字符会通过 KeyAscii 参数返回到该事件过程中。例如，用户输入 basic 并回车时，会触发 KeyPress 事件 6 次，每次反映到 KeyAscii 参数中的数据分别是字母 b、a、s、i、c 的 ASCII 值，以及回车符的 ASCII 值 13。

① 当用户按下字母键 b 时，首先触发 KeyPress 事件，但此时字母 b 并未显示在文本框中。系统执行完 KeyPress 事件过程后，接下来触发 Change 事件，此时字母 b 显示在文本框中。

② 当按下一个按键时，触发的事件顺序为 KeyDown、KeyPress、KeyUp。

（3）GotFocus 与 LostFocus 事件：当一个对象获得焦点时触发事件 GotFocus；反之，失去焦点则触发 LostFocus 事件。以下几种情况对象能够获得焦点：

① 鼠标单击某对象；

② 按 Tab 键使焦点落在某个对象上；

③ 在程序代码中利用 SetFocus 方法使某对象获得焦点。

在使某控件获得焦点的同时，也使得其他控件失去了焦点。

3. 文本框的常用方法 SetFocus

格式：`[对象名.]SetFocus`

功能：该方法可以把焦点移到指定的控件中。

说明：该方法还适用于可以获得焦点的其他对象，如 CommandButton、CheckBox 和 ListBox 等控件。

【例 2-1】要求输入姓名、年龄和性别，编程控制年龄不能为负数。运行界面如图 2-3 所示。

分析：当用户输入的年龄为负数时，焦点不允许离开，直到输入正确的年龄为止。

设计界面：程序设计界面如图 2-4 所示。在窗体上添加 3 个标签控件和 3 个文本框控件。在属性窗口设置窗体及各主要控件的属性，如表 2-3 所示。

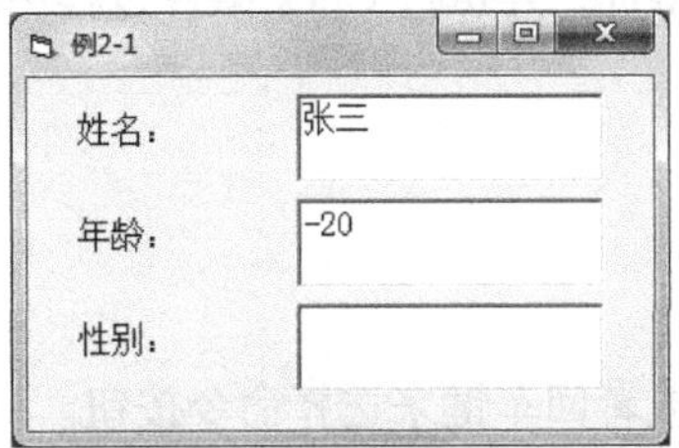

图 2-3　运行界面

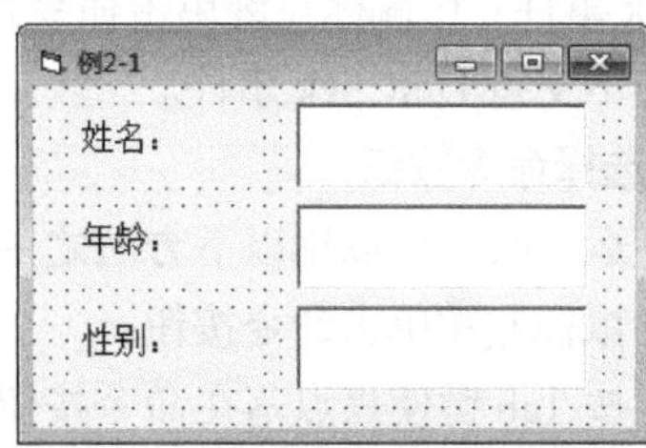

图 2-4　设计界面

表 2-3　窗体及控件属性

	控　件　名	属　性　名	属　性　值
窗体	Form1	Caption	例 2-1
标签控件	Label1	Caption	姓名：
	Label2	Caption	年龄：
	Label3	Caption	性别：
文本框控件	txtName	Text	""（空）
	txtAge	Text	""（空）
	txtSex	Text	""（空）

说明：文本框控件 txtName、txtAge 和 txtSex 分别对应用户所输入的姓名、年龄和性别的值。

程序代码：

```
Private Sub txtAge_LostFocus()  '当用于输入年龄的文本框的失去焦点时，触发该事件
   If Val(txtAge.Text) < 0 Then  '判断输入的年龄值是否小于 0，val()函数用于将字符串转化成数值
     txtAge.SetFocus              '如果年龄值小于 0，则不允许焦点离开该文本框
   End If
End Sub
```

2.3.3　命令按钮

命令按钮（CommandButton）通常用于完成某种特定功能，当用户单击命令按钮时就会触发相应的动作。

1. 命令按钮的主要属性

（1）Caption 属性：设置命令按钮上显示的文字。默认值为 Command1。

（2）Default（默认按钮）属性：设置命令按钮是否为默认按钮。程序运行时，不论窗体中哪个控件（命令按钮除外）具有焦点，按回车键都相当于单击默认按钮。True：设为默认按钮；False：不是默认按钮。默认值为 False。

（3）Cancel（取消按钮）属性：设置命令按钮是否为取消按钮。程序运行时，不论窗体中哪个控件具有焦点，按 Esc 键都相当于单击取消按钮。True：设为取消按钮；False：不是取消按钮。默认值为 False。

（4）Style（样式）属性：设置按钮是标准的还是图形的。共两种取值：0-标准的，1-图形的。默认值为 0。

（5）Picture 属性：设定按钮上的图形。只有当 Style 属性为 1 时，Picture 属性才会起作用。默认值为 None。

2. 命令按钮的常用事件

Click 事件：用鼠标左键单击命令按钮时，触发 Click 事件，并执行 Click 事件过程中的代码。命令按钮不支持 DblClick 事件。

3. 选择命令按钮

程序运行时，可以用以下方法之一来选择命令按钮。

（1）鼠标左键单击命令按钮。

（2）按 Tab 键使焦点落在命令按钮上，然后按空格键或者回车键来选择命令按钮。

（3）在程序代码中将命令按钮的 Value 属性设为 True。

（4）从代码中调用命令按钮的 Click 事件。

（5）对于默认按钮，按回车键即可选中。

（6）对于取消按钮，按 Esc 键即可选中。

（7）按组合键：Alt+命令按钮的访问键。

【例 2-2】设计一个简单的模拟登录程序。假设密码为“123”。程序运行时，用户在文本框中输入密码，单击“确定”按钮，若密码正确，则在标签控件中显示“密码正确!”，否则，显示“密码错误!”。当用户单击“清除”按钮时，清除文本框和标签中的内容。程序运行界面如图 2-5 所示。

设计界面：程序设计界面如图 2-6 所示。在窗体上添加 1 个文本框控件、1 个标签控件和 3 个命令按钮控件。在属性窗口设置窗体及各主要控件的属性，如表 2-4 所示。

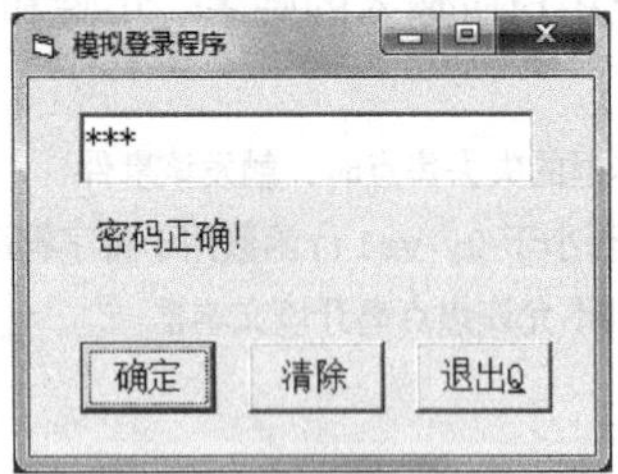

图 2-5　运行界面

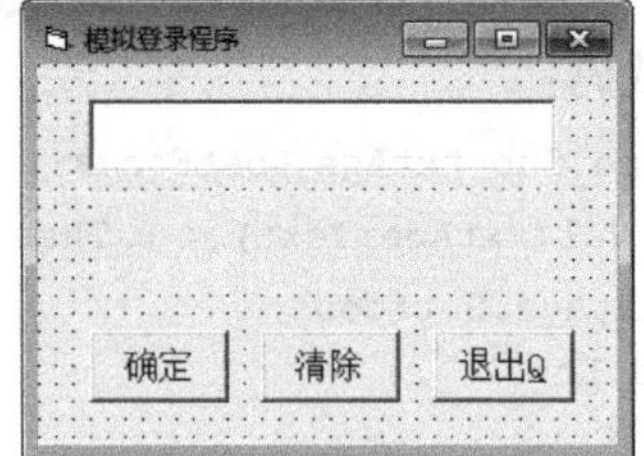

图 2-6　设计界面

表 2-4　窗体及控件属性

	控 件 名	属 性 名	属 性 值
窗体	Form1	Caption	模拟登录程序
文本框	Text1	Text	""（空）

续表

	控 件 名	属 性 名	属 性 值
文本框	Text1	PasswordChar	*
命令按钮	Command1	Caption	确定
	Command2	Caption	清除
	Command3	Caption	退出&Q

程序代码：

```
Private Sub Command1_Click()
  If Text1.Text = "123" Then    '如果文本框中输入的文本是"123"时，在标签中显示"密码正确！"
    Label1.Caption = "密码正确！"
  Else                          '否则，在标签中显示"密码错误！"
    Label1.Caption = "密码错误！"
  End If
End Sub
Private Sub Command2_Click()
  Text1.Text = ""               '将文本框 Text1 置空
  Label1.Caption = ""           '将标签 Label1 置空
End Sub

Private Sub Command3_Click()
  End                           '结束 VB 应用程序的运行
End Sub
```

2.4　Visual Basic 应用程序设计步骤

建立一个 VB 应用程序主要按照以下几个步骤进行。

（1）创建新工程。

（2）设计用户界面（添加控件）。

（3）设置控件属性。

（4）编写程序代码。

（5）保存应用程序。

（6）运行应用程序。

（7）生成可执行文件。

一个 VB 应用程序从设计到编程实现一般分两个阶段，即规划阶段和程序设计阶段。规划阶段的工作包括设计用户界面、确定各个控件的名称及属性；程序设计阶段就是把用户认可的规划方案通过计算机来实现，包括编写代码、保存并运行。

下面通过一个简单的示例来说明在 VB 6.0 环境下建立应用程序的完整过程。

【例 2-3】设计一个简易的加法运算器，任意两数相加并显示结果。

设计一个简易的加法器程序，如图 2-7 所示。当单击“计算”按钮时，将第 1 个文本框和第 2 个文本框中数值相加，将相加结果显示在第 3 个文本框中，如图 2-8 所示；当单击“清除”按钮时，清除 3 个文本框中的内容；当单击“退出”时，结束程序。

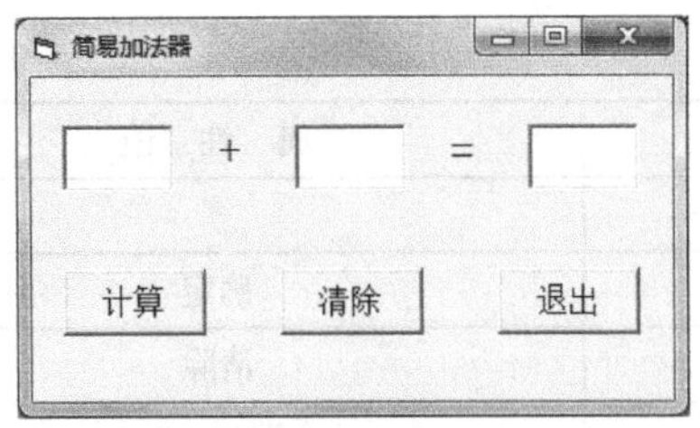

图 2-7　简易加法器程序

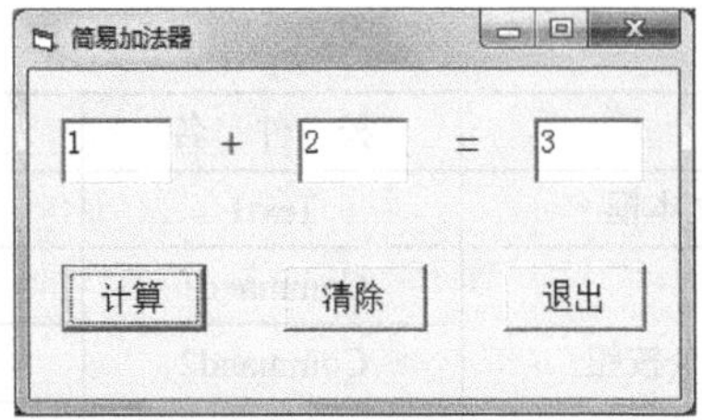

图 2-8　运行情况

1．创建新工程

为了建立应用程序，首先应建立一个新的工程。创建新工程的步骤如下。

（1）单击“文件”菜单中的“新建工程”命令。

（2）打开“新建工程”对话框，选中“标准 EXE”图标，单击“确定”按钮。

2．设计用户界面

开发 VB 应用程序的第一步是设计程序执行后屏幕上显示的窗口信息。在这个应用程序中，用户界面中共有 9 个对象，如图 2-9 所示。

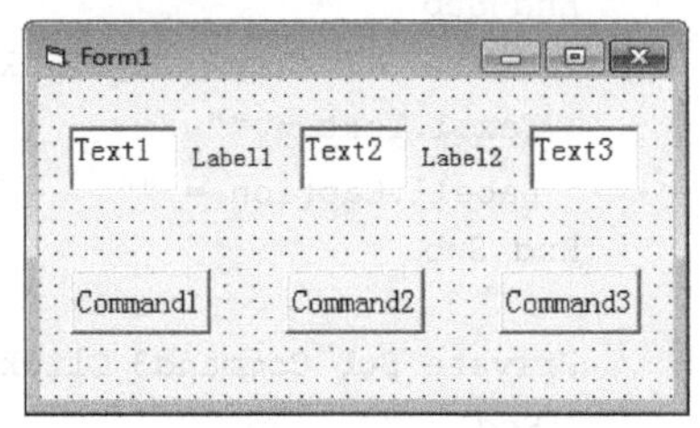

图 2-9　界面设计

（1）1 个窗体 Form1：放置其他控件的容器，也可用于数据输出。

（2）3 个文本框控件 Text1、Text2、Text3：分别用来显示被加数、加数及和值。

（3）2 个标签控件 Label1 和 Label2：用来显示“+”和“=”。

（4）3 个命令按钮控件 Command1、Command2、Command3：用来执行相关操作。

步骤 1　建立窗体。

每次开始一个新工程时，都会自动创建一个新的窗体，其默认的名称（Name）为“Form1”，默认的窗体标题也是“Form1”。

步骤 2　调整窗体大小。

用鼠标拖动窗体周围 8 个句柄可以调整其大小，也可以在属性窗口中设置窗体的 Width 和 Height 属性。

步骤 3　在窗体上添加控件。

单击工具箱中的文本框图标，该图标反相显示。将鼠标光标移到窗体上，此时光标变为“+”号。按住鼠标的左键拖动，当文本框的大小合适的时候松开鼠标的左键。

使用同样的方法在窗体上画出其他控件。根据具体情况，对每个控件的大小和位置进行调整。

3．设置控件属性

以下分别对窗体、文本框、标签和命令按钮进行相应的属性设置。

（1）设置窗体的属性——Caption

① 在窗体的空白处单击以选中窗体。

② 在属性窗口中找到标题属性“Caption”，单击选中，其右侧设置栏的默认值为“Form1”。

③ 在默认值上双击使之选中，输入“简易加法器”代替原来的文字。同时，窗体标题栏中的标题也随之改变，如图 2-10 所示。

（2）设置文本框的属性——Text

① 在文本框的属性窗口中，单击“Text”。

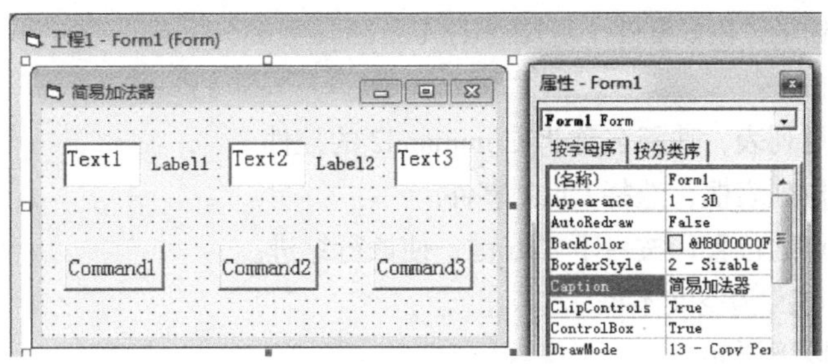

图 2-10　属性设置

② 双击右侧设置栏的默认值“Text1”，按 Delete 键或退格键，文本框内的 Text1 即被清除。

（3）设置标签的属性——Caption

① 在标签 Label1 的属性窗口中，单击“Caption”。

② 双击右侧设置栏的默认值“Label1”，输入“+”。

③ 按同样方法将 Label2 的 Caption 属性值改为“=”。

（4）设置命令按钮的属性——Caption

① 在第一个命令按钮的属性窗口中，单击“Caption”。

② 双击右侧设置栏的默认值“Command1”，输入“计算”。

③ 重复以上两步操作，设置其他两个命令按钮的标题。

4. 编写事件代码

在这个简易的加法器程序中，我们只需要对“计算”“清除”和“退出”这 3 个命令按钮的单击（Click）事件分别编写代码。

（1）“计算”按钮的 Click 事件

① 双击窗体上的“计算”按钮进入代码窗口。

② 光标插入点会自动出现在该控件的事件过程中。

③ 在光标插入点的位置，按一下 Tab 键，使该行缩进，并输入语句：

```
Text3.Text = Val(Text1.Text) + Val(Text2.Text)    'Val()函数将字符串转换为数值
```

如图 2-11 所示。

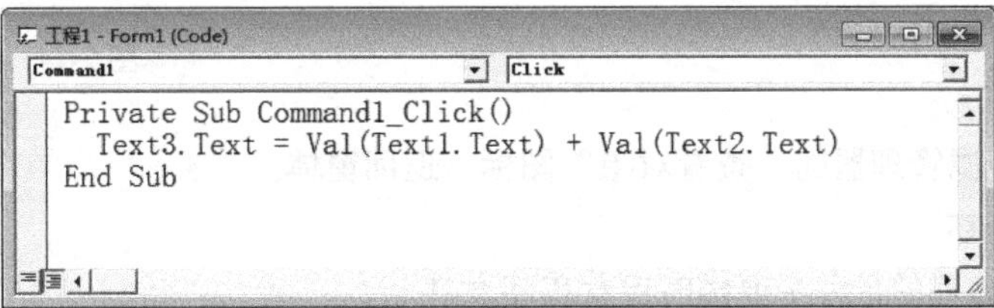

图 2-11　代码设置

① VB 语句中的所有英文文字和标点符号都应使用英文半角方式录入。

② 编写代码时，当用户输入完文本框名称（Text1）后的小数点时，“自动列出成员”功能会自动列出该对象的所有属性和方法，如图 2-12 所示。按向上或向下方向键来选取某项，按 Tab 或空格键使得选中的属性（或方法）出现在代码语句中。

④ 单击代码窗口的关闭按钮返回窗体。

（2）“清除”按钮的 Click 事件（见图 2-13）

① 进入代码窗口。

② 单击对象下拉列表，选择名称为 Command2 的控件。

③ 单击过程下拉列表框，选择 Click 事件。

④ 在光标插入点的位置，按一下 Tab 键，使该行缩进。

⑤ 输入注释语句：'清空文本框。

⑥ 回车后输入以下语句：

```
Text1.Text = ""
Text2.Text = ""
Text3.Text = ""
```

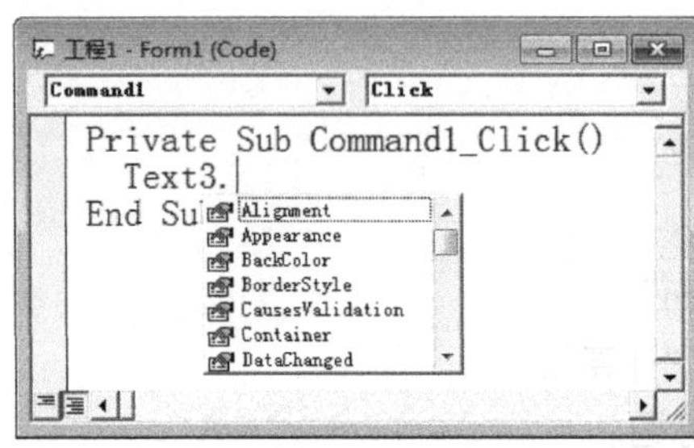

图 2-12 “自动列出成员”功能

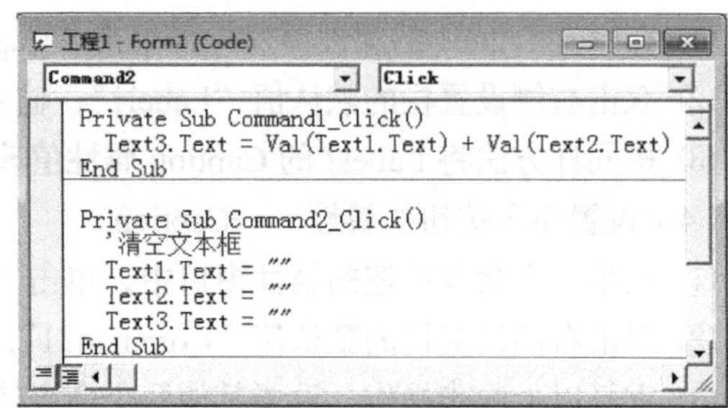

图 2-13 代码设置

3 条语句分别将 3 个文本框的 Text 属性赋值为空。

⑦ 单击工程资源管理器的“查看对象”图标，返回窗体。

（3）“退出”按钮的 Click 事件（见图 2-14）

① 进入代码窗口。

② 单击对象下拉列表，选择名称为 Command3 的控件。

③ 单击过程下拉列表框，选择 Click 事件。

④ 在插入点的位置，按一下 Tab 键，使该行缩进。

⑤ 输入注释语句：'退出程序。

⑥ 回车后输入以下语句。

```
End
```

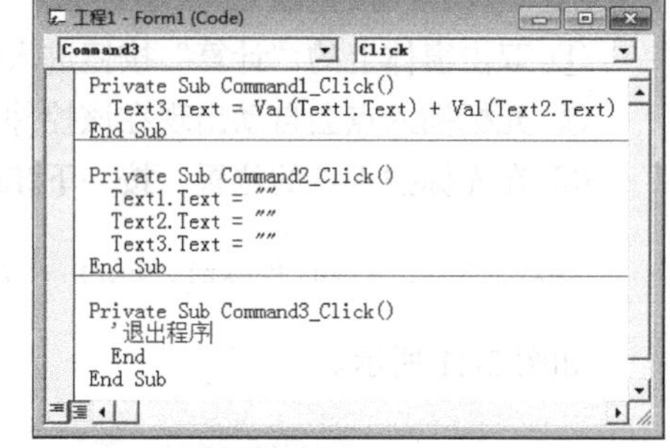

图 2-14 代码设置

⑦ 单击工程资源管理器的“查看对象”图标，返回窗体。

5. 保存应用程序

通常，在上机编程的过程中要随时保存程序文件。

VB 在保存工程文件之前，先分别保存窗体文件和标准模块文件（如果有的话）。在这个简单的程序中，需要保存两种类型的文件，即窗体文件和工程文件。步骤如下。

（1）建立用于保存应用程序的文件夹。建议在第一次保存应用程序之前，先建立一个新的文件夹（如本例中建立 D:\vb），然后把需要保存的所有文件保存于此。

（2）保存窗体文件。

① 单击“文件”菜单的“保存 Form1”命令，出现如图 2-15 所示的窗口。

② 在“保存在（I）:”的位置选择路径：D:\vb。

③ 在“文件名（N）:”文本框中，默认名字为“Form1”，根据需要改名，也可以不改。

④ 回车或单击“保存”按钮。

（3）保存工程文件。

① 单击“文件”菜单的“保存工程”命令，出现如图 2-16 所示的窗口。

② 在“保存在（I）:”的位置选择路径：D:\vb（通常默认）。

③ 在“文件名（N）:”文本框中，默认名字为“工程 1”，根据需要改名，也可以不改。

④ 回车或单击“保存”按钮。

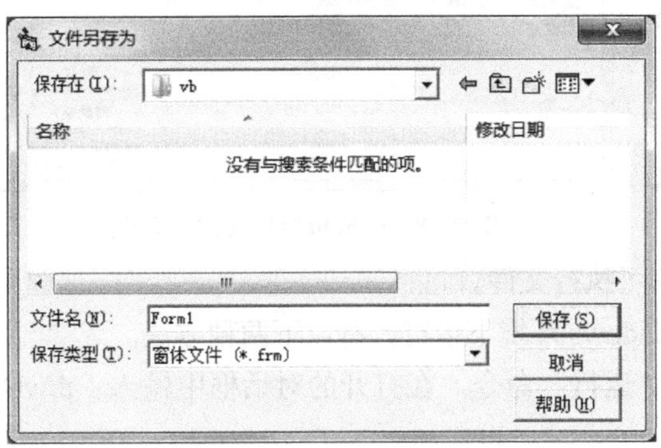

图 2-15　窗体文件保存对话框

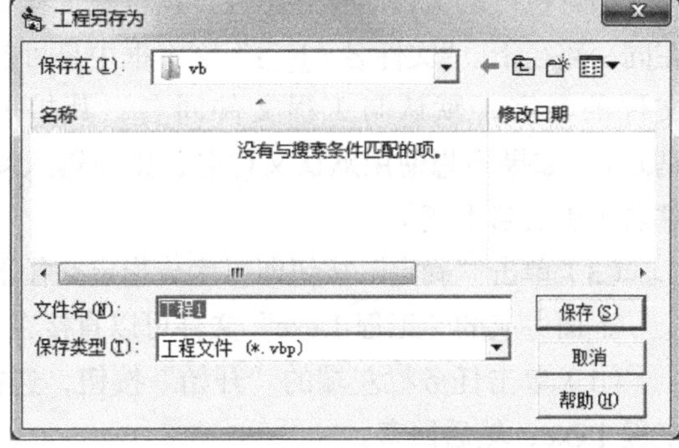

图 2-16　工程文件保存对话框

如果当前编辑的应用程序是第一次保存，即使用户首先选择“保存工程”，系统也会先弹出窗体文件保存对话框，保存之后再显示工程文件保存对话框。

6. 运行应用程序

运行程序有 3 种方法。

（1）单击工具栏上的“启动”按钮，如图 2-17 所示。

图 2-17　“启动”按钮图标

（2）直接按键盘的<F5>功能键。

（3）单击“运行”菜单的“启动”命令。

本例程序运行的步骤如下。

（1）单击工具栏上的“启动”按钮，出现如图 2-7 所示的窗口。

（2）在第 1 个文本框中输入 1，在第 2 个文本框中输入 2，单击“计算”按钮，出现如图 2-8 所示的窗口。

（3）单击“清除”按钮，3 个文本框中的数字消失。

（4）单击“退出”按钮，结束程序运行。

7. 生成可执行文件

独立运行的文件是指在没有 VB 的环境下也能够直接在 Windows 下运行的文件。在 VB 环境下，当一个应用程序开始运行后，VB 的解释程序就对其逐行解释，逐行执行。

为了使程序能在 Windows 环境下运行，即作为 Windows 的应用程序，必须建立可执行文件，即.EXE 文件。

操作步骤如下。

（1）单击“文件”菜单中的“生成工程 1.exe”命令，显示“生成工程”对话框，如图 2-18 所示。

（2）在对话框中，“保存在（I）:”下拉列表框中指出可执行的文件的保存路径，默认与工程文件在同一路径下。“文件名（N）:”文本框中是可执行文件的名字，默认与工程文件同名，其扩展名是.exe。如果不想使用默认文件名，则应输入新文件名（扩展名不变）。

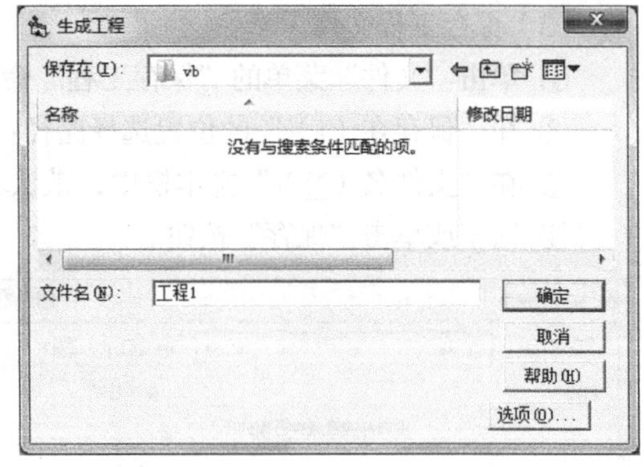

图 2-18　生成可执行文件对话框

（3）单击“确定”按钮即可生成指定路径下的可执行文件。

上面生成的“工程 1.exe”文件可以直接在 Windows 环境下运行，有以下两种方法。

（1）单击任务栏左端的“开始”按钮，选择“运行”命令。在打开的对话框中输入：d:\vb\工程 1.exe，然后回车。

（2）在“资源管理器”或“我的电脑”中找到该文件，双击即可执行。

习　题

一、选择题

1. 下列说法不正确的是（　　）。

   [A]对象的操作由对象的属性、事件和方法来描述

   [B]VB 是面向对象的程序设计语言，VB 中只有窗体和控件两种对象

   [C]属性是对象的特征，不同的对象有不同的属性

   [D]对象事件在代码窗口中体现过程

2. 决定控件上文字的字体、字形、大小、效果的属性是（　　）。

   [A]Font　　[B]Caption

   [C]Name　　[D]Text

3. 以下叙述中错误的是（　　）。

   [A]双击鼠标可以触发 DblClick 事件　　[B]事件的名称可以由编程人员确定

   [C]移动鼠标时，会触发 MouseMove 事件　　[D]控件的名称可以由编程人员设定

4. 用文本框 Text1 输入口令时，设置掩盖符为$符号，正确的属性设置命令是（　　）。

   [A]Text1.Caption="$"　　[B]Text1. PasswordChar="$"

   [C]Text1. PasswordChar=$　　[D]Text1.Text="$"

5. 当运行程序时，系统自动执行启动窗体的（　　）事件过程。

   [A]GotFocus　　[B]Click

   [C]UnLoad　　[D]Load

6. 要使标签能够显示所需要的内容，则在程序中应设置其（　　）属性。

[A]Caption　　[B]Text
[C]Name　　[D]AutoSize

7. 要想清除文本框中的内容则可利用（　　）进行。
[A]Caption　　[B]Text
[C]Clear　　[D]Cls

8. 要把一个命令按钮设置成无效，应设置其（　　）属性。
[A]Visible　　[B]Default
[C] Enabled　　[D]Cancel

9. 在 VB 中通过（　　）属性来设置字体颜色。
[A]FontColor　　[B]BackColor
[C]ForeColor　　[D]ShowColor

10. 确定一个窗体或控件大小的属性是（　　）。
[A]Width 和 Height　　[B]Width 和 Top
[C]Top 和 right　　[D]Top 和 Left

二、填空题

1. 建立一个 VB 应用程序主要按照以下几个步骤进行：创建新工程、________、设置控件属性、________、保存应用程序、________、生成可执行文件。

2. 在利用 VB 设计应用程序时，一般会遇到三类错误：语法错误、执行错误和________。

3. 对象是既包含________又包含对数据进行操作的方法，并将其封装起来的一个逻辑实体。

4. 一般情况下，控件有两个属性项的默认值是相同的，这两个属性项是 name 和________。

5. 窗体的显示方法是________，隐藏方法是________。

6. 要对文本框中已有的内容进行编辑，按下键盘上的按键，就是不起作用，原因是已经将 Locked 属性设置为了________。

7. 每当一个窗体成为活动窗口时触发________事件，当另一个窗体或应用程被激活时在原活动窗体上产生________事件。

8. 标签控件能够显示文本信息，文本内容只能用________属性来设置。

9. 在 VB 中，窗体由属性定义外观，由________定义行为，由事件定义其与用户的交互。

10. 若使文本框内能接受多行文本，则要设置________属性的值为 True。

三、判断题

1. 对象的属性只能在属性窗口中设置。（　　）

2. 所有的对象都有 Caption 属性。（　　）

3. VB 程序的运行可以从 Main()过程启动，也可以从某个窗体启动。（　　）

4. Move 方法的一般形式是：对象名.move A ,B[,C,D]，其中 A 指 Left，C 指 Width。（　　）

5. 通过改变属性窗口中的 Name 属性，可以改变窗体上显示的标题。（　　）

6. 对象的可见性用 Enabled 属性设置，可用性用 Visible 属性设置。（　　）

7. 在 VB 6.0 中，命令按钮不仅能响应 Click 事件，而且也能响应 DblClick 事件。（　　）

8. 文本框具有滚动条属性。（　　）

9. 在窗体的代码中不能用 Unload 语句来卸载本窗体，只能由其他窗体来卸载。（　　）

10. VB 为每个对象设置好各种事件，并定义好事件过程的过程名，但过程代码必须由用户自行编写。（　　）

第3章 Visual Basic程序设计基础

VB应用程序包括两部分内容，即界面和程序代码。其中程序代码的基本组成单位是语句，而语句是由不同的“基本元素”组成的，包括数据类型、常量、变量、内部函数、运算符和表达式等。本章主要介绍这些基本元素。

3.1 命名规则和语法规则

3.1.1 关键字和标识符

1. 关键字

关键字又称为保留字，是VB系统定义的、有特定意义的词汇，它是VB语言的组成部分。在VB 6.0中，当用户在编辑窗口中输入关键字时，系统会自动识别，并将其首字母改为大写。

2. 标识符

程序设计时，经常需要给一些对象命名，以便通过名字访问这些对象，这些用户自己定义的名字称为标识符，如常量、变量、函数、控件、窗体、模块和过程等。VB中标识符命名时应遵循以下规则。

（1）由字母、数字、汉字或下画线组成，必须以字母或汉字开头。

（2）不能用VB中的关键字。

（3）长度不能超过255个字符。

（4）不区分字母的大小写，如Sum、sum和SUM指的是同一个标识符名。

为了增加程序的可读性，尽量做到见名知意，如姓名可以定义为name。

以下均为非法标识符名：21cn、A-Z、abc.ef、Const（VB的保留字）。

3.1.2 语句与语法规则

在书写语句时，必须遵循一定的规则，这种规则称为语法规则。如果勾选了“自动语法检测”（“工具”菜单的“选项”命令）项，如图3-1所示，则在输入语句的过程中，VB将自动对输入的内容进行语法检查，如果发现有语法错误，则弹出一个信息对话框。

1. 语法规则

（1）每个语句以回车键结束，一个语句行的最大长度不能超过1023个字符。

（2）运算符的前后要加空格。

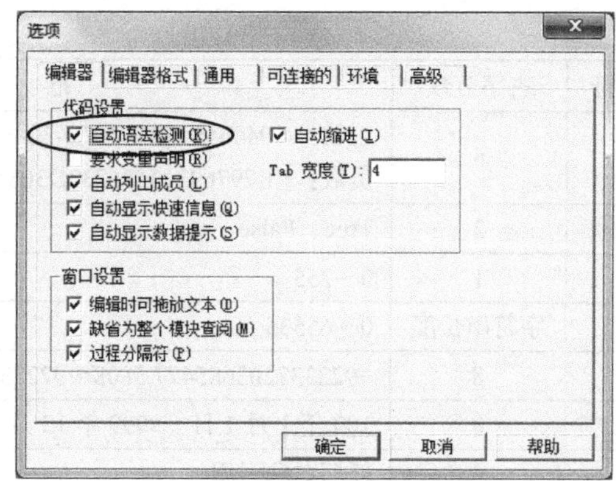

图 3-1 “自动语法检测”功能

（3）在一般情况下，输入程序是要求一行一句。但 VB 允许把几个语句放在一行中，几个语句之间用冒号（:）隔开。

（4）当语句较长时，为了便于阅读，可以通过续行符把一个语句分别放在几行中。VB 中使用的续行符是一个空格紧跟一个下画线（ _ ）。如果一个语句行的末尾是下画线，则下一行与该行属于同一个语句行。

2. 命令格式中的符号约定

为了方便介绍语句（命令）的语法格式，本书对语法格式中的符号采用统一约定。

（1）<>中的参数为必选参数。

（2）[ ] 中的参数为可选参数，其中的内容是否选择由程序员根据具体情况决定，不影响语句本身的功能。如果省略，则默认为默认值。

（3）| 用来分隔多个选项，表示从多个选项中选择一个。

这些符号不是命令的组成部分，它们只是命令的书面表示方法，在输入具体命令时，这些符号均不作为语句中的成分输入。

3.2 数 据 类 型

数据是程序的必要组成部分，也是程序处理的对象。Visual Basic 提供了系统定义的数据类型，即基本数据类型，并允许用户根据需要定义自己的数据类型。

3.2.1 基本数据类型

基本数据类型是由系统定义的。VB 6.0 提供的基本数据类型主要有字符串型数据和数值型数据，此外还提供了字节、货币、对象、日期、布尔和变体数据类型，如表 3-1 所示。

表 3-1　VB 基本数据类型

数据类型	关键字	类型符	占字节数	范　围
整数型	Integer	%	2	−32768～32767
长整数型	Long	&	4	−2147483648～2147483647
单精度型	Single	!	4	正数：1.401298E-45～3.402823E38 负数：−3.402823E38～−1.401298E-45

续表

数据类型	关键字	类型符	占字节数	范　围
双精度型	Double	#	8	正数：4.94065645841247D-324～1.79769313486232D308 负数：−1.79769313486232D308～−4.94065645841247D-324
布尔型	Boolean	无	2	True、False
字节型	Byte	无	1	0～255
字符串型	String	$	字符串长度	0～65535
货币型	Currency	@	8	−922337203685477.5808～922337203685477.5807
日期型	Date	无	8	100 年 1 月 1 日～9999 年 12 月 31 日
对象型	Object	无	4	任何对象引用
变体型	Variant	无	不定	

1. 字符串型（String）

字符串是放在双引号内的若干个 ASCII 字符序列。字符串中包含的字符个数称为字符串长度。例如，"Hello"长度为 5、"VB 程序设计"长度为 6。

（1）""表示空字符串，即不含任何字符的字符串，长度为 0；而" "表示有一个空格的字符串，长度为 1。

（2）字符串中字母的大小写是有区别的。

（3）程序代码中的字符串需要加上定界符双引号，但输出一个字符串时并不显示双引号，运行程序时从键盘输入一个字符串时也不需要输入双引号。

2. 数值型（Number）

VB 的数值型数据分为整数类型和实数类型。

（1）整数类型：不带小数点和指数符号的数，分为整型和长整型。

① 整型（Integer）：以 2 字节存储，其取值范围是−32768～32767。

例如，7、−26、+52、0、90%均是合法的整型数据，%是整型的类型符，可省略。

② 长整型（Long）：以 4 字节存储，其取值范围为−2147483648～2147483647。

（2）实数类型：实数也叫浮点数，用来表示带有小数点或指数符号的数值，分为单精度型和双精度型。

① 单精度型（Single）。以 4 字节存储，可以精确到 7 位十进制数。指数部分用 E（或 e）表示。其负数的取值范围为−3.402823E+38～−1.401298E−45，正数的取值范围为 1.401298E−45～3.402823E+38。

例如，123.4567、123.4567!、1.234567E+2（$=1.234567\times10^2$）表示的单精度型数据是同一个值。另外，−56.78、−0.5678E-2 也均是合法的单精度型数据表示方法。

② 双精度型（Double）。以 8 字节存储。可以精确到 15 或 16 位十进制数。指数部分用 D（或 d）表示。其负数的取值范围为−1.79769313486232D+308～−4.94065645841247D−324，正数的取值范围为 4.94065645841247D−324～1.79769313486232D+308。

例如，123.4567#、1.234567D+2、1.234567D+2#表示的双精度型数据是同一个值。

3. 字节型（Byte）

以 1 字节存储无符号整数，其取值范围为 0～255。

4. 货币型（Currency）

以 8 个字节存储，精确到小数点后 4 位，超出的数字将被舍去。其取值范围为

−922337203685477.5808～922337203685477.5807。

5. 布尔型（Boolean）

布尔型也叫逻辑型，占 2 字节，用于逻辑判断，它只有 True 和 False 两个取值。

当布尔型数据转换成整数型数据时，True 转换为−1，False 转换为 0；而当其他类型数据转换成 Boolean 型数据时，非 0 转换为 True，0 转换为 False。

6. 日期型（Date）

用于存放日期和时间信息，占用 8 字节。表示的日期范围从公元 100 年 1 月 1 日～9999 年 12 月 31 日，而时间范围从 0:00:00～23:59:59。日期型数据需要用定界符 “#” 括起来。例如，#31/07/1981#、#1981-07-31 08:59:00 AM#等都是合法的日期型数据。

7. 对象型（Object）

用来表示图形、OLE 对象或其他对象，占 4 字节。

8. 变体型（Variant）

是一种可变的数据类型。它可以表示任何值，包括数值、字符串、日期等。

3.2.2　自定义数据类型

VB 提供了 Type 语句让用户自定义数据类型。格式如下：

```
Type <自定义数据类型名>
   <元素名 1> As <数据类型 1>
   <元素名 2> As <数据类型 2>
   …
   <元素名 n> As <数据类型 n>
End Type
```

（1）类型名、元素名都是用户自定义的标识符，数据类型[1…n]一般情况下是基本数据类型，也可是用户已定义的自定义类型。

（2）自定义数据类型必须在窗体模块或标准模块的声明部分定义。

（3）自定义数据类型将在第 9 章介绍。

3.3　常量与变量

在 Visual Basic 程序中，不同类型的数据既可以以常量的形式出现，也可以以变量的形式出现。常量是指在整个程序运行期间其值不会发生变化的量，而变量则是指在整个程序运行期间其值可能会发生变化的量。

3.3.1　常量

VB 中的常量分为 3 种：文字常量、符号常量和系统常量。

1. 文字常量

VB 有 4 种文字常量（直接常量）：字符串型常量、数值型常量、布尔型常量和日期型常量。

（1）字符串型常量：必须使用英文的双引号将实际的字符括起来，双引号是字符串常量的定界符，表示字符串的开始和结束。

例如，"计算机程序设计基础"，"SQL Server 2000"。

（2）数值型常量：分两类。

① 字节型、整型、长整型常量。有 3 种形式，即十进制、十六进制、八进制。

十进制整型数：由若干个十进制数字（0～9）组成，可以带有正负号。如 123、−58 等。

十六进制整型数：由若干个十六进制数字（0~9 及 a～f 或 A～F）组成，前面冠以前缀&H（或&h）。例如，&H36、&H2F8。

八进制整型数：由若干个八进制数字（0～7）组成，前面冠以前缀&O（大写字母 O 而不是数字 0）。例如，&O726 等。

可以在整型常量后面加类型符“%”或“&”来指明该常量是整型常量还是长整型常量；如不加类型符，VB 系统会根据数值大小自动识别，将选择需要内存容量最小的表示方法。

② 浮点型常量。分为单精度浮点型常量和双精度浮点型常量。

日常记法：包括正负号、0~9、小数点。如果整数部分或小数部分为 0，则可以省略这一部分，但要保留小数点。例如，3.1415926、−12.9、35.、−.69。

指数记法：用 mEn 来表示 $m\times10^n$，其中 m 是一个整型常量或浮点型常量，n 必须是整型常量，m 和 n 均不能省略。例如，1.23E4 表示 1.23×10^4。“E”可以写成小写“e”，如果双精度常量，则需用“D”或“d”来代替“E”。

可以在浮点型常量后面加类型符“!”或“#”来指明该常量是单精度浮点型常量还是双精度浮点型常量；如不加类型符，VB 系统会根据数值大小自动识别，将选择需要内存容量最小的表示方法。

（3）布尔型常量。也称逻辑型常量，只有两个值，即 True 和 False。注意，它们没有定界符。“True”和“False”不是布尔型常量，而是字符串型常量。

（4）日期型常量。使用“#”作为定界符。只要用两个“#”将可以被认作日期和时间的字符串括起来，都可以作为日期常量。例如，#1949-10-1#，#2007-7-1 9:20:37 AM#。

2. 符号常量

为了便于程序阅读和修改，对于程序中经常使用的常数值，通常采取用户自定义符号的形式。

格式：`Const 符号常量名 [As 类型]= 表达式`

说明：

（1）“符号常量名”需符合标识符的命名规则。

（2）“As 类型”用来指定常量的数据类型，如果省略，则数据类型由“表达式”决定。

（3）“表达式”是由文字常量、小括号以及各种运算符组成。

（4）一行中可以定义多个符号常量，但各常量之间要用逗号隔开。

（5）如果符号常量只在过程或某个窗体模块中使用，则在定义时可以加上关键字 Private（可省略）；如果要在多个模块中使用，则必须在标准模块中定义，并且要加上关键字 Public。

（6）常量一旦声明，在其后的程序代码中只能引用，而不能改变常量值。

例如：

```
Const MAX As Integer =100, MIN=MAX-99
Private Const TODAY As Date = #2007-7-1#
Const PI#=3.1415926
```

3. 系统常量

除了用户通过声明创建的符号常量外，VB 系统还提供了大量的已经定义好的符号常量，一般以“vb”为前缀，称为系统常量。在“对象浏览器”中的 Visual Basic（VB）、Visual Basic for Applications（VBA）等对象库中列举了 VB 的常量，如 vbCrLf（回车换行）、vbRed（红色）、vbGreen（绿色）等。

3.3.2　变量

变量实际上代表一些临时的内存单元，这些内存单元中可以存放数据，其内容随着程序的运行而变化。程序中可以通过变量名来引用内存单元中的变量值。

使用变量前，一般必须先声明变量名及其数据类型。在 VB 中，变量声明方式分为显式声明和隐式声明。

1. 显式声明：使用变量前用声明语句声明变量

格式：`Dim 变量名 [As 数据类型]`

说明：

（1）关键字 Dim 还可以是 Static、Private、Public 或 Global，它们的区别是声明的变量的作用范围不同，这一点将在第 5 章详细介绍。

（2）变量名需符合标识符的命名规则。

（3）变量名的尾部可以加上类型符，用来标识不同的数据类型。用类型符定义的变量，在使用时可以省略类型符。例如，用 Dim name$ 定义了一个字符串变量 name$，则引用这个变量时既可以写成 name$，也可以写成 name。

（4）数据类型决定了该变量所占内存空间的大小，若未指定数据类型且变量名末尾也没有类型说明符，则默认为变体型。

（5）在一个定义语句里可以同时定义多个变量。例如，下列语句定义的 3 个变量中，a 是变体型，b 是变长字符串型，c 是长整型。

```
Dim a, b As String, c As Long
```

（6）用 Dim 可以定义变长字符串变量，也可以定义定长字符串变量。定义定长字符串变量的格式为：`Dim 变量名 As String * 正整数`

例如，`Dim stuID As String * 4`。

这里，把变量 stuID 定义为长度是 4 的定长字符串。如果实际赋值给该变量的字符串长度小于 4 个字符，则不足的部分用空格补充；反之，如果超出 4 个字符，则超出的部分被忽略。

（7）所定义的变量根据不同的数据类型有不同的默认初值。数值型变量默认初值为 0，字符串型变量默认初值为""（空串），布尔型变量默认初值为 False。

2. 隐式声明：VB 允许使用未经声明语句声明的变量，这种方式称为隐式声明。隐式声明的变量默认为变体型

尽管默认声明很方便，但有可能带来麻烦，使程序出现无法预料的结果，而且较难查出错误。因此，为了安全起见，最好能显式地声明程序中使用的所有变量。

VB 提供了强制用户对变量进行显式声明的措施。其操作过程如下：单击“工具”菜单中的“选项”命令，在打开的“选项”对话框中，选择“编辑器”选项卡，选中“要求变量声明”复选框，如图 3-2 所示。这样就可以在所有新建模块的通用声明段自动插入 Option Explicit 语句。

这样设置之后，如果程序运行时发现未显式声明的变量，VB 会自动提示编译错误警告“变量未定义”。

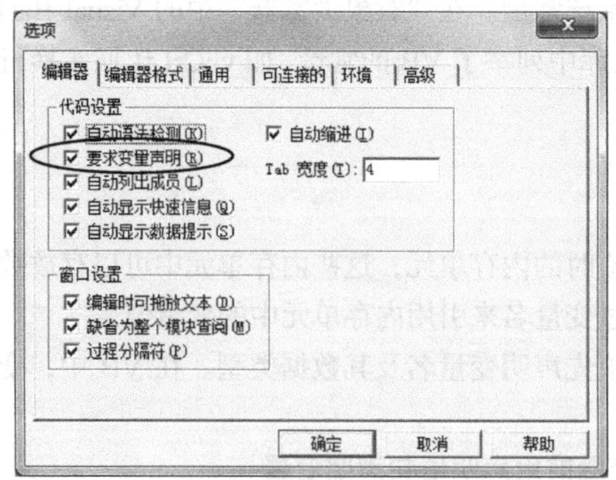

图 3-2　强制变量声明

3.4　运算符和表达式

运算符是在代码中对各种数据进行运算的符号。操作数是参与运算的数据，可以是常量、变量、函数、属性等。表达式是由运算符、操作数和小括号组成的式子。表达式是构成程序代码的最基本要素，用于完成程序中所需的大量运算。

需要两个操作数的运算符，称为双目运算符；只需要一个操作数的运算符，称为单目运算符。VB 中的运算符可分为算术运算符、关系运算符、逻辑运算符以及字符串运算符。

3.4.1　算术运算符和算术表达式

1. 算术运算符

算术运算符是用来进行数学计算的运算符。表 3-2 所示为 VB 中的 8 种算术运算符。

表 3-2　VB 算术运算符

运　　算	运算符	表达式例子	表达式含义	运算结果（x=7、y=2）
乘方	^	x ^ y	x 的 y 次方	49
取负	-	-x	负 y	-7
乘法	*	x * y	x、y 的乘积	14
除法	/	x / y	x 除以 y，结果为浮点数	3.5
整除	\	x \ y	x 除以 y，结果取商值，为整数	3
取模（取余）	Mod	x Mod y	x 除以 y，结果取余数，为整数	1
加法	+	x + y	x、y 的和	9
减法	−	x - y	x、y 的差	5

说明：

（1）除了取负（−）是单目运算符外，其他均为双目运算符。

（2）除法与整除的区别：除法运算符（/）执行标准除法操作，其结果为浮点数。例如，表达式 7/2 的结果为 3.5，与数学中的除法一样。整除运算符（\）执行整除运算，结果取商值，为整型值，因此，表达式 7\2 的值为 3。

当操作数带有小数时，首先被四舍五入为整数，然后进行整除运算。例如，表达式 28.53\6.42，四舍五入后，相当于 29\6，结果为 4。

（3）取模运算符 Mod：用来求余数，其结果为第一个操作数整除第二个操作数所得的余数，结果符号取第一个操作数的符号。例如，表达式 9 Mod 4 和 9 Mod -4 的结果均为 1，而−9 Mod 4 和−9 Mod 4 的结果为−1。

当操作数带有小数时，首先被四舍五入为整数，然后进行取模运算。例如，表达式 25.78 Mod 6.69，四舍五入后，相当于 26 Mod 7，结果为 5。

取模运算符常用来判断一个数能否被另一个数整除。如果 x Mod y 的结果为 0 的话，说明变量 x 可以被变量 y 整除。

（4）整除（\）和取模（Mod）两个运算符经常用来拆分整数。例如，整数 123 的百位、十位、个位上的数字分别为：123 \ 100、(123 Mod 100) \ 10（或 123 \ 10 Mod 10）、123 Mod 10。

2. 算术表达式

算术表达式是用算术运算符和小括号将数值型常量、变量、函数、对象属性等连接成的一个有意义的运算式子。

（1）书写 VB 表达式时，应注意与数学中表达式写法的区别。VB 表达式不能省略乘法运算符。例如，数学表达式 b^2-4ac，写成 VB 表达式应为 b^2-4*a*c 或 b*b-4*a*c。

（2）VB 表达式中所有的括号一律使用小括号，并且括号左右必须配对。例如，数学表达式 2[x/(a+b)-c]，写成 VB 表达式应为 2*(x/(a+b)-c)。

（3）一个表达式中各运算符的运算次序由优先级决定，优先级高的先运算，低的后运算，优先级相同的按从左到右的次序运算。算术运算符的优先级从高到低为：乘方→取负→（乘法、除法）→整除→取模→（加法、减法）。小括号可以改变运算优先级，即小括号的优先级最高。如果表达式中含有小括号，则先计算小括号内表达式的值；有多层小括号时，先计算内层小括号。

表 3-3 所示为一些表达式的求值结果。

表 3-3　　表达式求值结果

表 达 式	结 果	说 明
4+2*6	16	乘法优先级高
（4+2）*6	36	先计算括号内的表达式
1+（(3+4）*2）*3	43	先计算内层括号中的表达式
13/5*2	5.2	优先级相同，从左到右计算
13\5*2	1	乘法优先级高，最后整除结果为整数
27^1/3	9	指数优先级高
27^（1/3）	3	先计算括号内的表达式

注意

在算术运算中，如果操作数具有不同的数据精度，则 VB 规定运算结果的数据类型采用精度高的数据类型，即优先顺序为：Integer<Long<Single<Double<Currency。但当 Long 型数据与 Single 型数据运算时，结果为 Double 型数据。

3.4.2　关系运算符和关系表达式

1. 关系运算符

关系运算符也称比较运算符，用来对两个表达式的值进行比较，比较的结果是一个逻辑值，即真（True）或假（False）。VB 提供的主要关系运算符如表 3-4 所示。

表 3-4　　　　关系运算符

运 算 符	测 试 关 系	表达式例子	运 算 结 果
=	等于	3=2+1	True
< >或><	不等于	"abc" < > "abc"	False
<	小于	"That"<"This"	True
>	大于	−1>0	False
<=	小于或等于	5<=5	True
>=	大于或等于	4>=5	False

关系运算符的比较规则。

（1）两个操作数都是数值型时，比较它们的数值大小。

（2）字符串数据按其 ASCII 码值进行比较。在比较两个字符串时，首先比较两个字符串的第一个字符，其中 ASCII 码值较大的字符所在的字符串大。如果第 1 个字符相同，则比较第 2 个，以此类推。对于两个汉字字符，一级字库的汉字大于二级字库中的汉字，同一级别字库中的汉字，按照它们的拼音比较大小（即排在字典后面的汉字为大）。

（3）两个操作数都是日期型时，是将日期看成“yyyymmdd”的 8 位整数，再按数值比较大小。例如，#10/25/2014# > #10/24/2014# 的值为 True。

2. 关系表达式

关系表达式是用关系运算符和小括号将各种表达式、常量、变量、函数、对象属性等连接成的一个有意义的运算式子。关系运算符的两个操作数的数据类型必须一致。关系表达式的结果是一个逻辑型的值，即 True 或 False。

所有关系运算符的优先级都相同，在运算时按自左至右的次序进行计算。

3.4.3　逻辑运算符和逻辑表达式

1. 逻辑运算符

逻辑运算符的功能是对逻辑值（True 和 False）进行运算，VB 的逻辑运算符有以下几种。

（1）Not（非运算）：由真变假或由假变真，进行“取反”运算。

例如，表达式 8 < 5 的结果为 False，而表达式 Not　8 < 5 的结果为 True。

（2）And（与运算）：只有两个操作数的值均为 True，结果才为 True，否则为 False。

例如，表达式 5 < 8 And 6 < 5 的结果为 False。

（3）Or（或运算）：只要其中某一个操作数的值为 True，结果就为 True；只有两个操作数的值均为 False 时，结果才为 False。

例如，表达式 5 < 8 Or 6 < 5 的结果为 True。

（4）Xor（异或运算）：如果两个操作数同时为 True 或同时为 False，则结果为 False，否则为 True。

例如，表达式 5 < 8 Xor 6 < 5 的结果为 True。

表 3-5 所示为逻辑运算的“真值表”。

表 3-5　　逻辑运算真值表

X	Y	Not X	X And Y	X Or Y	X Xor Y
真	真	假	真	真	假
真	假	假	假	真	真
假	真	真	假	真	真
假	假	真	假	假	假

2. 逻辑表达式

逻辑表达式是用逻辑运算符和小括号将关系表达式、逻辑型常量、变量、函数等连接成的一个有意义的运算式子。

逻辑表达式的结果是一个逻辑型的值，即 True 或 False。

逻辑运算符的优先级由高到低为：Not→And→Or→Xor。

例如，表达式 5>3 or not 4+2<=5 and False 的值为 True。

数学中判断 X 是否在区间［a，b］时，习惯上写成 a≤x≤b，但在 VB 中不能写成 a<=x<=b，而应写成 a <= x And x <= b。

3.4.4 字符串运算符和字符串表达式

1. 字符串运算符

VB 提供了两个字符串运算符："&"和"+"。它们用于将两个字符串首尾连接起来形成一个新的字符串。

（1）"+"：两个操作数都是字符串时，做字符串连接运算；都是数值或一个是数值而另一个是数字字符串时，做加法运算；其他类型的操作数会出错。

（2）"&"：如果两边的操作数不是字符串而是其他数据类型，进行连接时系统先将操作数转换为字符串，然后再连接。

（3）因为符号"&"同时还是长整型的类型符，所以在使用"&"时要格外注意，"&"在用作运算符时，操作数与运算符"&"之间应加一个空格，否则会出错。

例如：

```
"abc"+"123" 运算结果是"abc123"
"abc"+ 123  运算出错，提示"类型不匹配"
"abc"& 123  运算结果是"abc123"
"123"+ 123  运算结果是 246
123 + 123   运算结果是 246
123 & 123   运算结果是"123123"
```

2. 字符串表达式

字符串表达式是用字符串运算符和小括号将一些常量、变量、函数等连接成的一个有意义的运算式子。字符串表达式的结果是一个字符串。

例如，表达式："This "+ "is "& "a " & "book." 结果是 "This is a book."。

3.4.5 运算符的优先级

一个表达式可能含有多种运算符，VB 系统规定了各种运算符的优先级，优先级高的先运算，低的后运算，相同的按从左至右的次序运算。

如果表达式中含有小括号，则先计算小括号内的表达式。如果含有多层小括号，则先计算最内层的小括号，然后从内层向外层依次进行计算。

各种运算符优先级由高到低的排列次序如下：

函数运算→算术运算→字符串运算→关系运算→逻辑运算

例如，设 a=3，b=5，c=-1，d=7，求以下表达式的值。

各种运算符运算次序如下（①→⑩），结果为 True 。

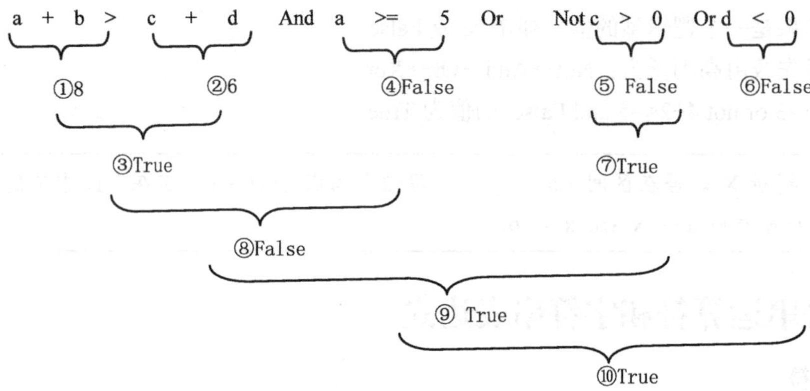

3.5 常用内部函数

VB 提供了大量的内部函数（或称标准函数、库函数）供用户使用。系统已经编写好这些函数的程序代码，用户无需编程，直接调用函数即可完成相应的功能。

函数调用格式： <函数名>([参数 1][,参数 2]……)

说明：

（1）通过函数名调用函数，函数名须满足标识符的命名规则。

（2）参数就是数学中函数的自变量，每个参数都有固定的数据类型。

（3）函数的运算结果称为“返回值”，每个函数返回值的数据类型也是固定的，函数返回值可以出现在相应的表达式中，可以直接输出，也可以赋值给某个变量。例如，

```
Dim a As Integer
a= Sqr(4)+8
Print a ; Abs(-5.5)          '输出结果为：10  5.5
```

内部函数按功能分为：数学函数、转换函数、字符串函数、日期和时间函数和格式输出函数。

3.5.1 数学函数

数学函数用于各种常见的数学运算，常见的数学函数如表 3-6 所示。

表 3-6 数学函数

函 数	功 能	举 例	结 果
Sin(x)	返回 x 的正弦值，x 为弧度值	Sin(0)	0
Cos(x)	返回 x 的余弦值，x 为弧度值	Cos(0)	1
Tan(x)	返回 x 的正切值，x 为弧度值	Tan(0）	0
Atn(x）	返回 x 的反正切值	Atn(0）	0
Abs(x）	返回 x 的绝对值	Abs(-2.5）	2.5
Sgn(x）	返回 x 的符号，即： 当 x 为负数时，返回-1 当 x 为 0 时，返回 0 当 x 为止数时，返回 1	Sgn(-5)	−1
		Sgn(0)	0
		Sgn(5)	1
Sqr(x)	返回 x 的平方根，要求 x 值大于或等于 0	Sqr(16)	4
Exp(x)	求 e 的 x 次方，即 e^x	Exp(2)	7.389
Rnd[(x)]	产生随机数	Rnd	0～1 的数
Int(x)	返回不大于给定数的最大整数	Int(-2.5)	−3
Fix(x)	返回数的整数部分（去尾）	Fix(-4.3)	−4
Log(x)	求自然对数 ln(x)	Log(1)	0
Round(x,n)	将 x 四舍五入，保留 n 位小数，n 默认为 0	Round(2.63)	3

说明：

（1）取整函数 Int(x)是求出不大于 x 的最大整数。如 Int(2.5)值为 2，Int(-2.5)值为−3。

（2）判断一个整数 Y 能否被另一个整数 X 整除。如果 Int(Y/X)=Y/X，则整除。

（3）四舍五入规则：小于 5 时舍，大于 5 时入，等于 5 时的舍入情况取决于前一位数字，若前一位数字为偶数时舍，为奇数时入。例如，Round(2.25,1)的值为 2.2，Round(2.35,1)的值为 2.4。

（4）Rnd[(x)] 函数可产生一个 0～1（包括 0，不包括 1）的单精度随机数。参数 x 可以省略。如果想产生[n,m]范围内的随机整数，可使用表达式：Int(Rnd*(m-n+1)+n) 。

（5）当应用程序多次调用一个过程中的 Rnd 函数时，会出现重复的随机数序列，在调用 Rnd 函数之前，先执行一次 Randomize 语句即可避免重复随机数序列的出现。

3.5.2 转换函数

转换函数用于类型或者形式的转换，常用的转换函数如表 3-7 所示。

表 3-7 转换函数

函数	功 能	举 例	结 果
Hex(x)	把十进制数转换为十六进制数	Hex(100)	"64"
Oct(x)	把十进制数转换为八进制数	Oct(100)	"144"
Asc(x)	返回 x 中第一个字符的 ASCII 码	Asc("ABC")	65
Chr(x)	把 x 的值转换为 ASCII 字符	Chr(65)	"A"
Str(x)	把 x 的值转换为字符串，若 x 为正数，则转换后的字符串前边带一个前导空格	Str(12.34)	" 12.34" (长度为 6)
CStr(x)	把 x 的值转换为字符串，若 x 为正数，则转换后的字符串前边不带前导空格	CStr(12.34)	"12.34" (长度为 5)
Val(x)	把字符串 x 转换为数值	Val("12.34")	12.34

说明：

（1）用 Chr 函数可以得到不可显示的控制字符。例如，Chr(13)表示回车符，Chr(13)+Chr(10)表示回车换行符。

（2）Val 函数可以把包含有数值信息的字符串转换为数值。从左到右转换，直到遇到不能转换的字符为止。Val 函数认为有效的组成数值的字符有：0~9、正负号、小数点和组成浮点型常量的 4 个字符 E、e、D、d。转换时忽略空格。例如，Val("-123AB")的结果为 -123 ，Val(".123AB")的结果为.123 ，Val("a123AB")的结果为 0 。

3.5.3 字符串函数

字符串函数用于字符串处理，常用的字符串函数如表 3-8 所示。

表 3-8 字符串函数

函　数	功　能	举　例	结　果
LTrim(S)	去掉 S 左边的空格	LTrim("　ABC")	"ABC"
RTrim(S)	去掉 S 右边的空格	RTrim("ABC　")	"ABC"
Trim(S)	去掉 S 两边的空格	Trim("　ABC　")	"ABC"
Left(S,n)	取 S 左部的 n 个字符	Left("ABCDEF",3)	"ABC"
Right(S,n)	取 S 右部的 n 个字符	Right("ABCDEF",3)	"DEF"
Mid(S,m,n)	从第 m 个字符开始取 S 的 n 个字符	Mid("ABCDEF",3,2)	"CD"
Len(S)	测试字符串的长度（字符个数）	Len("VB 程序设计")	6
Instr(n,S1,S2)	返回字符串 S1 中第 n 个位置开始查找字符串 S2 出现的起始位置	Instr(1,"ABCDEF","CD")	3
Space(n)	返回由 n 个空格字符组成的字符串	Space(3)	"　"
String(n,S)	返回由 n 个字符串 S 中的第一个字符组成的字符串	String(3,"ABC")	"AAA"
Lcase(S)	将字符串中所有字母转换为小写，其他不变	Lcase("ABC23d")	"abc23d"
Ucase(S)	将字符串中所有字母转换为大写，其他不变	Ucase("abc23D")	"ABC23D"

说明：凡是返回值是字符串的函数，均可在函数名后面加上“$”符号，功能不变。例如，Space(3)与 Space$(3)是等价的。

3.5.4 日期和时间函数

日期和时间函数用于显示日期和时间，常用的日期和时间函数如表 3-9 所示。

表 3-9 日期和时间函数

函　数	功　能	举　例	结　果
Now	返回系统当前日期和时间	Now	2014-11-2 0:20:12
Date	返回系统当前日期	Date	2014-11-2
Time	返回系统当前时间	Time	0:20:12
Day( )	返回指定日期的日	Day(Now) 或 Day(Date)	2
WeekDay( )	返回指定日期是星期几，星期日为 1	WeekDay(Now)	1
Month( )	返回指定日期的月份	Month(Now)	11
Year( )	返回指定日期的年份	Year(Now)	2014

续表

函　　数	功　　能	举　　例	结　　果
Hour( )	返回指定时间的小时	Hour(Now) 或 Hour(Time)	0
Minute( )	返回指定时间的分钟	Minute(Now)	20
Second( )	返回指定时间的秒数	Second(Now)	12

3.5.5　格式输出函数

格式：`Format(<表达式>,<格式字符串>)`

功能：用于控制输出数据的格式。

说明：

（1）函数名 Format 后面可以加上“$”符号，功能不变。该函数返回值类型为字符串型。

（2）<表达式>是指要格式化的数值、日期或字符串型表达式。

（3）<格式字符串>指定表达式的值的输出格式，格式字符串要加双引号。格式字符有 3 类：数值型格式、日期型格式和字符型格式，分别如表 3-10、表 3-11 和表 3-12 所示。

表 3-10　　常用的数值型格式字符

字符	功　　能	举　　例	结　　果
0	数字占位符，显示一位数字或是零。如果表达式在格式字符串中 0 的位置上有一位数字存在，那么就显示该位数字，否则就显示零	Format(123.45,"0000.000")	"0123.450"
#	数字占位符，显示一位数字或什么都不显示。如果表达式在格式字符串中 # 的位置上有数字存在，那么就显示该位数字，否则该位置什么也不显示	Format(123.45,"####.###")	"123.45"
.	小数点占位符，显示小数点，可以和“#”、“0”一起使用		
,	千分位符号占位符	Format(1234.5 , "#,###.##")	"1,234.5"
%	百分比符号占位符。系统先将表达式的值乘以 100，然后将“%”插入到格式字符串中出现的位置上	Format(0.123 , "###.#%")	"12.3%"

表 3-11　　常用的时间日期格式字符

字　　符	功　　能	举　　例	结　　果
dddddd	显示完整的日期（包括年、月、日）	Format(Date,"dddddd")	"2014 年 11 月 2 日"
mmmm	以月的英文全名来显示月	Format(Date,"mmmm")	"November"
yyyy	用 4 位数字显示年	Format(Date,"yyyy")	"2014"
hh	以有前导零的数字来显示小时（00-23）		
nn	以有前导零的数字来显示分（00-59）		
ss	以有前导零的数字来显示秒（00-59）	Format(Time,"hh:nn:ss")	"16:44:05"
ttttt	显示完整的时间（包括时、分、秒）	Format(Time,"ttttt")	"12:50:08"
AM/PM 或 am/pm	以 AM/PM（或者 am/pm）表示中午前和中午后的时间	Format(Time,"tttttAM/PM")	"18:30:12PM"

表 3-12　　常用的字符型格式字符

字　符	功　能	举　例	结　果
@	字符占位符，显示字符或是空格	Format("abc","@@@@@")	" abc"
&	字符占位符，显示字符或什么都不显示	Format("abc","&&&&&")	"abc"
<	强制小写	Format("ABC","<@@@@@")	" abc"
>	强制大写	Format("abc",">@@@@@")	" ABC"
!	强制右补空格，默认是左补空格	Format("abc","!@@@@@")	"abc "

习　题

一、选择题

1. 以下可以作为 VB 变量名的是（　　）。

[A]dim　　[B]x1

[C]cos(x)　　[D]x(-1)

2. 下面是（　　）合法的单精度型变量。

[A]num!　　[B]sum%

[C]xinte$　　[D]mm#

3. 表达式 25\3 mod 3 *Int(4.5)的值为（　　）。

[A]4　　[B]8

[C]1　　[D]5

4. VB 中满足 X>8 或者 X≤−8 的正确表达式是（　　）。

[A]>8 or X≤−8　　[B]X>8, X<=−8

[C]X>8 and X<=−8　　[D]X >8 or X<=−8

5. 下面选项中（　　）是算术运算符。

[A]%　　[B]And

[C]&&　　[D]Mod

6. 下面（　　）是日期型常量。

[A]"12/19/99"　　[B]12/19/99

[C]#12/19/99#　　[D]{12/19/99}

7. 数据类型中和关键字 Single 类型相同的类型符是（　　）。

[A] %　　[B] &

[C] ！　　[D] #

8. 下列运算符中（　　）的优先级最高。

[A] /　　[B] ^

[C] Mod　　[D] +

9. 已知 ABC 三个边，其中 C 最小，判断能否构成三角形的逻辑表达式是（　　）。

[A]A>=B And B>=C And C>0　　[B]A+C>B And B+C>A And C>0

[C](A+C)>=C And A-C<=C) And C>0　　　　[D]A+B>C And A-B>C And C>0

10. 以下声明语句中错误的是（　　）。

[A]Const var1=123　　　　[B]Dim var2=123

[C]Dim var4 As Single　　　　[D]Static var3 As Integer

二、填空题

1. 数学表达式 $3(a+b)^2c$ 用 VB 的算术表达式表示为________。
2. 函数 len("中国 ABC")的结果是________。
3. 求 x 与 y 之积除以 z 的余数，其 VB 表达式为________。
4. VB 中双精度数据类型的关键字是________。
5. 表示 x 是 5 的倍数或是 9 的倍数的逻辑表达式为________。
6. VB6.0 的基本表达式包括算术表达式、关系表达式和________表达式。
7. sst="ABC12DE"，则 Val(sst)= ________。
8. 把整型数 1 赋给一个逻辑型变量，则逻辑变量的值为________。
9. VB 表达式 9^2 MOD 45 \2 *3 的值________。
10. 设 a="Visual Basic"，函数 Left(a,3)的值为________，Mid(a,8,5)值为________。

三、判断题

1. Visual_basic 是 VB 合法的变量名。（　　）
2. Single 和 Double 型用于保存浮点数，单、双精度浮点数都占 8 字节。（　　）
3. Variant 是一种数据类型，因此，只能像其他数据类型一样存放，无特殊值。（　　）
4. 用 Dim 语句声明变量时，VB 系统不仅为变量分配相应数据类型的内在空间，而且还为变量赋所需的初值。（　　）
5. Dim i , j as integer 表明 i 和 j 都是整型变量。（　　）

第4章 Visual Basic程序控制结构

VB 语言既是面向对象的程序设计语言，也是结构化的程序设计语言。在针对某个对象的事件进行编码时，仍然要使用结构化的程序设计方法。

VB 程序控制结构有 3 种，分别是顺序结构、选择结构和循环结构。这 3 种基本结构具有单入口、单出口的特点，各种不同的程序结构就是由若干基本结构构成的。本章将介绍与 3 种基本结构有关的语句和方法。

4.1 顺序结构程序设计

4.1.1 算法

1. 算法的主要特征

算法是为解决一个特定问题而采取的方法和步骤。

使用计算机解决某个问题，首先要确定解题的具体步骤，即确定算法。将问题分解为若干个计算机可以顺序执行的基本步骤，然后用计算机语言将这些步骤描述出来，就是解决问题的计算机程序。所以算法的正确与否，决定了程序运行后能否得出正确的结果。

一个算法一般具有如下 5 个特征。

（1）有穷性：一个算法必须总是（对任何合法的输入值）在执行有穷步之后结束，且每一步都在有穷时间内完成。

（2）确定性：算法中每一条指令必须有确切的含义，不允许有模棱两可的解释，人们理解时不会产生二义性。并且在任何条件下，算法只有唯一的一条执行路径，即对于相同的输入只能得出相同的输出。

（3）有效性：一个算法能有效地完成指定的任务，就要求算法中描述的操作都可以通过已经实现的基本运算执行有限次来实现。

（4）输入：一个算法有零个或多个输入，这些输入取自于某个特定对象的集合。

（5）输出：一个算法有一个或多个输出，这些输出是同输入有着某些特定关系的量。

2. 算法的表示

把算法用文字或图形方式表示出来，就是算法的描述。

最常用的描述算法的工具是传统流程图。

（1）传统流程图中的基本符号

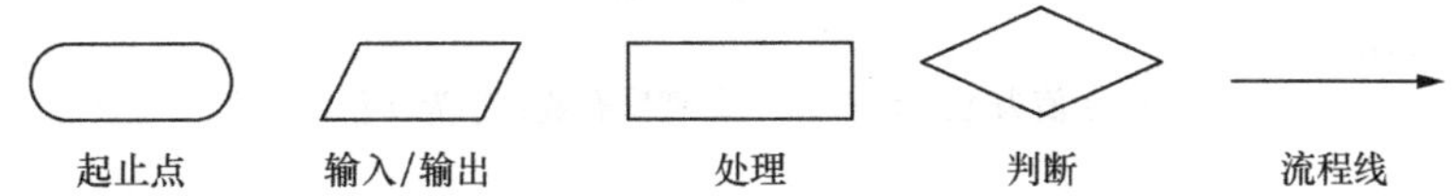

（2）3 种基本结构的表示

① 顺序结构：顺序结构表示一系列顺序执行的运算和处理，如图 4-1 所示。

② 选择结构：选择结构通常是根据一个条件是否成立来选择下一步应该执行哪一种处理，如图 4-2 所示。

③ 循环结构：循环结构根据条件是否成立来判断是否重复执行某些语句，通常有两种结构形式，一种是“先判断后执行”，如图 4-3（a）所示；另一种是“先执行后判断”，如图 4-3（b）所示。

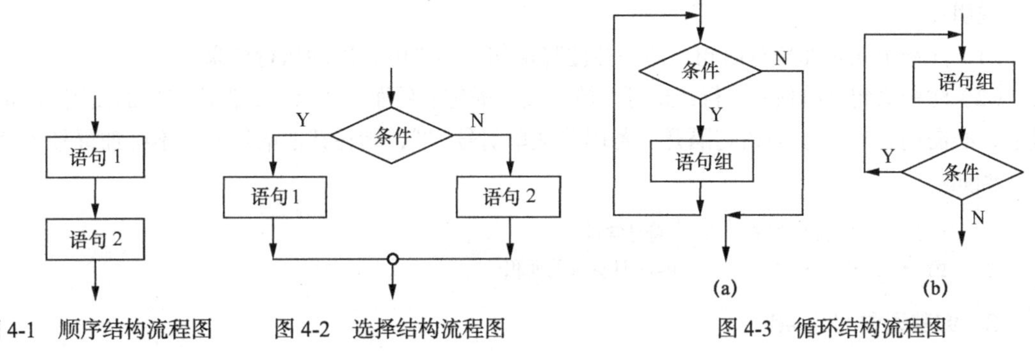

图 4-1　顺序结构流程图　　图 4-2　选择结构流程图　　图 4-3　循环结构流程图

4.1.2　顺序结构中的常用语句

1. 赋值语句 Let

格式：[Let] 变量名= 表达式　或　对象.属性=表达式

功能：将赋值号右边表达式的值赋给左边的变量。

说明：

（1）关键字 Let 可以省略，赋值语句先计算右边表达式的值，再将结果赋给左边的变量。

（2）赋值号左边可以是变量，也可以是对象的属性，但不能是常量、函数、表达式等。例如：

```
Let x = x+6                    ' 变量 x 加上 6 以后赋给左边的变量 x
Text1.Text = "欢迎使用 VB6.0"   ' 将字符串赋给 Text1
5 = x                          ' 错误，左边是常量
Abs(x) = 8                     ' 错误，左边是函数调用，即是表达式
a+3 = 2                        ' 错误，左边是表达式
```

（3）赋值号右边的表达式可以是常量、其他变量、表达式、控件属性等，也可以是由 InputBox 函数提供的值。

（4）赋值号两边的数据类型必须保持一致或兼容。例如：

```
Dim A As Integer, B As Single, C As Double, S As String
A = 100
S = "123.45"
A = S               ' A 值为 123
S = A               ' S 值为" 123"
```

```
B = 12345.67
A = B                   ' A值为12346 ，四舍五入后取整
C = 123456.789
B = C                   ' B值为123456.8 ，单精度有效数字为7位
S = "abc"
A = S                   ' 错误，类型不匹配
```

（5）赋值号与数学中“等号”有所区别，数学中等号为判断左右两值是否相等。例如：

```
5 = 5           ' 在数学中表示等式，是正确的；但在VB中是错误的，因为左边是常量
```

2. 注释语句 Rem

格式：Rem 注释内容　　或　　' 注释内容

功能：注释语句提高了程序的可读性，可以方便自己或他人理解语句的含义。

说明：

（1）注释语句是非执行语句，即去掉注释语句不会影响程序的执行结果。

（2）注释语句可单独占一行，也可以放在其他语句的后面。如果在其他语句后面使用 Rem 关键字，必需用冒号（:）与语句隔开。若用英文单引号“'”，则在其他语句后面不必加冒号（:）。

例如：

```
Const PI = 3.1415926      ' 符号常量PI
S = PI * r * r :           Rem 计算圆的面积
```

3. 卸载语句 Unload

格式：Unload 对象名

功能：从内存卸载某个对象。

例如：Unload me　' 卸载当前窗体，当前窗体不再显示

4. 响铃语句 Beep

格式：Beep

功能：通过计算机喇叭发出声音。

5. 暂停语句 Stop

格式：Stop

功能：暂停程序的执行。

说明：

（1）当执行 Stop 语句时，将自动打开“立即”窗口。Stop 语句的主要作用是把解释程序设置为中断（Break）模式，以便对程序进行检查和调试。

（2）一旦 VB 应用程序通过编译并能运行，生成可执行文件之前，应删去代码中的所有 Stop 语句。

6. 结束语句 End

格式：End

功能：结束程序的执行，关闭打开的文件，清除变量，返回操作系统或 VB 环境。

7. With 语句

格式：
```
With 对象名
    语句组
End With
```

功能：当针对某对象执行一系列的语句时，使用 With 语句可以省略对象名。

例如：

```
With Text1
   .Text="你好"
   .MultiLine=True
   .Locked=True
   .MaxLength=10
End With
```

相当于：

```
Text1.Text="你好"
Text1.MultiLine=True
Text1.Locked=True
Text1.MaxLength=10
```

4.1.3　顺序结构中的数据输出

1. Print 方法

格式：[对象名.] Print [<表达式表>][,|;]

功能：在指定的对象中输出表达式的值。

说明：

（1）对象名可以是窗体名、图片框名、打印机或立即窗口（Debug）。若省略对象名，则表示在当前窗体上输出。

（2）<表达式表>可以是一个或多个表达式。各表达式之间如果使用分号分隔符，则以紧凑格式输出。如果是数值表达式，则先计算表达式的值，然后输出，输出数值的前面有一个符号位（正数显示空格，负数显示负号“–”），数值后面有一个空格；如果是字符串表达式，则原样输出，输出的字符串前后都没有空格；若省略表达式，则输出一个空行。

（3）若各表达式之间以逗号作分隔符，则按标准格式输出数据，每个表达式占 14 个字符位置。

（4）在一般情况下，每执行一次 Print 方法都会自动换行，即后一个 Print 语句的执行结果总是显示在前一个 Print 语句的下一行。为了仍在同一行上显示，可以在 Print 语句的末尾加上逗号或者分号。其中，分号表示紧凑格式，逗号表示标准格式。例如：

```
Print "20+30=",
Print 50;
Print                        ' 抵消上一个 Print 语句中最后那个分号的作用
Print "20+30=";
Print 50
```

其输出结果为：

```
20+30=        50
20+30= 50
```

【例 4-1】使用不同分隔符在窗体上显示数据，如图 4-4 所示。

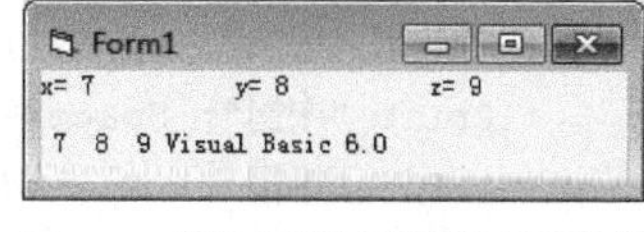

图 4-4　使用不同分隔符显示数据

程序代码：

```
Private Sub Form_Click()
   x = 7: y = 8: z = 9
   Print "x=" ; x , "y=" ; y , "z=" ; z
   Print
   Print x ; y ; z ; "Visual Basic 6.0"
End Sub
```

2. 与 Print 方法有关的函数

（1）Tab 函数

格式：`Print Tab(n);表达式`

功能：与 Print 方法配合使用，从第 n 列开始输出表达式的值，n 为整数。

说明：Tab(n)与表达式之间必须用分号分隔。

【例 4-2】设有某班级的部分学生名单如表 4-1 所示。编程显示表格中的数据。

表 4-1　　例 4-2 数据表

姓名	年龄	籍贯	班级
张三	19	吉林	机电 1
王五	20	北京	电气 1

程序代码：

```
Private Sub Form_Click()
   Print "姓名"; Tab(8); "年龄"; Tab(16); "籍贯";
   Print Tab(24); "班级"
   Print
   Print "张三"; Tab(8); 19; Tab(16); "吉林"; Tab(24); "机电 1"
   Print "王五"; Tab(8); 20; Tab(16); "北京"; Tab(24); "电气 1"
End Sub
```

程序运行后，单击窗体内任一位置，将显示如图 4-5 所示的运行结果。

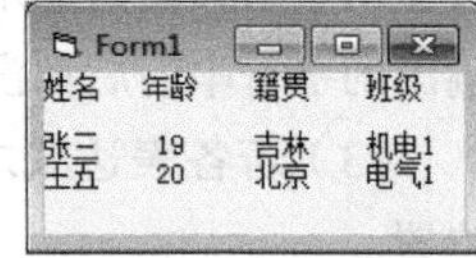

图 4-5　例 4-2 运行结果

（2）Spc 函数

格式：Print Spc(n);表达式

功能：与 Print 方法结合使用，从当前位置跳过 n 个空格后再输出表达式的值，n 为整数。

说明：

① Spc 函数与 Tab 函数区别：Tab 函数是从第 1 列开始计数，而 Spc 函数是从前一个输出项结束位置开始计数，表示两个输出项之间的间隔。

② Space 函数与 Spc 函数区别：Space 函数返回值是字符串类型，Space 函数和输出项之间可以用分号分隔，也可使用字符串连接运算符进行连接；而 Spc 函数和输出项之间只能用分号分隔。

例如，以下 4 条 Print 语句是等价的。

```
Private Sub Form_Click()
   Print "中国"; Spc(2); "北京"
   Print "中国"; Space(2); "北京"
   Print "中国" + Space(2) + "北京"
   Print "中国" & Space(2) & "北京"
End Sub
```

程序运行后，单击窗体内任一位置，将显示如图 4-6 所示的运行结果。

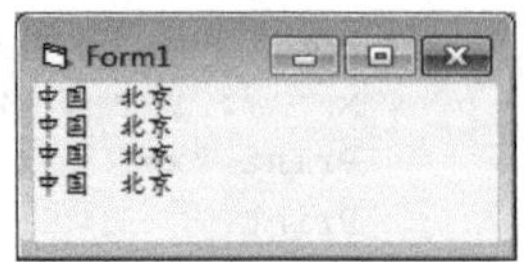

图 4-6　程序的运行结果

但下列 Print 语句是错误的。

```
Print "中国"+ Spc(2)+ "北京"
```

4.1.4　InputBox 函数

格式：InputBox (提示信息 [,对话框标题][,默认值])

功能：屏幕显示一个输入框，等待用户输入信息后，将输入信息作为字符串返回。

说明：

（1）<提示信息>：字符串表达式。在对话框内显示提示信息，提示用户输入的数据的范围、作用等。如果要显示多行信息，则可在各行行末用回车符 Chr(13)、换行符 Chr(10)、回车换行符的组合 Chr(13)&Chr(10)或系统常量 vbCrLf 来换行。

（2）<对话框标题>：字符串表达式，可选项。运行时该参数显示在对话框的标题栏中。如果省略，则在标题栏中显示当前的工程名。

（3）<默认值>：字符串表达式，可选项。显示在文本框中，在没有其他输入时作为默认值。如果省略，则文本框为空。例如：

```
MyStr = InputBox("请输入学生年龄" & Chr(13) & "范围：17～23 岁", "输入年龄对话框", "20")
```

运行结果如图 4-7 所示。

图 4-7　InputBox 对话框

在文本框中可以修改默认值内容，单击“确定”按钮，文本框中的文本赋给变量 MyStr；单击“取消”按钮，空字符串赋给变量 MyStr。

4.1.5　MsgBox 函数

格式：MsgBox (<提示信息> [, <按钮类型>][, <对话框标题>])

功能：屏幕显示一个消息框，等待用户单击按钮，返回一个整数告诉用户单击了哪个按钮。

说明：

（1）<提示信息>：字符串表达式，用于指定显示在对话框中的信息。如果要显示多行信息，则可在各行行末用回车符 Chr(13)、换行符 Chr(10)、回车换行符的组合 Chr(13)&Chr(10)或系统常量 vbCrLf 来换行。

（2）<按钮类型>：数值型数据，是可选项，用来指定对话框中出现的按钮和图标的种类及默认按钮。可以用按钮值，也可以用系统常量。“按钮类型”的设置值及含义如表 4-2 所示。

表 4-2　　MsgBox“按钮类型”的设置值

分　类	按 钮 值	系 统 常 量	含　义
按钮类型	0	vbOKOnly	只显示“确定”按钮
	1	vbOKCancel	显示“确定”、“取消”按钮
	2	vbAbortRetryIgnore	显示“终止”、“重试”、“忽略”按钮

续表

分　类	按 钮 值	系 统 常 量	含　义
按钮类型	3	vbYesNoCancel	显示“是”、“否”、“取消”按钮
	4	vbYesNo	显示“是”、“否”按钮
	5	vbRetryCancel	显示“重试”、“取消”按钮
图标类型	16	vbCritical	显示停止图标
	32	vbQuestion	显示询问图标
	48	vbExclamation	显示警告图标
	64	vbInformation	显示信息图标
默认按钮	0	vbDefaultButton1	第一个按钮是默认按钮
	256	vbDefaultButton2	第二个按钮是默认按钮
	512	vbDefaultButton3	第三个按钮是默认按钮

（3）<对话框标题>：字符串表达式，是可选项，它显示在对话框的标题栏中，如果省略，则在标题栏中显示工程名。

（4）MsgBox 函数的返回值是由用户在消息框中选择的按钮决定的。每个按钮都有对应的返回值，如表 4-3 所示。

表 4-3　MsgBox 函数的返回值

系 统 常 量	返 回 值	按　钮
vbOK	1	确定
vbCancel	2	取消
vbAbort	3	终止
vbRetry	4	重试
vbIgnore	5	忽略
vbYes	6	是
vbNo	7	否

（5）若不需要返回值，则可以使用 MsgBox 语句。

格式：MsgBox <提示信息>[，<按钮类型>][，<对话框标题>]

例如：

```
Private Sub Command1_Click()
  a = MsgBox("是否删除？", 4 + 32 + 256, "提示")
End Sub
```

效果如图 4-8 所示，如果用户选择“是”按钮，则 a 获得的值为 6，否则获得 7。

又如：

```
Private Sub Command1_Click()
  MsgBox "下载完毕！", 0 + 64 + 0, "提示"
End Sub
```

效果如图 4-9 所示，由于是 MsgBox 语句，所以无返回值。

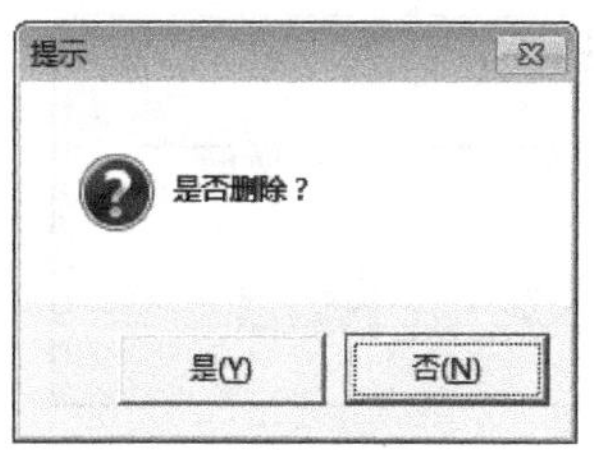

图 4-8　MsgBox 函数

图 4-9　MsgBox 语句

4.2　选择结构程序设计

4.2.1　If 语句和 IIf 函数

1. If 语句

（1）单行结构 If 语句

格式： If <条件> Then <语句组 1> [Else <语句组 2>]

功能：如果条件表达式为真（True），则执行语句组 1，否则执行语句组 2，然后去执行该 If 语句的下一条语句，如图 4-10（b）所示。[Else　语句组 2]可以省略，此时，如果条件表达式为真（True），则执行语句组 1，否则直接去执行该 If 语句的下一条语句。如图 4-10（a）所示。

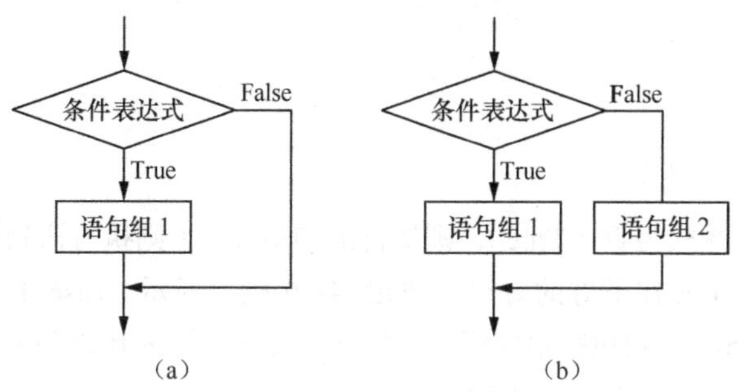

（a）　（b）

图 4-10　单行结构 If 语句流程图

说明：

① 条件：可以是关系表达式、逻辑表达式或数值表达式（0 按 False 处理，非 0 按 True 处理）。

② 单行 If 语句必须在一个语句行内完成。例如，用单行 If 语句求变量 x 和 y 中的最大值存到 max 中： If x > y Then max = x Else max = y。

③ 语句组中允许有多条语句，但各语句之间要用“:”隔开。例如，用单行 If 语句求变量 x 和 y 中的最大值存到 max 中，最小值存到 min 中：

```
If x > y Then max = x : min = y Else max = y : min = x
```

其中 Then 子句中语句组 1 包含两条赋值语句，Else 子句中语句组 2 也包含两条赋值语句。

【例 4-3】输入一个整数，判断它是奇数还是偶数，并输出相应的提示信息。程序运行界面如图 4-11 所示。

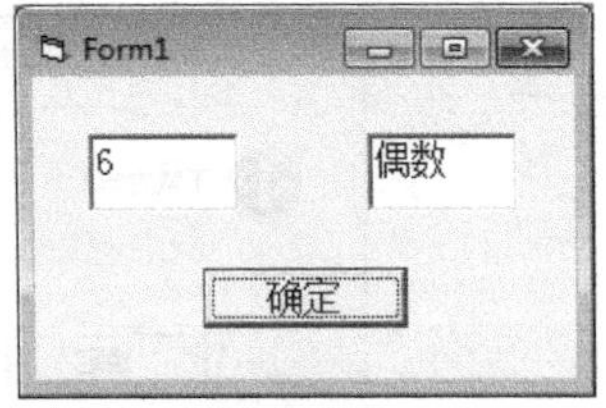

(a) 界面 1

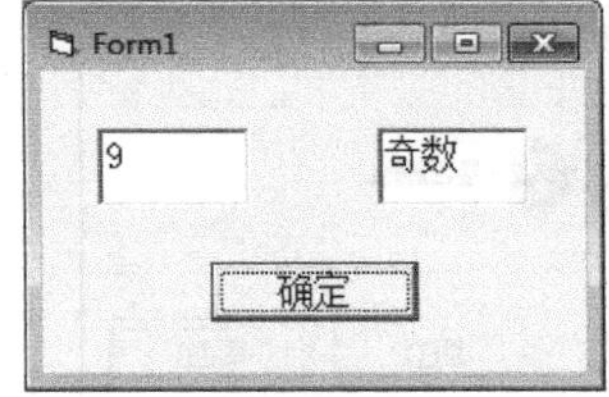

(b) 界面 2

图 4-11　例 4-3 运行界面

设计界面：在窗体上建立 2 个文本框，一个用来接收数据，另一个用来输出结果；再建立 1 个命令按钮（Caption 属性值设置为“确定”），以执行程序。

程序代码：

```
Private Sub Command1_Click()
   Dim n As Integer, str As String
   n = Val(Text1.Text)                    '从界面上的 Text1 获得变量 n 的值
   If n Mod 2 = 0 Then str = "偶数" Else str = "奇数"
   Text2.Text = str                       '把 str 的内容显示在界面上的 Text2 中
End Sub
```

（2）块结构双分支 If 语句

格式：

```
If <条件> Then
   <语句组 1>
[Else
   <语句组 2>]
End If
```

功能：如果条件表达式为真（True），则执行语句组 1，否则执行语句组 2，然后去执行该 If 语句的下一条语句（即 End If 下方的语句），如图 4-10（b）所示。Else 子句可以省略，此时，如果条件表达式为真（True），则执行语句组 1，否则直接去执行该 If 语句的下一条语句（即 End If 下方的语句）。流程图如图 4-10（a）所示。

说明：

① 块结构 If 语句必须以 End If 结束。

② 不管语句组 1 和语句组 2 中有多少条语句，合在一起是一条 If 语句。

例如，用块结构 If 语句完成【例 4-3】，代码如下。

```
Private Sub Command1_Click()
   Dim n As Integer, str As String
   n = Val(Text1.Text)          '从界面上的 Text1 获得变量 n 的值
   If n Mod 2 = 0 Then
      str = "偶数"
   Else
      str = "奇数"
   End If
   Text2.Text = str             '把 str 的内容显示在界面上的 Text2 中
End Sub
```

（3）块结构多分支 If 语句

格式：

```
If <条件 1> Then
   <语句组 1>
ElseIf <条件 2> Then
   <语句组 2>
……
ElseIf <条件 n> Then
   <语句组 n>
[Else
   <其他语句组>]
End If
```

功能：实现多分支结构。系统首先判断<条件 1>，若为 True，则执行完<语句组 1>后，该块 If 语句结束，系统继续执行 End If 语句后面的语句；若为 False，则再判断<条件 2>，若为 True，则执行<语句组 2>后，该块 If 语句也结束了；若<条件 2>为 False，则继续依次判断后面的<条件 3>、……、<条件 n>，一旦遇到相应的条件为 True，则执行该条件下的语句组；若块 If 语句中列出的所有条件都为 False，则执行 Else 子句的<其他语句组>。流程图如图 4-12 所示。

说明：

① 如果省略 Else 子句，而且所有条件都不满足，则任何语句组都不执行，直接去执行 End If 下边的语句。

② 关键字 ElseIf 中间没有空格。

【例 4-4】某书店打折促销，每位顾客一次购书在 100 元以上 200 元以下者，按九折优惠；在 200 元及以上 300 元以下者，按八五折优惠；在 300 元及以上者，按八折优惠；编写程序，输入购书款数，计算输出优惠价。程序运行界面如图 4-13 所示。

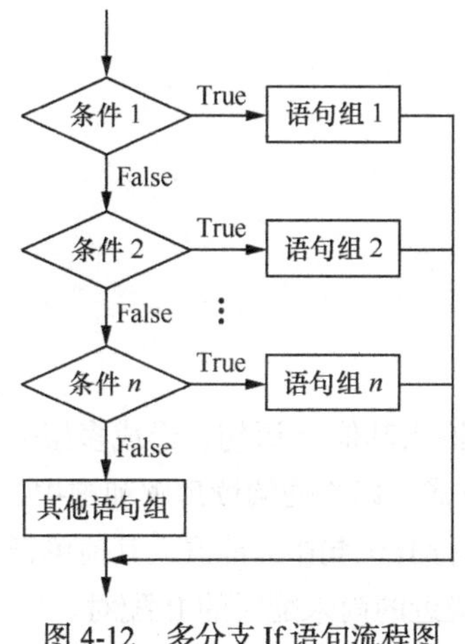

图 4-12　多分支 If 语句流程图

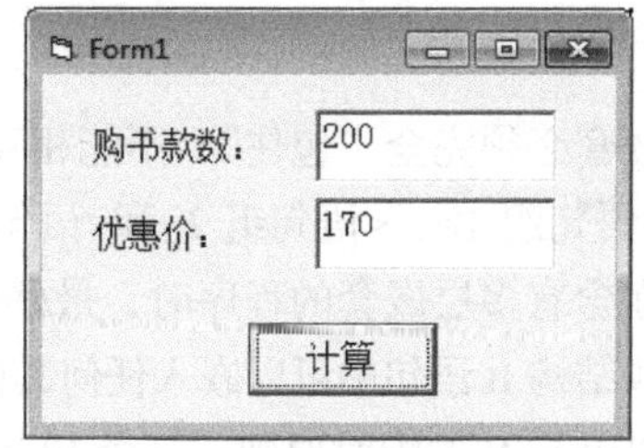

图 4-13　例 4-4 运行界面

设计界面：在窗体上建立 2 个标签、2 个文本框和 1 个命令按钮。在属性窗口设置各主要控件的属性，如表 4-4 所示。

表 4-4　　　　窗体及控件属性

	控 件 名	属 性 名	属 性 值
标签	Label1	Caption	购书款数:
	Label2	Caption	优惠价:
文本框	Text1	Text	""（空）
	Text2	Text	""（空）
命令按钮	Command1	Caption	计算

程序代码:

```
Private Sub Command1_Click()
   Dim x As Single, y As Single
   x = Val(Text1.Text)
   If x <= 100 Then
      y = x
   ElseIf x < 200 Then
      y = 0.9 * x
   ElseIf x < 300 Then
      y = 0.85 * x
   Else
      y = 0.8 * x
   End If
   Text2.Text = y
End Sub
```

2. If 语句的嵌套

如果一个 If 的语句组中又包含另一个 If 语句，称为 If 语句的嵌套。

格式:

```
If <条件 1> Then
   If <条件 2> Then
      <语句组 1>
   Else
      <语句组 2>
   End If
Else
   <语句组 3>
End If
```

说明:

（1）嵌套必须完全“包住”，不能相互交叉。

（2）<语句组 1>、<语句组 2>和<语句组 3>中还可以嵌入其他 If 语句，形成多层嵌套。

（3）在含有多层嵌套的程序时，最好使用缩进对齐方式，以方便阅读理解和维护。

（4）块结构 If 语句中可以嵌入任何其他 If 语句，但单行 If 语句中只能嵌入其他单行 If 语句。

（5）Else 与 If 的配对原则：一个 Else 总是与其前方最近的尚未配对的 If 配对。

例如，用块结构双分支 If 语句的嵌套完成【例 4-4】，代码如下。

```
Private Sub Command1_Click()
   Dim x As Single, y As Single
   x = Val(Text1.Text)
```

```
    If x <= 100 Then
      y = x
    Else
      If x < 200 Then
        y = 0.9 * x
      Else
        If x < 300 Then
          y = 0.85 * x
        Else
          y = 0.8 * x
        End If
      End If
    End If
    Text2.Text = y
End Sub
```

3. IIf 函数

格式：IIf（<条件>,<表达式 1>,<表达式 2>）

功能：函数先判断<条件>的值，若为 True，则函数返回<表达式 1>的值；若为 False，则函数返回<表达式 2>的值。

说明：

（1）函数中的 3 个参数均不能省略。

（2）可以将 IIf 函数看作是单行 If 语句结构。例如，用 IIf 函数求变量 x 和 y 中的最大值存到 max 中：max = IIf(x > y, x, y) 等价于：If x > y Then max = x Else max = y 。

（3）IIf 函数也可以嵌套。例如，求 x、y、z 3 个数中的最大值：

```
max = IIf(z>IIf(x > y, x, y),z, IIf(x > y, x, y))
```

4.2.2　Select　Case 语句

前面使用块结构多分支 If 语句或 If 语句的嵌套实现程序的多分支结构稍显复杂，结构不够清晰。VB 提供了多分支 Select Case 语句可以更方便地实现多分支程序的设计，且结构清晰，容易阅读，效率更高。

格式：

```
Select Case 表达式
   Case 表达式列表 1
      语句组 1
   Case 表达式列表 2
      语句组 2
   ……
   Case 表达式列表 n
      语句组 n
   Case Else
      语句组 n+1
End Select
```

功能：若表达式的值与某个表达式列表的值相匹配，则执行该表达式列表后的相应语句组。

说明：

（1）表达式：可以是一个数值表达式或字符串表达式，通常是一个变量。

（2）Case 表达式列表：是 Case 子句，如果表达式与某个 Case 子句的表达式列表相匹配，则执行该 Case 子句中的语句组。Case 子句中的“表达式列表”可以有 3 种表示形式：

① 一个或多个常量，多个常量之间用“,”分开；

② 使用 To 关键字，用以指定一个数值范围，要求值小的数在 To 之前，如 1 To 10；

③ Is 关键字与关系运算符配合使用，用以指定一个数值范围，如 Is >10。

在每个 Case 子句的“表达式列表”中，以上 3 种形式可以任意组合使用。如：

```
Case  3, 5, 7 To 9,Is>10
```

（3）Case Else：当表达式的值与前面所有的 Case 子句的表达式列表都不匹配时，执行语句组 n+1。Case Else 子句可以省略。

（4）End Select：为多分支结构语句的结束标志。

（5）Select Case 语句也可以实现嵌套，每个语句组中又可以出现其他 If 语句或 Select Case 语句。当然，块结构 If 语句中也可以出现 Select Case 语句。

例如，用多分支 Select Case 语句完成【例 4-4】，代码如下：

```
Private Sub Command1_Click()
   Dim x As Single, y As Single
   x = Val(Text1.Text)
   Select Case x
      Case Is <= 100
         y = x
      Case Is < 200
         y = 0.9 * x
      Case Is < 300
         y = 0.85 * x
      Case Else
         y = 0.8 * x
   End Select
   Text2.Text = y
End Sub
```

【例 4-5】简易四则运算。根据输入的运算符（+、–、*、/）求两个数的和、差、积、商。程序运行界面如图 4-14 所示。

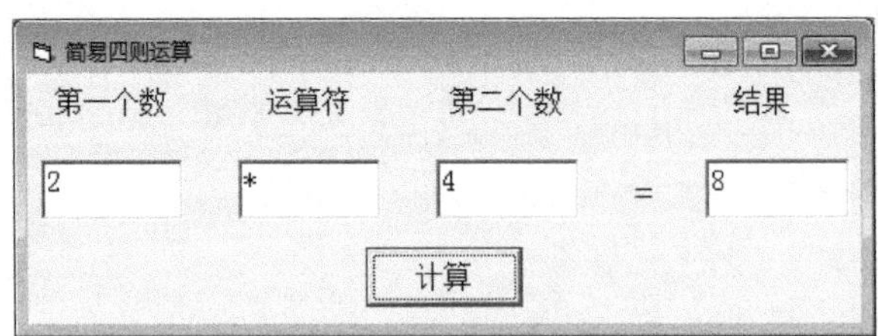

图 4-14　例 4-5 运行界面

设计界面：在窗体上建立 5 个标签、4 个文本框和 1 个命令按钮。在属性窗口设置各主要控件的属性，如表 4-5 所示。

表 4-5　　窗体及控件属性

	控件名	属性名	属性值
窗体	Form1	Caption	简易四则运算

续表

	控件名	属性名	属性值
文本框	Text1	Text	""（空）
	Text2	Text	""（空）
	Text3	Text	""（空）
	Text4	Text	""（空）
命令按钮	Command1	Caption	计算

程序代码：

```
Private Sub Command1_Click()
   Dim x As Single, y As Single, z As Single  '或 Dim x!,y!,z!
   Dim op$
   x = Val(Text1.Text)                       '将字符串转换成数值
   y = Val(Text3.Text)
   op = Text2.Text                           '变量 op 用于保存运算符
   Select Case op                            '根据不同运算符进行不同的运算
      Case "+"
        z = x + y
      Case "-"
        z = x - y
      Case "*"
        z = x * y
      Case "/"                               '如果运算符为除法，则需判断除数 y 是否为 0
        If y = 0 Then
          MsgBox ("除数不能为 0! ")
          End
        Else
          z = x / y
        End If
   End Select
   Text4.Text = z                            '显示输出结果
End Sub
```

4.2.3 选择结构程序举例

【例 4-6】从键盘输入一个字符，若为大写字母则转换为小写字母并输出；若为小写字母则转换为大写字母并输出；若为其他字符则直接输出。

解法一：使用块结构多分支 If 语句完成

```
Private Sub Form_Click()
   Dim s1$
   s1 = InputBox("请输入一个字符：")
   If s1 >= "a" And s1 <= "z" Then          '块结构多分支 If 语句
      Print UCase(s1)
   ElseIf s1 >= "A" And s1 <= "Z" Then
      Print LCase(s1)
   Else
      Print s1
   End If
End Sub
```

解法二：使用块结构双分支 If 语句嵌套完成

```
Private Sub Form_Click()
  Dim s1$
  s1 = InputBox("请输入一个字符：")
  If s1 >= "a" And s1 <= "z" Then              '块结构双分支 If 语句嵌套
    Print UCase(s1)
  Else
    If s1 >= "A" And s1 <= "Z" Then
      Print LCase(s1)
    Else
      Print s1
    End If
  End If
End Sub
```

解法三：使用 Select Case 语句完成

```
Private Sub Form_Click()
  Dim s1$
  s1 = InputBox("请输入一个字符：")
  Select Case s1                              '多分支 Select Case 语句，结构比较清晰
    Case "a" To "z"
      Print UCase(s1)
    Case "A" To "Z"
      Print LCase(s1)
    Case Else
      Print s1
  End Select
End Sub
```

【例 4-7】输入某学生百分制成绩，输出五级分制成绩。若 100≥成绩≥90，输出优秀；若 90＞成绩≥80，输出良好；若 80＞成绩≥70，输出中等；若 70＞成绩≥60，输出及格；若 60＞成绩≥0，输出不及格；若是其他数则输出 error 信息。程序运行界面如图 4-15 所示。

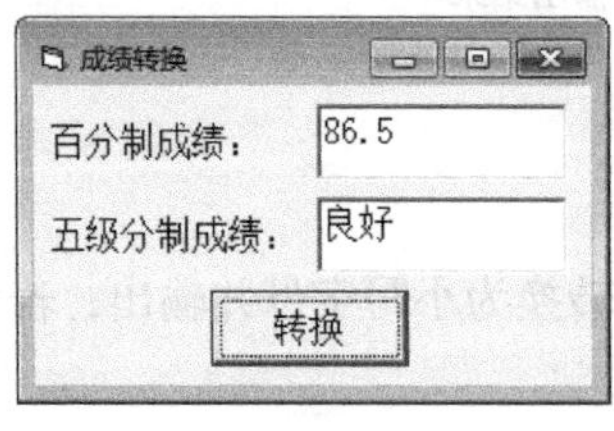

(a) 界面 1

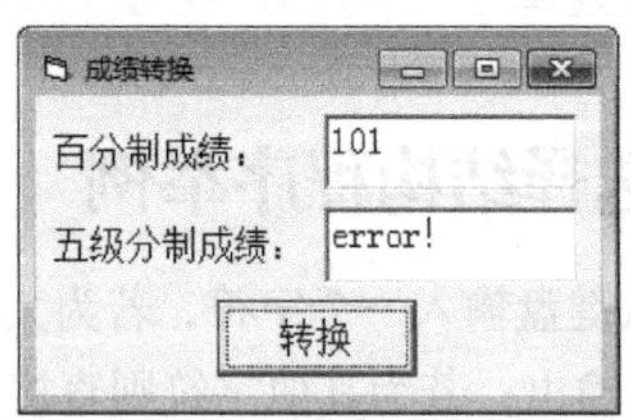

(b) 界面 2

图 4-15　例 4-7 运行界面

设计界面：在窗体上建立 2 个标签、2 个文本框和 1 个命令按钮。在属性窗口设置各主要控件的属性，如表 4-6 所示。

表 4-6　窗体及控件属性

	控 件 名	属 性 名	属 性 值
窗体	Form1	Caption	成绩转换
标签	Label1	Caption	百分制成绩：
	Label2	Caption	五级分制成绩：

续表

	控 件 名	属 性 名	属 性 值
文本框	Text1	Text	""（空）
	Text2	Text	""（空）
命令按钮	Command1	Caption	转换

程序代码：

```
Private Sub Command1_Click()
  Dim score As Single
  score = Val(Text1.Text)
  If score > 100 Or score < 0 Then  '如果输入的成绩不在[0,100]之间，则显示错误信息
    Text2.Text = "error! "
  Else
    Select Case score \ 10            '将正确的成绩值整除 10 得到[0,10]之间的整数
      Case 9, 10
        Text2.Text = "优秀"          '根据整除 10 后的整数，得到相应的五级分制成绩并显示输出
      Case 8
        Text2.Text = "良好"
      Case 7
        Text2.Text = "中等"
      Case 6
        Text2.Text = "及格"
      Case 0 To 5
        Text2.Text = "不及格"
    End Select
  End If
End Sub
```

请读者自行使用块结构多分支 If 语句及块结构双分支 If 语句的嵌套方法编写此程序。

【例 4-8】编程实现登录界面。当用户输入的用户名和密码都正确时，显示“欢迎使用本系统!”的消息对话框，运行界面如图 4-16 所示。当用户名或密码有错误时显示消息对话框报告错误。

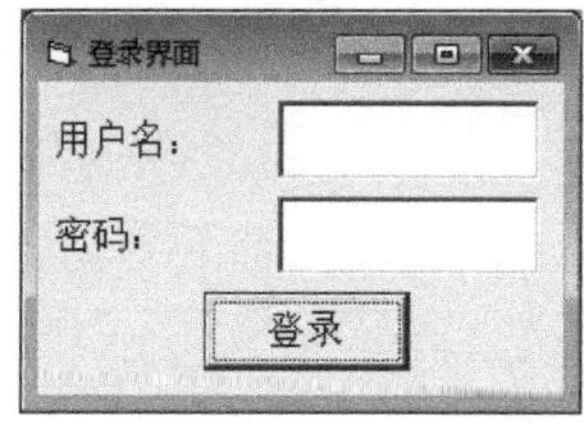

(a) 界面 1

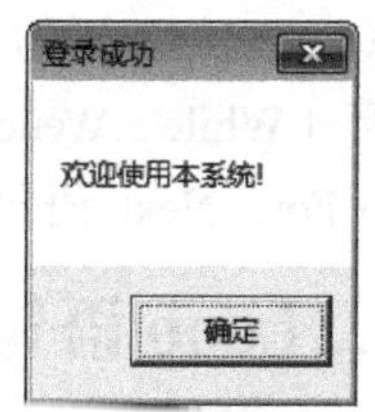

(b) 界面 2

图 4-16　例 4-8 运行界面

设计界面：在窗体上建立 2 个标签、2 个文本框和 1 个命令按钮。在属性窗口设置各主要控件的属性，如表 4-7 所示。

表 4-7　　窗体及控件属性

	控件名	属性名	属性值
窗体	Form1	Caption	登录界面
标签	Label1	Caption	用户名:
	Label2	Caption	密码:
文本框	Text1	Text	""（空）
	Text2	Text	""（空）
		PasswordChar	*
命令按钮	Command1	Caption	登录

程序代码:

```
Private Sub Command1_Click()
  If Text1.Text = "张三" Then
    If UCase(Text2.Text) = "ABC" Then         'UCase()函数用于将小写字母变成大写字母
      MsgBox "欢迎使用本系统!", , "登录成功"     '用户名和密码都正确
    Else
      Beep                                   '响铃一次
      MsgBox "密码错误!"                       '用户名正确，密码错
    End If
  Else
    Beep
    MsgBox "用户名错误!"                       '用户名错误，不用判断密码
  End If
End Sub
```

4.3　循环结构程序设计

在使用计算机语言解题编程过程中，有时需要多次重复执行相同的操作。例如，求 n 个自然数的累加和，求全部同学成绩的平均分，求 n 的阶乘等，这些问题都需要使用循环结构来解决。VB 提供了 3 种循环结构。

（1）Do 循环（Do…Loop 语句）。

（2）While 循环（While…Wend 语句）。

（3）For 循环（For…Next 语句）。

4.3.1　Do…Loop 语句

Do…Loop 循环结构共有 4 种语法格式。

1. 当型循环

格式一：前测试当型循环

```
Do While <条件>
  [循环体]
Loop
```

格式二：后测试当型循环

```
Do
  [循环体]
Loop While <条件>
```

程序流程图如图 4-17（a）、（b）所示。

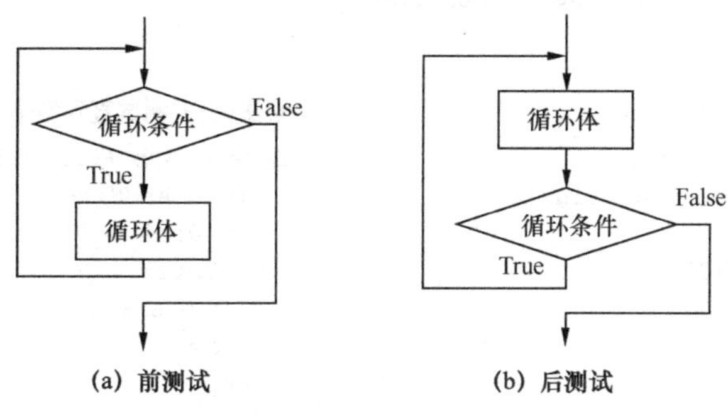

图 4-17　当型循环程序流程图

2. 直到型循环

格式三：前测试直到型循环

```
Do  Until  <条件>
   [循环体]
Loop
```

格式四：后测试直到型循环

```
Do
   [循环体]
Loop  Until  <条件>
```

程序流程图如图 4-18（a）、（b）所示。

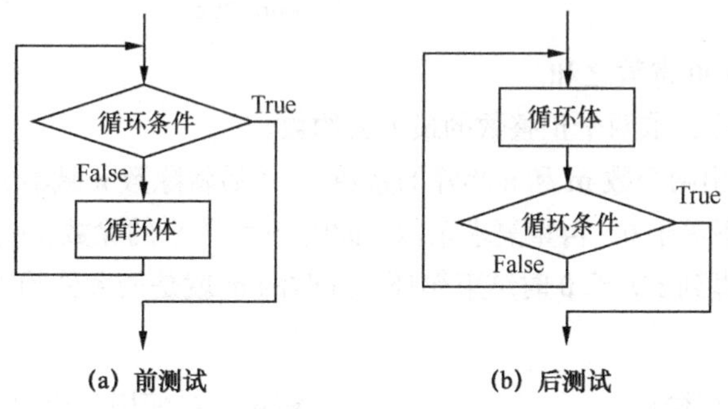

图 4-18　直到型循环程序流程图

功能：

（1）使用 While <条件>构成循环时，条件为“True”，则反复执行循环体；条件为“False”，则退出循环。

（2）使用 Until <条件>构成循环时，如果条件为“False”，则反复执行循环体；直到条件成立，即为“True”时，退出循环。

说明：

（1）循环体可以是由若干条任意 VB 语句组成。其中，可以包含 Exit Do 语句，该语句一般会出现在 If 语句中，用于表示当某种条件成立时，强行退出循环，执行 Loop 语句之后的语句。

（2）While 和 Until 的区别。

① While<条件>表示当条件成立时执行循环体。

② Until<条件>则是在条件不成立时执行循环体。

（3）前测试和后测试的区别：

① 前测试先判断条件，后执行循环体。如果第一次条件就不成立，则循环体一次也不执行。

② 后测试先执行循环体，后判断条件。循环体至少被执行一次。

【例 4-9】编写程序，求 1～100 自然数之和。

程序代码：

```
'解法一:前测试当型循环
Private Sub Form_Click()
   Dim s As Single, i As Single
   s = 0: i = 1
   Do While i <= 100
      s = s + i
      i = i + 1
   Loop
   Print s
End Sub
'解法二:后测试当型循环
Private Sub Form_Click()
   Dim s As Single, i As Single
   s = 0: i = 1
   Do
      s = s + i
      i = i + 1
   Loop While i <= 100
   Print s
End Sub
```

```
'解法三:前测试直到型循环
Private Sub Form_Click()
   Dim s As Single, i As Single
   s = 0: i = 1
   Do Until i > 100
      s = s + i
      i = i + 1
   Loop
   Print s
End Sub
'解法四:后测试直到型循环
Private Sub Form_Click()
   Dim s As Single, i As Single
   s = 0: i = 1
   Do
      s = s + i
      i = i + 1
   Loop Until i > 100
   Print s
End Sub
```

思考：如何求 1～100 奇数之和。

【例 4-10】编写程序，求两个正整数的最大公约数。

辗转相除法：先求出两个数 m 和 n 相除的余数 r，然后将除数 n 赋给 m，将余数 r 赋给 n，并判断 r 是否为 0，如果不等于 0，再重复求余数，此时 m 为原来的除数，n 为原来的余数，求出的 r 为新的余数，一直计算到 r 等于 0 时结束循环，此时的 m 就是最大公约数。

程序代码：

解法一：后测试当型循环

```
Private Sub Form_Click()
   Dim m%, n%, r%, t%
   m = InputBox("请输入第 1 个数: ")
   n = InputBox("请输入第 2 个数: ")
   If m < n Then t = m: m = n: n = t
   Do
      r = m Mod n
      m = n
      n = r
   Loop While r <> 0
   Print "两数的最大公约数是: " & m
End Sub
```

解法二：使用 Exit Do 语句

```
Private Sub Form_Click()
   Dim m%, n%, r%, t%
   m = InputBox("请输入第 1 个数: ")
   n = InputBox("请输入第 2 个数: ")
   If m < n Then t = m: m = n: n = t
   Do While True   'while True 可以省略
      r = m Mod n
      If r = 0 Then Exit Do
      m = n : n = r
   Loop
   Print "两数的最大公约数是: " & n
End Sub
```

4.3.2 While…Wend 语句

格式：

```
While <条件>
```

```
  [循环体]
Wend
```

功能：当<条件>为 True 时，反复执行循环体；否则，循环结构结束，程序控制转去执行 Wend 后面的语句。

说明：While…Wend 语句与 Do While…Loop 语句（前测试当型循环语句）的功能完全相同，但语法格式更简练一些。

例如：用 While…Wend 语句完成【例 4-9】，代码如下。

```
Private Sub Form_Click()
  Dim s As Single, i As Single
  s = 0: i = 1
  While i <= 100
    s = s + i
    i = i + 1
  Wend
  Print s
End Sub
```

【例 4-11】编写程序，求自然数前 n 项和小于 1000 时的最大 n 值。即：求 1+2+3+…+n<1000 时的最大 n 值。

分析：假设程序中我们用 n 表示自然数，s 表示前 n 个自然数的和，当 s 小于 1000 时，s 应该继续与下一个自然数求累加和。当 s 不再小于 1000 时，重复过程就不再继续，但是这时的 n 是自然数前 n 项和大于 1000 时的第一个数值，而题目要求的是小于 1000 时的最大 n 值，因此所求的结果应该是 n−1。

程序代码：

```
Private Sub Form_Click()                    '单击窗体，触发该事件
  Dim s%, n%
  n = 0: s = 0                              '累加和 s 的初值设置为 0
  While s < 1000                            '当 s 值小于 1000 时，继续循环，否则退出循环
    n = n + 1                               '得到下一个自然数
    s = s + n                               '将自然数 n 加到 s 上去
  Wend
  Print "自然数前 n 项和小于 1000 时的最大 n 值：" & n-1    '显示输出结果
End Sub
```

4.3.3　For…Next 语句

格式：

```
For <循环变量> = <初值> To <终值> [Step <步长>]
  [循环体]
Next <循环变量>
```

程序流程图如图 4-19 所示。

功能：首先计算初值、终值和步长，将初值赋给循环变量。若循环变量的值大于终值（步长为正数）或小于终值（步长为负数），则退出循环；否则继续循环，执行循环体。然后执行 Next 语句，将循环变量的值加上一个步长值，再返回去判断条件（与终值做比较），如果满足条件继续

循环，否则结束 For 循环，转去执行 Next 语句之后的语句。

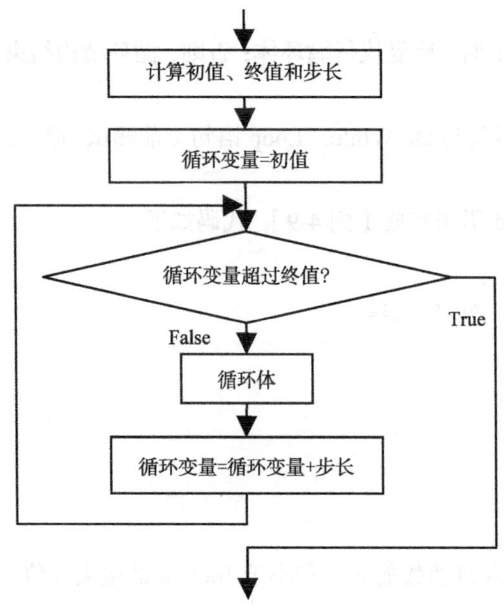

图 4-19　For…Next 语句程序流程图

说明：

（1）当步长为 1 时，Step 1 可以省略。

（2）循环体中可以包含 Exit For 语句，该语句一般会出现在 If 语句中，用于表示当某种条件成立时，强行退出循环，转去执行 Next 语句之后的语句。

（3）For 循环也称为计数循环，适合于循环次数已知的场合。

（4）循环次数计算公式：Int ((终值−初值）/步长）+1。

例如，用 For…Next 语句完成【例 4-9】，代码如下。

```
Private Sub Form_Click()
  Dim s As Single, i As Single
  s = 0
  For i = 1 To 100
    s = s + i
  Next i
  Print s
End Sub
```

【例 4-12】 求 s=1!+2!+3!+4!+…+n!。

分析：本题为阶乘的累加和。怎样来求阶乘呢？因为阶乘是连续乘积，如 5! =5×4×3×2×1，因此，可以用累乘实现阶乘的算法，如 k=k×i，注意 k 的初值为 1。

程序代码如下：

```
Private Sub Form_Click()
  Dim s As Long, k As Long
  Dim i As Integer, n As Integer
  n = Val(InputBox("请输入n值：", , 6))
  s = 0: k = 1        '累加和 s 的初值为 0，累乘积 k 的初值为 1
```

```
  For i = 1 To n
    k = k * i
    s = s + k
  Next
  Print "s="; s
End Sub
```

【例 4-13】输入一个正整数，判断其是否为素数（除了 1 和它本身外，不能被其他自然数整除的数称为素数）。

程序代码：

解法一：

```
Private Sub Form_Click()
  Dim i As Integer, x As Integer
  x = InputBox("请输入一个正整数：")
  For i = 2 To x - 1
    If x Mod i = 0 Then Exit For    '如果能被某个数据整除,x 就不是素数,直接提前结束循环
  Next i
  If i <= x - 1 Then                '若 i<=x-1,循环非正常结束,说明 x 不是素数
    MsgBox x & "不是素数"
  Else              '如果 x 不能被 2 到 x-1 的数整除,则循环正常结束，i>x-1，即说明 x 是素数
    MsgBox x & "是素数"
  End If
End Sub
```

说明：数学上已经证明：x 不可能被大于 x/2 的数整除，也不可能被大于 Sqr(x)（x 的平方根）的数整除，因此上述代码可以进一步优化，可以将程序中两处 x-1 同时更改为 x/2 或 Sqr(x)，减少循环判断的次数。

解法二：

```
Private Sub Form_Click()
  Dim i As Integer, x As Integer, k As Integer, flag As Integer
  x = InputBox("请输入一个正整数：")
  k = Int(Sqr(x))
  i = 2
  flag = 0
  While i <= k And flag = 0
    If x Mod i = 0 Then flag = 1 Else i = i + 1
  Wend
  If flag = 1 Then            '若 flag = 1,循环非正常结束,说明 x 不是素数
    MsgBox x & "不是素数"
  Else                        '如果 flag = 0，说明 x 是素数
    MsgBox x & "是素数"
  End If
End Sub
```

4.3.4　循环嵌套

如果循环体中又包含其他循环结构，则构成了多重循环，也称为循环嵌套。由于能构成循环结构的语句有多种，它们之间可以互相嵌套，因而多重循环的形式多种多样。几种常用嵌套格式如下。

格式一：

```
For i=…
  …
  For j=…
    …
  Next j
  …
Next i
```

格式二：

```
For i=…
  …
  Do While/Until …
    …
  Loop
  …
Next i
```

格式三：

```
Do While…
  …
  For j=…
    …
  Next j
  …
Loop
```

格式四：

```
Do While/Until…
  …
  Do While/Until…
    …
  Loop
  …
Loop
```

说明：

（1）嵌套层数不限。无论何种嵌套，外循环都要完整地包含内循环，不允许交叉。程序代码应该缩进排版，以方便阅读理解。

（2）多个 For…Next 语句嵌套时，不能使用相同的循环变量。

【例 4-14】用双重循环实现【例 4-12】，即求 s=1!+2!+3!+4!+…+n!。

程序代码：

```
Private Sub Form_Click()
  Dim s As Long, k As Long
  Dim i As Integer, j As Integer, n As Integer
  n = Val(InputBox("请输入 n 值：", , 6))
  s = 0                  '累加和 s 的初值为 0
  For i = 1 To n
    k = 1                '累乘积 k 的初值为 1
    For j = 1 To i
      k = k * j
    Next j
    s = s + k
  Next
  Print "s="; s
End Sub
```

【例 4-15】输出 3～100 的所有素数（每行输出 5 个）。

程序代码：

```
Private Sub Form_Click()
  n = 0                              '统计素数的个数
  For x = 3 To 100 Step 2            '只判断奇数
    For i = 2 To Sqr(x)
      If x Mod i = 0 Then Exit For
    Next i
    If i > Sqr(x) Then
```

```
      Print Format(x, "@@@");      '每个素数占 3 个字符位置，左补空格
      n = n + 1
      If n Mod 5 = 0 Then Print    '每输出 5 个素数就换行
    End If
  Next x
End Sub
```

【例 4-16】打印九九乘法口决表。

程序代码：

```
Private Sub Form_Click()
  Dim i%, j%
  For i = 1 To 9              '外循环控制行数
    For j = 1 To i            '内循环控制每行的项目数
      Print i; "*"; j; "="; Format(i * j, "@@"); Space(1);
    Next j
    Print                     '结束一行打印
  Next i
End Sub
```

运行结果如图 4-20 所示。

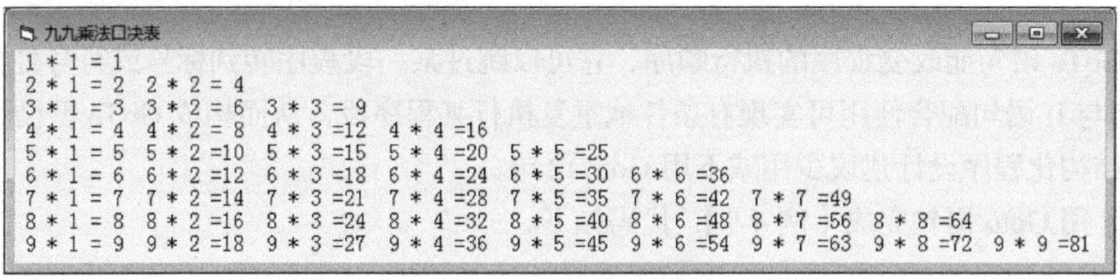

```
九九乘法口决表
1 * 1 = 1
2 * 1 = 2  2 * 2 = 4
3 * 1 = 3  3 * 2 = 6  3 * 3 = 9
4 * 1 = 4  4 * 2 = 8  4 * 3 =12  4 * 4 =16
5 * 1 = 5  5 * 2 =10  5 * 3 =15  5 * 4 =20  5 * 5 =25
6 * 1 = 6  6 * 2 =12  6 * 3 =18  6 * 4 =24  6 * 5 =30  6 * 6 =36
7 * 1 = 7  7 * 2 =14  7 * 3 =21  7 * 4 =28  7 * 5 =35  7 * 6 =42  7 * 7 =49
8 * 1 = 8  8 * 2 =16  8 * 3 =24  8 * 4 =32  8 * 5 =40  8 * 6 =48  8 * 7 =56  8 * 8 =64
9 * 1 = 9  9 * 2 =18  9 * 3 =27  9 * 4 =36  9 * 5 =45  9 * 6 =54  9 * 7 =63  9 * 8 =72  9 * 9 =81
```

图 4-20　例 4-16 运行界面

【例 4-17】输出如图 4-21 所示的用星号组成的金字塔图形。

```
    *
   ***
  *****
 *******
*********
```

图 4-21　金字塔

程序代码：

```
Private Sub Form_Click()
  Dim i%, j%
  For i = 1 To 5              '外循环控制行数
    Print Spc(5 - i);         '每一行的第一颗星号输出之前，跳过若干个空格，空格数逐行减 1
    For j = 1 To 2 * i - 1    '内循环控制每行内输出的星号的个数
      Print "*";
    Next j
    Print                     '换行，抵消掉上一个 Print 语句的最后那个分号的作用
  Next i
End Sub
```

思考：如何实现倒金字塔。

4.3.5 Goto 语句

格式：GoTo 标号 | 行号

功能：程序控制无条件转移到标号（或行号）所指定的位置。

说明：

（1）标号：是以英文字母开头的标识符，此标识符可以出现在 GoTo 语句之前或之后，但要以“:”结尾，并且与 GoTo 语句在同一个过程中存在。如：

```
Start: …
…
GoTo Start
```

（2）行号：是一个整型数字，位于语句行的最前面。行号可以出现在 GoTo 语句之前或之后，必须与 GoTo 语句在同一个过程中存在。如：

```
GoTo 1000
…
1000 …
```

（3）GoTo 语句能改变程序的执行顺序，它可以跳过某一段程序转到标号或行号处继续执行。GoTo 语句与 If 语句配合使用可实现有条件地重复执行某程序段，从而构成 GoTo 型循环。

（4）结构化程序设计建议少用或不用 Goto 语句。

例如，用 Goto 语句完成【例 4-9】，代码如下。

```
Private Sub Form_Click()
  Dim s As Single, i As Single
  s = 0: i = 1
start:
  If i <= 100 Then
    s = s + i
    i = i + 1
    GoTo start
  End If
  Print s
End Sub
```

4.3.6 循环结构程序举例

【例 4-18】求 3 位水仙花数。如果一个数的各位数字的立方和等于该数本身，则称为“水仙花数”。3 位水仙花数共 4 个：153、370、371 和 407。

程序代码：

解法一：使用单循环实现

```
Private Sub Form_Click()
  Dim a%, i%, j%, k%            'i、j、k 分别存储百位、十位、个位数字
  For a = 100 To 999
    i = a \ 100
```

```
    j = (a Mod 100) \ 10      '或 j = (a - i * 100) \ 10
    k = a Mod 10
    If i * i * i + j * j * j + k * k * k = a Then Print a;
  Next a
End Sub
```

解法二：使用三重循环实现

```
Private Sub Form_Click()
  Dim i%, j%, k%, a%              'i、j、k 分别代表百位、十位、个位数字
  For i = 1 To 9
    For j = 0 To 9
      For k = 0 To 9
        a = i * 100 + j * 10 + k
        If i ^ 3 + j ^ 3 + k ^ 3 = a Then Print a;
      Next k
    Next j
  Next i
End Sub
```

【例 4-19】百鸡百钱问题：每只公鸡 5 元，母鸡 3 元，小鸡 1 元 3 只。用 100 元钱买 100 只鸡，问公鸡、母鸡、小鸡各可以买多少只？给出所有可能的组合。程序运行界面如图 4-22 所示。

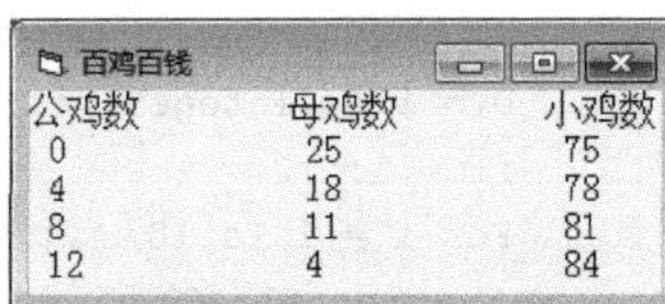

图 4-22　例 4-19 运行界面

程序代码：

解法一：使用双重循环实现

```
Private Sub Form_Click()
  Dim cock As Integer, hen As Integer, chick As Integer
  Print "公鸡数" "母鸡数" "小鸡数"
  For cock = 0 To 20                 '公鸡数不会超过 20 只
    For hen = 0 To 33                '母鸡数不会超过 33 只
      chick = 100 - cock - hen       '100 减去公鸡数和母鸡数，就是小鸡数
      If cock + hen + chick = 100 And cock * 5 + hen * 3 + chick / 3 = 100 Then
        Print cock, hen, chick
      End If
    Next hen
  Next cock
End Sub
```

解法二：使用三重循环实现

```
Private Sub Form_Click()
  Dim cock As Integer, hen As Integer, chick As Integer
  Print "公鸡数" "母鸡数" "小鸡数"
  For cock = 0 To 20
    For hen = 0 To 33
      For chick = 0 To 100
        If cock + hen + chick = 100 And cock * 5 + hen * 3 + chick / 3 = 100 Then
          Print cock, hen, chick
        End If
      Next chick
    Next hen
```

```
    Next cock
End Sub
```

以上两个例子使用的方法叫“穷举法”。所谓“穷举法”就是将各种组合的可能性全部一个一个地测试，将符合条件的组合输出即可。

【例 4-20】编程打印 Fibonacci（斐波那契）数列的前 20 项。该数列如下：1、1、2、3、5、8、13、21、34…即从第三项开始，每一项均为前二项之和。程序运行界面如图 4-23 所示。

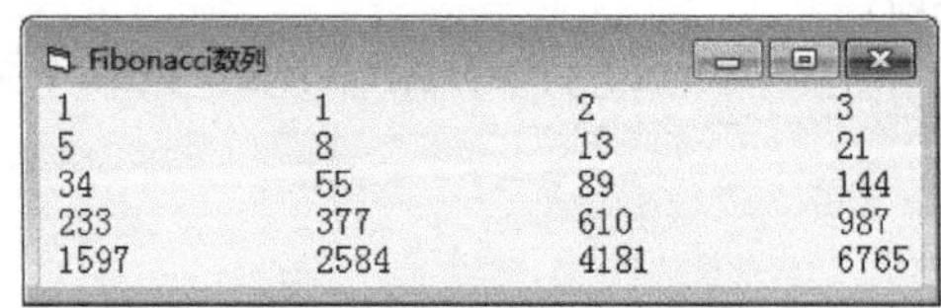

图 4-23　例 4-20 运行界面

程序代码：

```
Private Sub Form_Click()
  Dim i As Integer, f1 As Integer, f2 As Integer
  f1 = 1: f2 = 1                    '前两项的数是已知的
  For i = 1 To 10
    Print f1, f2,                   '标准格式显示，每次显示 2 个数
    f1 = f1 + f2                    'f1 得到第 3 个数、第 5 个数、第 7 个数、...
    f2 = f2 + f1                    'f2 得到第 4 个数、第 6 个数、第 8 个数、...
    If i Mod 2 = 0 Then Print       '每行 4 个数
  Next i
End Sub
```

由本例可以看出，任意指定的项数 n 的值，均可以由前面项的值递推得到，这种方法称为“递推法”或“迭代法”。

【例 4-21】求 π 的值。根据下列公式计算圆周率 π 的近似值，当计算到绝对值小于 0.0001 的通项时，认为满足精度要求，停止计算。

$$\frac{\pi}{4}=1-\frac{1}{3}+\frac{1}{5}-\frac{1}{7}+...+(-1)^{n+1}\frac{1}{2n-1}+...$$

程序代码：

解法一：

```
Private Sub Form_Click()
  Dim a As Single                   '保存通项之和
  Dim m As Single                   '保存每个通项的绝对值
  Dim n As Integer                  '保存当前计算的项数
  n = 1                             '第一项
  Do
    m = 1 / (2 * n - 1)             '计算通项绝对值
    a = a + (-1) ^ (n + 1) * m      '在 a 上加上一个通项
    n = n + 1                       '下一项
  Loop While m >= 0.0001            '比较是否满足精度要求
  Print a * 4                       '输出结果
End Sub
```

解法二：

```
Private Sub Form_Click()
   Dim a As Single                          '保存通项之和
   Dim m As Single                          '保存每个通项的绝对值
   Dim s As Integer                         '产生每个通项的符号
   Dim i As Integer                         '记录每个通项的分母
   s = 1                                    '第一项符号为正
   i = 1                                    '第一项的分母为 1
   Do
      m = 1 / i                             '计算每个通项的绝对值
      a = a + s * m                         '在 a 上加上一个通项
      i = i + 2                             '计算下一个通项分母
      s = -s                                '交替变换通项的正负号
   Loop While m >= 0.0001                   '比较是否满足精度要求
   Print a * 4                              '输出结果
End Sub
```

【例 4-22】统计字符串中大写字母的个数。

程序代码：

```
Private Sub Form_Click()
   Dim s As String, s1 As String
   Dim i As Integer, n As Integer              'n 用于存储大写字母的个数
   s = InputBox("请输入一个字符串：")          's 存储输入的字符串
   For i = 1 To Len(s)                         'Len(s)求字符串的长度
      s1 = Mid(s, i, 1)                        '从字符串中依次取出字符
      If s1 >= "A" And s1 <= "Z" Then
         n = n + 1                             '如果是大写字母，n 值加 1
      End If
   Next i
   Print "大写字母个数为：" & n                '输出结果
End Sub
```

【例 4-23】判断字符串是否是回文。如果一个字符串正向写和反向写相同，则称该字符串是回文。

程序代码：

```
Private Sub Form_Click()
   Dim s As String, s1 As String, s2 As String
   Dim i As Integer, n As Integer
   s = InputBox("请输入一个字符串：")  's 存储输入的字符串
   n = Len(s)                          'n 用于存储字符串长度
   For i = 1 To n \ 2
      s1 = Mid(s, i, 1)                '从字符串中依次取出相对应的 2 个字符
      s2 = Mid(s, n - i + 1, 1)        '分别存储到 s1 和 s2 中
      If s1 <> s2 Then Exit For        '如果有一对相对应的字符不相等，则说明不是回文，退出循环
   Next i
   If i <= n \ 2 Then Print "不是回文" Else Print "是回文"      '输出结果
End Sub
```

习　　题

一、选择题

1. 下列语句中正确的是（　　）。

   [A]txt1.text+txt2.text=txt3.text　　[B]command1.name=cmdok

   [C]12label.caption=1234　　[D]a=inputbox(hello)

2. MsgBox 函数的返回值的类型是（　　）。

   [A]数值型　　[B]变体类型　　[C]字符串型　　[D]日期型

3. InputBox 函数返回值的类型是（　　）。

   [A]整型数值　　[B]字符串　　[C]变体　　[D]数值或字符串

4. 在 VB 中，注释语句是（　　）。

   [A]Let　　[B]Stop　　[C]Rem　　[D]Print

5. 下列语句中，不能交换变量 a 和 b 的值的是（　　）。

   [A]t=b：b=a：a=t　　[B]a=a+b：b=a−b：a=a−b

   [C]t=a：a=b：b=t　　[D]a=b：b=a

6. 下面语句中，关闭窗体的命令是（　　）。

   [A]Exit Do　　[B]Stop　　[C]Loop　　[D]End

7. 运行下列程序后，显示的结果为（　　）。

```
K1=33
K2=22
If K1<=K2 Then
   Print K1+K2
Else
   Print K1-K2
End If
```

   [A]33　　[B]11　　[C]55　　[D]22

8. 循环结构 For I%= -1 to −17 Step −2 共执行（　　）次。

   [A]5　　[B]6　　[C]8　　[D]9

9. 下面程序的运行结果是（　　）。

```
a=1
b=1
Do Until b > 5
   a=a + 2
   b=b + 2
Loop
Print "k="; a; Spc(4) ; "b="; b + a
```

   [A]k=7 b=14　　[B]k=7 b=7　　[C]k=4 b=8　　[D]k=12 b=12

10. 执行下面的程序后，输出的结果是（　　）。

```
x=1
For j=1 To 4
```

```
    x=x-1: y=0
    For k=1 To 4
      x=x + 1: y=y + 1
    Next k
Next j
Print x ; y
```

[A]11 4　　[B]12 5　　[C]13　4　　[D]15 4

二、填空题

1. 执行下面的程序段后，a 的值为________，b 的值为________。

```
a=300 : b=20
a=a+b : b=a-b : a=a-b
```

2. 运行下列程序段后，显示的结果为________。

```
J1=63 : J2=36
If J1<J2 Then
  Print J1
Else
  Print J2
End If
```

3. 下面程序运行后输出的结果是________。

```
For I=3 To 13 Step 3
  K=I
Next I
Print I,K
```

4. 以下程序段的输出结果是________。

```
Num=0
While Num<=2
  Num=Num+1
  Print Num;
Wend
```

5. 阅读下面的程序段，执行三重循环后，I 的值为________。

```
For a=1 To 2
  For b=1 To a
    For c=b To 2
      I=I + 1
    Next c
  Next b
Next a
Print I
```

三、判断题

1. MsgBox()函数建立的消息框能显示信息，也能输入用户的信息。(　　)
2. InputBox()函数返回值可以是任何数据类型。(　　)
3. 程序设计的三种基本控制结构是：顺序结构、选择结构和循环结构。(　　)
4. 在选择和循环语句中，条件只能是关系表达式或逻辑表达式。(　　)

5. Exit For 退出 For 循环，Exit Do 退出 Do 循环，End 结束程序运行。（ ）

四、程序填空题

1. 从键盘上输入一串字符，以"?"结束，统计其中大、小写字母和数字的个数。

```
Private Sub Form_Click()
Dim ch$, n1%, n2%, n3%
n1=0 : n2=0 : n3=0
ch = InputBox("请输入一个字符")
'**********SPACE**********
Do While 【?】
   Select Case ch
     Case "a" To "z"
        n1 = n1 + 1
'**********SPACE**********
     Case 【?】
        n2 = n2 + 1
     Case "0" To "9"
        n3 = n3 + 1
   End Select
ch = InputBox("请输入一个字符")
'**********SPACE**********
【?】
Print n1, n2, n3
End Sub
```

2. 用辗转相除法求自然数 m、n 的最大公约数和最小公倍数。

```
Private Sub Form_Click()
   Dim m%, n%, mn%
   n = Val(InputBox("n="))
   m = Val(InputBox("m="))
   If n <= 0 Or m <= 0 Then
      MsgBox "数据出错"
      Exit Sub
   End If
   '**********SPACE**********
      【?】
   '**********SPACE**********
   If 【?】 Then
      t = m
      m = n
      n = t
   End If
   '**********SPACE**********
   Do While 【?】
   '**********SPACE**********
     【?】
      m = n
      n = r
   Loop
   Form1.Print "最大公约数="; m
   Form1.Print "最小公倍数="; mn / m
End Sub
```

五、程序改错题

1. 密码判断程序，如果密码为 12345 则显示“恭喜，密码正确”，否则显示“很遗憾，密码错误”，要求文本框中只允许输入数字。

```
Option Explicit
Private Sub Command1_Click()
   Dim strPws As String
   strPws=Trim(Text1.Text)
   '**********FOUND**********
   If Len(strPws)<>0 Then Exit Sub
   If strPws="12345" Then
   '**********FOUND**********
      MsgBox "恭喜，密码正确",验证
   Else
      MsgBox "很遗憾，密码错误", , "验证"
   End If
End Sub
Private Sub Text1_KeyPress(KeyAscii As Integer)
   '**********FOUND**********
   If Not(KeyAscii>=49 And KeyAscii<=57) Then
      KeyAscii=0
   End If
End Sub
```

2. 该程序的功能是求出 100 到 200 之间的全部素数，并且按每行 4 个、每个数据之间有 10 个空格的格式输出。

```
Option Explicit
Private Sub Form_Click()
  Dim k As Integer, i As Integer, j As Integer
  k = 0
  For i = 100 To 200
'**********FOUND**********
    For j = 1 To i - 1
      If i Mod j = 0 Then Exit For
    Next j
    If j = i Then
'**********FOUND**********
      Print i; Tab(10);
      k = k + 1
'**********FOUND**********
      If k Mod 5 = 0 Then Print ;
    End If
  Next i
End Sub
```

六、程序设计题

1. 把一元钞票换成一分、二分和五分的硬币（每种至少有一枚），求出其所有的换法。双击窗体，把结果输出在窗体上。

2. 求出 100～200，能被 5 整除，但不能被 3 整除的数，并求所有数之和。双击窗体响应，将和存入变量 SUM 中。

3. 已知 sum=1-1/3!+1/5!-1/7!+1/9!，单击窗体响应，将结果存入变量 M 中，并输出到窗体上。使用 Do While…Loop 语句完成程序。

4. 我国现有人口为 13 亿，设年增长率为 1%，计算多少年后增加到 20 亿。单击窗体响应，将结果存入变量 year 中，并输出到窗体上。使用 Do While…Loop 语句完成程序。

5. 一球从 100m 高度自由落下，每次落地返回原高度的一半，求第 10 次落地时，共经过多少米？单击窗体响应，并将结果在窗体上输出。

第5章 数组与过程

5.1 数　　组

前面章节所用到的变量都是简单变量，各变量之间没有内在的联系。但我们在处理实际问题时，经常需要成批处理有联系的同一类型的一批数据。例如，现有一个班 30 名同学的英语成绩需要处理。若用简单变量 a、b、c 等来处理，既麻烦又不能反映出数据之间的关系。这时，我们可以把这批数据用一个统一的名字 s 来表示，30 个成绩分别存储在 s(1)，s(2)，…，s(30)中。其中，s 是数组名，数字 1，2，…，30 称为下标。s(i)称为数组元素或下标变量。

数组是用一个名字来表示的具有相同数据类型的一组数据集合。数组中各数组元素在内存中占据一片连续的存储空间。只有一个下标的数组称为一维数组，具有两个或多个下标的数组称为二维数组或多维数组。

5.1.1 一维数组

1. 一维数组的定义

格式：`Dim 数组名([<下界> to] <上界>)[As <数据类型>]`

说明：

（1）数组名需要遵循标识符的命名规则。

（2）下界和上界：必须是常量，一般是整型常量，若是实数，系统自动四舍五入取整。下界是数组元素的最小下标，上界是最大下标。若省略下界，则默认为 0。下列语句可以改变下界的默认值：`Option Base 0|1`

如果希望下界的默认值为 1，则只需在相应模块的通用声明段输入如下语句：`Option Base 1`。

（3）As 数据类型：说明数组元素是什么类型。可以是 Byte、Boolean、Integer、Long、Currency、Single、Double 等。默认是 Variat（变体型）。

例如，下列三组数组定义语句是等价的。均定义了数组 a，共 10 个元素：a(1)、a(2)、...、a(10)。

① `Dim a(1 To 10) As Integer`

② `Dim a%(1 To 10)`

③
```
Option Base 1        '该语句应放置在模块的通用声明部分

Dim a(10) As Integer
```

但下列语句定义的却是 11 个元素：a(0)、a(1)、a(2)、...a(10)。

```
Option Base 0          '该语句应放置在模块的通用声明部分
Dim a(10) As Integer
```

（4）数组必须先定义后使用。

（5）可以使用函数 LBound（数组名）和 UBound（数组名）获得数组下标的下界和上界。

2. 一维数组元素的引用

（1）在数组定义完之后，可以使用下标法引用数组中的每一个元素，格式：数组名(下标)。其中下标值可以是整型常量、变量或表达式。下标值不能小于下界，不能大于上界，否则运行时会出现"下标越界"的错误。

（2）一般来说，程序中凡是简单变量出现的地方，都可以用相同类型的数组元素代替。数组元素可以像简单变量一样被赋值、运算，也可以用循环语句对同一数组的多个元素进行成批操作。

（3）引用数组元素时，数组名、类型和维数必须与定义时一致。

（4）在同一个过程中，数组和简单变量不能同名，否则会出错。

3. 一维数组元素的赋值

（1）用 InputBox 函数为数组元素赋值。例如：

```
Dim a(1 To 10) As Integer, i As Integer
For i = 1 To 10
  a(i) = Val(InputBox("请输入第" & i & "个数", "数组输入"))
Next i
```

（2）将数组元素赋值为有规律的数列。例如：

```
Dim a(1 To 10) As Integer, i As Integer
For i = 1 To 10
  a(i) = 2 * i - 1
Next i
```

（3）用 Array( )函数为数组整体赋值。格式：Array(元素值列表)。利用该函数可以将一个变体型变量定义为数组，并直接为数组元素赋值。例如：

```
Dim a                          '定义变体型变量 a
a = Array(3, 4, 7, 2, 5, 9)    '将变量 a 转变成具有 6 个元素的数组 a，并赋值
```

数组元素 a(0)，a(1)，...，a(5)的值分别为：3、4、7、2、5、9。

若在通用声明段有语句：Option Base 1，则数组元素分别为：a(1)、a(2)、...、a(6)。

（4）整个数组的复制。需要用循环来实现。例如，可以将一个具有 10 个元素的一维数组 a 的所有元素赋给另一个一维数组 b：

```
Dim a%(1 To 10),b%(1 To 10)
For i = 1 To 10
  b(i) = a(i)
Next i
```

4. 一维数组元素的输出

可以将数组元素用循环语句和 Print 方法在窗体或图片框中输出，也可以在文本框中输出。例如，在窗体上输出数组元素的值。

```
Dim a%(1 To 10)
For i = 1 To 10
  Form1.Print a(i);
Next i
```

例如，在文本框中输出数组元素的值。

```
Dim a%(1 To 10)
For i = 1 To 10
  Text1.Text = Text1.Text & a(i) & Space(1)
Next i
```

5. 一维数组应用举例

【例 5-1】8 位评委给参赛选手打分，要求去掉一个最高分和一个最低分，求选手的最后得分(平均分)。程序运行界面如图 5-1 所示。

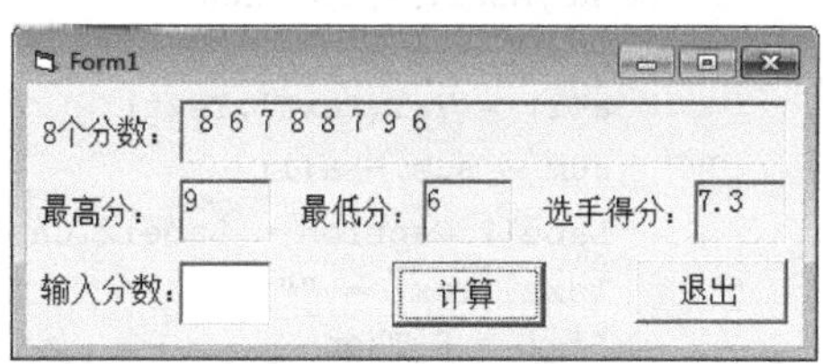

图 5-1　例 5-1 运行界面

设计界面：在窗体上建立 1 个文本框（用来输入数据）、9 个标签和 2 个命令按钮。在属性窗口设置各主要控件的属性，如表 5-1 所示。

表 5-1　窗体及控件属性

	控 件 名	属 性 名	属 性 值
文本框	Text1	Text	""（空）
标签	Label1	Caption	8 个分数：
	Label2	Caption	""（空）
		BoderStyle	1
	Label3	Caption	最高分：
	Label4	Caption	""（空）
		BoderStyle	1
	Label5	Caption	最低分：
	Label6	Caption	""（空）
		BoderStyle	1
	Label7	Caption	选手得分：
	Label8	Caption	""（空）
		BoderStyle	1
	Label9	Caption	输入分数：
命令按钮	Command1	Caption	计算
		Enabled	False
	Command2	Caption	退出

程序代码：

```
Dim a%(1 To 8), sum%, max%, min%
Dim i As Integer
Private Sub Command1_Click()              '单击“计算”按钮
```

```
    max = a(1): min = a(1)
    For i = 2 To 8                          '求最高分和最低分
      If max < a(i) Then max = a(i)
      If min > a(i) Then min = a(i)
    Next i
    Label4.Caption = max                    '显示最高分
    Label6.Caption = min                    '显示最低分
    Label8.Caption = Round((sum - max - min) / 6, 1)   '显示选手最后得分
End Sub
Private Sub Text1_KeyPress(KeyAscii As Integer)
                                        '当在文本框 Text1 中敲击任意一键时，该事件被触发
    If KeyAscii = 13 Then               '判断是否在文本框中按下了回车键
      i = i + 1
      a(i) = Val(Text1.Text)
      sum = sum + a(i)                  '求 8 个评委打分的总和
      Label2.Caption = Label2.Caption & " " & Text1.Text    '显示 8 个评委的打分
      Text1.Text = ""
      If i = 8 Then
        Text1.Enabled = False
        Command1.Enabled = True
        Command1.SetFocus
      End If
    End If
End Sub
Private Sub Command2_Click()
    End
End Sub
```

计算之前，要求用户通过文本框 Text1 敲入 8 个评委的评分，每输入一个分数，按回车结束。

【例 5-2】用数组实现【例 4-20】，即：编程打印 Fibonacci 数列的前 20 项。

程序代码：

```
Private Sub Form_Click()
    Dim i As Integer, f(20) As Long     'f 数组用于存储斐波那契数列的前 20 项
    f(1) = 1: f(2) = 1                  '前两项的数是已知的，均为 1
    For i = 3 To 20                     '循环 18 次，依次得到后 18 个数
      f(i) = f(i - 1) + f(i - 2)
    Next i
    For i = 1 To 20                     '循环 20 次，输出 20 个数
      Print f(i),
      If i Mod 4 = 0 Then Print         '一行输出 4 个数
    Next i
End Sub
```

【例 5-3】对 N 个无序的数从小到大排序。

排序是一维数组的一个重要应用，排序算法很多，这里主要介绍 3 种：冒泡法、选择法和改进型选择法。

（1）冒泡法排序。其思路是在一组数中从前往后每次将两两相邻的数进行比较，然后将小数调换到前面，大数放到后面。经过第一轮两两比较后，最大的数就排到最后的位置上。然后再从第一个数至倒数第二个数之间开始新一轮的两两比较、交换，然后第二大的数已排在倒数第二的

位置上。然后再开始新一轮的比较，以此类推，直至所有数从小到大排好序。

假设有 6 个数，开始的顺序是：6 9 5 3 8 1，用冒泡法排序的过程如下。

① 第一轮需经过 5 次比较：

开始值：6　9　5　3　8　1

第一次比较结果：6　9　5　3　8　1

第二次比较结果：6　5　9　3　8　1

第三次比较结果：6　5　3　9　8　1

第四次比较结果：6　5　3　8　9　1

第五次比较结果：6　5　3　8　1　9

经过第一轮最大数 9 沉到底，第二轮 9 不参与比较，在剩余数中继续进行相邻两个数的比较，就会得到如下的结果。

② 第二轮需要四次比较　结果：5　3　6　1　8　9

③ 第三轮需要三次比较　结果：3　5　1　6　8　9

④ 第四轮需要二次比较　结果：3　1　5　6　8　9

⑤ 第五轮只需一次比较　结果：1　3　5　6　8　9

如果有 N 个数排序，则需要 N−1 轮两两比较才可排好序。每一轮比较时，两两相比的次数是不同的。在程序代码编写时，需用双重循环来实现。外循环控制第几轮比较，内循环控制两两比较的次数。第一轮时，有 N 个数进行比较，相邻的两数相比需要 N−1 次，经过交换后，最大的数已排到最后。第二轮时，只需要对前面的 N−1 个数进行比较，相邻的两数只需比较 N−2 次，经过交换后，第二大的数已排到倒数第二的位置。以此类推，到第 N−1 轮时，只剩下最前面的两个数，比较交换后，N 个数的顺序已排列完毕。

图 5-2　例 5-3 运行界面

程序运行界面如图 5-2 所示。

设计界面：在窗体上建立 3 个文本框、3 个标签和 2 个命令按钮。在属性窗口设置各主要控件的属性，如表 5-2 所示。

表 5-2　窗体及控件属性

	控 件 名	属 性 名	属 性 值
窗体	Form1	Caption	冒泡法排序
文本框	Text1	Text	""（空）
		Enabled	False
	Text2	Text	""（空）
		Enabled	False
	Text3	Text	""（空）
		TabIndex	0
标签	Label1	Caption	排序前：
	Label2	Caption	排序后：
	Label3	Caption	输入整数：
命令按钮	Command1	Caption	排序
	Command2	Caption	退出

程序代码：

```
Dim i%, j%, k%, t%
Const N = 6
Dim a(1 To N)  As Integer
Private Sub Text3_KeyPress(KeyAscii As Integer) '输入N个待排序的整数
   If KeyAscii = 13 Then
      i = i + 1
      a(i) = Val(Text3.Text)
      Text1.Text = Text1.Text & " " & Text3.Text '在Text1中显示未排序的整数
      Text3.Text = ""
      If i = N Then Text3.Enabled = False        '如果已经输入N个数后，则不允许再输入数据
   End If
End Sub
Private Sub Command1_Click()                      '冒泡法排序
   For i = 1 To N - 1                             '外循环控制轮数，共N-1轮
      For j = 1 To N - i                          '内循环控制每轮两两比较的次数，共N-i次
         If a(j) > a(j + 1) Then                  '如果前边的数大于后边的数，则交换
            t = a(j): a(j) = a(j + 1): a(j + 1) = t
         End If
      Next j
   Next i
   For i = 1 To N                                 '在Text2中显示排好序的整数
      Text2.Text = Text2.Text & " " & a(i)
   Next i
End Sub
Private Sub Command2_Click()
   End
End Sub
```

排序之前，要求用户通过文本框 Text3 敲入 N 个待排序的整数，每输入一个数，按回车结束。

（2）选择法排序。其思路是第一轮将第 1 个数与其后的每个数进行比较，若第 1 个数大，则将两数对调。经过第一轮比较对调后，所有数中的最小数被放到了第一个位置；第二轮将第 2 个数与其后的每个数进行比较，若第 2 个数大，则将两数对调。经过第二轮比较对调后，将所有数中第 2 小的数放到了第二个位置……第 N−1 轮将第 N−1 个数与第 N 个数进行比较，若第 N−1 个数大，则将两数对调。

选择法排序程序代码：

```
For i = 1 To N - 1                    '外循环控制轮数，共N-1轮，i为1时表示第1轮，以此类推
   For j = i + 1 To N                 '内循环控制每轮比较的次数，共N-i次
      If a(j) < a(i) Then             '若第i个数大，则交换
         t = a(i): a(i) = a(j): a(j) = t
      End If
   Next j
Next i
```

（3）改进型选择法排序。可将上述选择法进行改进，以提高程序效率。在第 i 轮，找到第 i 个数到最后一个数中的最小数所在下标 k，然后将 a(i)和 a(k)对调。

改进型选择法排序程序代码：

```
For i = 1 To N - 1                    '外循环控制轮数，共N-1轮，i为1时表示第1轮，以此类推
```

```
    k = i                               'k 记录的是每轮中最小数所在下标
    For j = i + 1 To N                  '内循环控制每轮比较的次数，共 N-i 次
      If a(j) < a(k) Then k = j         '发现了更小的数，把下标记录到 k 中
    Next j
    If k <> i Then                      '若 k 等于 i，则说明本轮中第 i 个数是最小的,无需交换
      t = a(i): a(i) = a(k): a(k) = t
    End If
Next i
```

5.1.2　二维数组

1. 二维数组的定义

格式：Dim 数组名（[<下界>] to <上界>,[<下界> to] <上界>） [As <数据类型>]

说明：其中的参数与一维数组完全相同。

例如：Dim a(2 , 3) As Single

二维数组在内存的存放顺序是“先行后列”。数组 a 共 12 个数组元素，它们在内存中的存放顺序是：a(0,0)→a(0,1)→a(0,2)→a(0,3)→a(1,0)→a(1,1)→a(1,2)→a(1,3)→a(2,0)→a(2,1)→a(2,2)→a(2,3)

2. 二维数组的引用

格式：数组名(下标 1,下标 2)

例如：a(1,2)=10

a(i+2 ,j)=a(2,3)*2

在程序中常常通过二重循环来操作使用二维数组元素。

3. 二维数组的基本操作

例如，给二维数组 b 输入数据的程序段如下：

```
Const N=4,M=5
Dim b(1 to N,1 to M) As Integer, i% , j%

For i=1 to N
   For j=1 to M
      b(i,j)=Val(InputBox("请输入整数："))
   Next j
Next i
```

4. 二维数组应用举例

【例 5-4】求最大元素及其所在的行和列。用变量 max 存放最大值，row、col 存放最大值所在行号和列号。程序运行界面如图 5-3 所示。

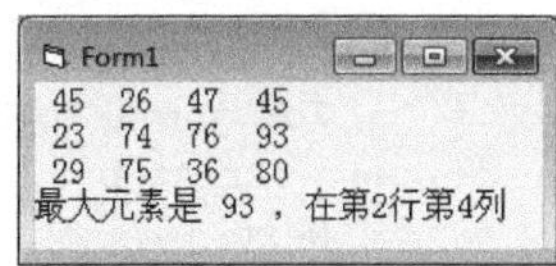

图 5-3　例 5-4 运行界面

程序代码：

```
Private Sub Form_Click()
   Dim a(1 To 3, 1 To 4) As Integer, max%, row%, col%, i%, j%
   Randomize
   For i = 1 To 3
      For j = 1 To 4
         a(i, j) = Int(Rnd * 90 + 10)     '随机产生[10,99]的整数
```

```
            Print a(i, j);
         Next j
         Print
      Next i
      max = a(1, 1): row = 1: col = 1        '假设第 1 个数最大
      For i = 1 To 3
         For j = 1 To 4
            If a(i, j) > a(row, col) Then
               max = a(i, j)      ' max、row、col 分别保存到目前为止的最大值、行号、列号
               row = i
               col = j
            End If
         Next j
      Next i
      Print "最大元素是"; max;
      Print ", 在第" & row & "行"; "第" & col & "列"
   End Sub
```

【例 5-5】矩阵转置。设数组 a 是 M*N 的矩阵，数组 b 是 N*M 的矩阵，将 a 转置得到 b。程序运行界面如图 5-4 所示。

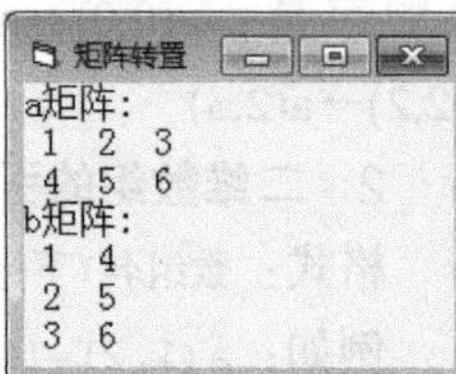

图 5-4　例 5-5 运行界面

程序代码：

```
   Private Sub Form_Click()
      Const M% = 2, N% = 3
      Dim a%(1 To M, 1 To N), b%(1 To N, 1 To M), k%
      Print "a 矩阵"
      For i = 1 To M                        '生成 a 矩阵，并输出
         For j = 1 To N
            k = k + 1
            a(i, j) = k
            Print a(i, j);
         Next j
         Print
      Next i
      For i = 1 To M                        '将 a 矩阵转置获得 b 矩阵
         For j = 1 To N
            b(j, i) = a(i, j)
         Next j
      Next i
      Print "b 矩阵"
      For i = 1 To N                        '输出 b 矩阵
         For j = 1 To M
            Print b(i, j);
         Next j
         Print
      Next i
   End Sub
```

【例 5-6】编程构造一个 5×5 矩阵，使其主对角线及以下的元素均为 1，其余均为 0。程序运行界面如图 5-5 所示。

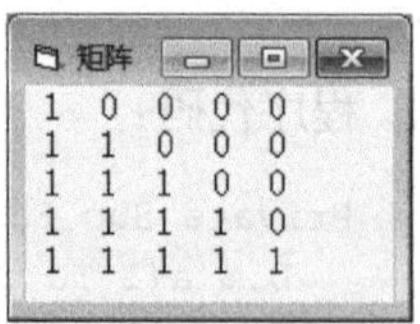

图 5-5　例 5-6 运行界面

程序代码：

```
   Private Sub Form_Click()
```

```
    Dim a(5, 5) As Integer, i, j
    For i = 1 To 5
      For j = 1 To 5
        If j <= i Then              '下三角
          a(i, j) = 1
        Else
          a(i, j) = 0
        End If
        Print a(i, j);
      Next j
      Print
    Next i
End Sub
```

【例 5-7】编程将 4 个学生 3 门课成绩存放在二维数组中，并计算每个学生的平均分。

程序代码：

```
Option Base 1
Private Sub Form_Click()
  Const M% = 4, N% = 3
  Dim i%, j%, sum%, a%(M, N)
  For i = 1 To M                 '输入 M 个学生 N 门课的成绩
    For j = 1 To N
      a(i, j) = Val(InputBox("输入成绩："))
    Next j
  Next i
  For i = 1 To M
    sum = 0
    For j = 1 To N
      Print a(i, j);             '输出每个学生的成绩
      sum = sum + a(i, j)        '求每个学生 N 门课的成绩总和
    Next j
    Print sum \ 3                '输出每个学生的成绩的平均分
  Next i
End Sub
```

5.1.3 动态数组

前面讲述的数组都是事先定义好的固定大小的数组，称为静态数组（定长数组）。有些程序事先并不知道需要多大的数组，所以希望能够在程序运行时改变数组大小，这就需要使用动态数组。

建立动态数组包括数组声明和定义大小两步。

（1）首先声明一个没有下标的数组，即动态数组。

格式：`Dim 数组名( ) As 数据类型`

例如：`Dim a() As Integer`

（2）用 ReDim 语句指明数组的大小（元素个数）。

格式：`ReDim [Preserve] 数组名(下标 1[,下标 2]) [As 数据类型]`

说明：

① ReDim 语句可以多次使用，用来改变数组的维数和大小。但不能改变数据类型。

② 静态数组声明中的下标只能是常量，而动态数组 ReDim 语句中的下标可以是常量，也可

以是有了确定值的变量。

③ ReDim 重新定义动态数组时，数组中内容将被清除，但如果使用 Preserve 选项，则保留数组中原来的数据。

【例 5-8】由键盘输入 n 值后，自动产生 n 个 20 以内的随机整数，然后输出这些数。

程序代码：

```
Option Base 1                '设置数组默认下界值为 1
Private Sub Form_Click()
   Dim a() As Integer        '定义 a 为动态数组
   n = Val(InputBox("请输入 n 值："))
   ReDim a(n) As Integer     '重新定义动态数组 a，含有 n 个元素 a(1)～a(n),As Integer 可以省略
   Randomize
   For i = 1 To n
      a(i) = Int(20 * Rnd)   '产生一个随机数存放到数组元素 a(i)中
      Print a(i);            '输出 a(i)
   Next i
End Sub
```

动态数组在程序运行的任何时间内都可改变数组大小，它使用灵活、方便，有助于高效率地管理内存。动态数组在运行时才分配存储空间，不用时也可以用 Erase 语句释放存储空间，需要时再用 ReDim 语句再次分配存储空间。这样就避免了静态数组在开始时定义的数组大小固定，运行时会浪费存储空间，不够用时又无法再增加的弊端。

5.1.4 For Each … Next 语句

For Each … Next 语句与 For … Next 语句类似，都是实现循环结构的语句。但 For Each … Next 语句是专用于数组和对象集合的。

格式：For Each 成员 In 数组名

```
  循环体
Next 成员
```

说明：

（1）成员是一个 Variant 变量，在循环体中代表数组中的每个元素。

（2）循环次数由数组元素的个数决定，即有多少个数组元素，就循环多少次。

（3）For Each…Next 语句可以对数组元素进行读取、查询、输出等操作。

【例 5-9】用 For Each…Next 语句实现【例 5-8】。

程序代码：

```
Option Base 1                '设置数组默认下界值为 1
Private Sub Form_Click()
   Dim a() As Integer        '定义 a 为动态数组
   n = Val(InputBox("请输入 n 值："))
   ReDim a(n) As Integer     '重新定义动态数组 a，含有 n 个元素 a(1)～a(n)
   Randomize
   For Each x In a
      x = Int(20 * Rnd)      '产生一个随机数存放到相应的数组元素中
```

```
    Print x;                    '输出该数组元素值
  Next x
End Sub
```

5.1.5　控件数组

1. 控件数组的概念

控件数组是由一组相同类型的控件组成，特点如下。

（1）具有相同的控件名，即 Name 属性值相同。

（2）控件数组中的控件具有相同的属性（Index 属性除外）。

（3）所有控件共用相同的事件过程，可以简化程序。

（4）以索引（Index）值来标识各个控件，Index 值最小为 0，各个控件的索引值可以不连续。

2. 控件数组的建立

控件数组的建立有 3 种方法。

（1）将多个相同类型控件取相同的名称（Name 属性值相同）。

（2）复制现有的控件，并将其粘贴到窗体上。

（3）给控件设置一个 Index 属性值。

3. 控件数组应用举例

【例 5-10】用控件数组实现【例 4-5】，即实现简易四则运算。程序设计界面和运行界面分别如图 5-6 和图 5-7 所示。

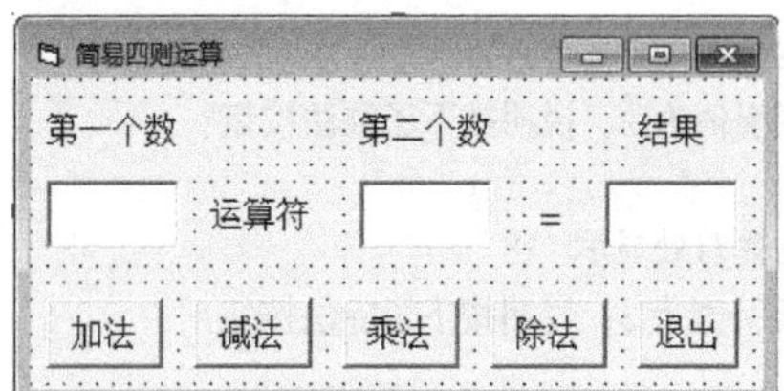

图 5-6　设计界面

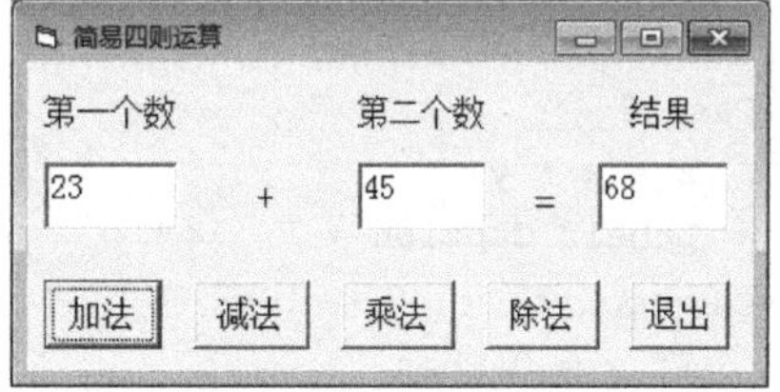

图 5-7　运行界面

设计界面：在窗体上建立 3 个文本框、5 个标签和 5 个命令按钮。在属性窗口设置各主要控件的属性，如表 5-3 所示。

表 5-3　窗体及控件属性

	控　件　名	属　性　名	属　性　值
窗体	Form1	Caption	简易四则运算
文本框	Text1	Text	""（空）
	Text2	Text	""（空）
	Text3	Text	""（空）
		Enabled	False
标签	Label1	Caption	第一个数
	Label2	Caption	运算符
	Label3	Caption	第二个数
	Label4	Caption	=
	Label5	Caption	结果

续表

	控 件 名	属 性 名	属 性 值
命令按钮	Command1	Caption	加法
		Index	0
	Command1	Caption	减法
		Index	1
	Command1	Caption	乘法
		Index	2
	Command1	Caption	除法
		Index	3
	Command1	Caption	退出
		Index	4

程序代码：

```
Private Sub Command1_Click(Index As Integer)
   Dim x As Single, y As Single, z As Single
   x = Val(Text1.Text)
   y = Val(Text2.Text)
   Select Case Index
      Case 0                                  '索引值为 0，说明按下了加法按钮
         z = x + y
         Label2.Caption = "  +"               '运算符处显示“+”
      Case 1                                  '索引值为 1，说明按下了减法按钮
         z = x - y
         Label2.Caption = "   -"              '运算符处显示“-”
      Case 2                                  '索引值为 2，说明按下了乘法按钮
         z = x * y
         Label2.Caption = "   ×"              '运算符处显示“×”
      Case 3                                  '索引值为 3，说明按下了除法按钮
         If y = 0 Then
            MsgBox ("除数不能为 0! ")
            End
         Else
            z = x / y
            Label2.Caption = "   ÷"           '运算符处显示“÷”
         End If
      Case 4                                  '索引值为 4，说明按下了退出按钮
         End
   End Select
   Text3.Text = z                             '显示计算结果
End Sub
```

5.2 过　　程

5.2.1 过程的概念

一个 VB 应用程序（工程）通常由多个模块组成，如窗体模块和标准模块等。每个模块中又

包含多个过程。过程是具有一定语法格式，可以完成一个相对独立功能的程序段。每个过程以一个名字标识，通过该名字可以多次被调用。从而实现代码的重用性。

VB 中的过程分两大类：一类是系统提供的内部函数过程和事件过程；另一类是用户根据需要自己编写的、供事件过程或其他过程调用的自定义过程，称为通用过程。

第一类前面已经讲过，本节主要讲述通用过程。通用过程又分为两种：Sub 过程（子过程）和 Function 过程（函数过程）。

5.2.2　Sub 过程

1. Sub 过程的定义

格式：
```
[Private|Public] [Static] Sub <过程名>([形参表])
  语句组（过程体）
End Sub
```

说明：

（1）Private|Public 是可选的。它决定了此过程的作用域。默认为 Public（本节后面讲述）。

（2）Static 是可选的。它决定了此过程内变量的生存期（本节后面讲述）。

（3）过程名需符合标识符的命名规则。

（4）过程体是由若干条 VB 语句组成，其中可以包含 Exit Sub 语句，其功能是结束该子过程的执行并返回到调用过程，程序接着从调用该子过程的下一条语句继续执行（相当于执行 End Sub 语句）。

（5）在过程体中，不能再定义其他过程，但可以调用其他 Sub 过程或 Function 过程。

（6）形参表指明从调用过程传送给该子过程的变量个数和类型，各变量之间用逗号间隔。

2. Sub 过程的建立

Sub 过程的建立分为两种方法。

（1）选择“工具”菜单中的“添加过程”菜单项，打开“添加过程”对话框，如图 5-8 所示。

（2）直接在代码窗口键入关键字 Sub 后跟子过程的名字即可。如键入“Sub TestProc”，按回车键后就会自动显示：

```
Sub TestProc()

End Sub
```

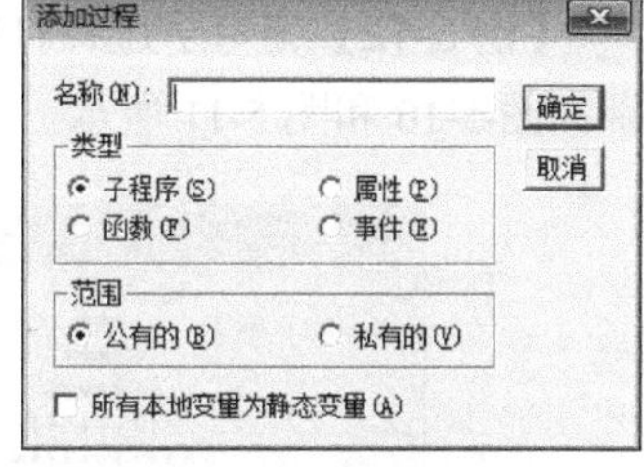

图 5-8　过程的建立

3. Sub 过程的调用

要执行一个子过程，必须调用该子过程。每次调用子过程都会执行 Sub 与 End Sub 之间的语句组（过程体）。调用该子过程的过程称为主调过程，该子过程称为被调过程。调用子过程有两种方法。

方法一：使用 Call 语句调用。

格式：　`Call <过程名>([实参表])`

方法二：直接使用过程名调用。

格式：　`<过程名> [实参表]`

说明：

（1）实参表是实际参数列表，参数与参数之间要用逗号间隔。实参要与形参一一对应，即个数相同，数据类型一致。实参可以是常量、变量和表达式等。当实参为数组时，数组名后面要加一对圆括号。

（2）当用 Call 语句调用子过程时，其过程名后必须加圆括号。若有参数，则参数必须放在圆括号之内。

（3）若省略 Call 关键字，则过程名后不能加圆括号。若有参数，则参数直接跟在过程名之后，参数与过程名之间用空格间隔，参数与参数之间用逗号间隔。

【例 5-11】编写交换两个数的子过程，并调用该子过程交换 a 和 b、c 和 d 两组变量的值。程序运行界面如图 5-9 所示。

图 5-9　例 5-11 运行界面

程序代码：

```
'交换两个整型变量值的子过程
Private Sub Swap(x As Integer, y As Integer)
   Dim temp As Integer
   temp = x: x = y: y = temp
End Sub
Private Sub Command1_Click()                 '交换变量 a 和 b 的值
   Dim a As Integer, b As Integer
   a = 4: b = 5
   Print "交换前 a 和 b 的值为：";  "a="; a; "b="; b
   Call Swap(a, b)                          '使用 Call 语句调用（方法一）
   Print "交换后 a 和 b 的值为：";  "a="; a; "b="; b
End Sub
Private Sub Command2_Click()                '交换变量 c 和 d 的值
   Dim c As Integer, d As Integer
   c = 2: d = 3
   Print "交换前 c 和 d 的值为：";  "c="; c; "d="; d
   Swap c, d                                '直接用子过程名调用（方法二）
   Print "交换后 c 和 d 的值为：";  "c="; c; "d="; d
End Sub
```

【例 5-12】编写子过程打印金字塔图形。单击第一个按钮和第二个按钮后，程序运行界面分别如图 5-10 和图 5-11 所示。

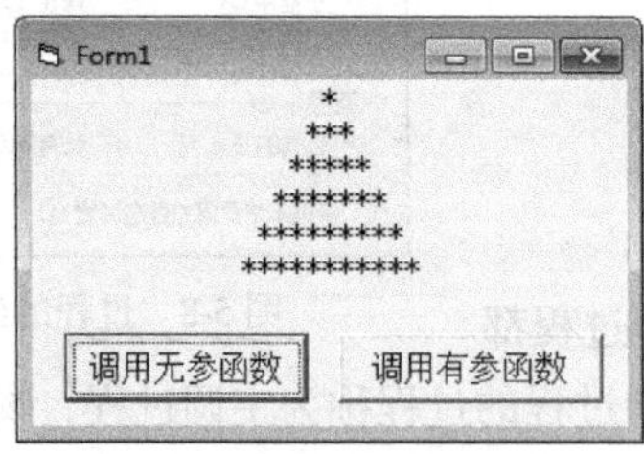

图 5-10　调用无参函数

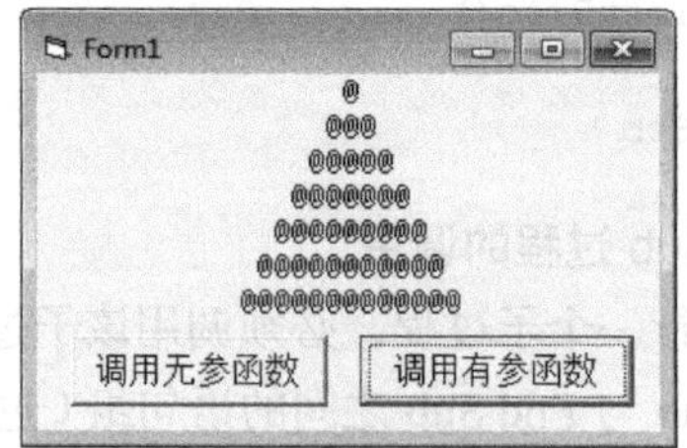

图 5-11　调用有参函数

程序代码：

```
Sub a()                          '打印金字塔，固定 6 行，组成金字塔的字符固定为“*”
   For i = 1 To 6
      Print Tab(20 - i);
      For j = 1 To 2 * i - 1
         Print "*";
```

```
      Next j
      Print
   Next i
End Sub
Sub b(s As String, n As Integer)  '打印金字塔，行数及组成金字塔的字符通过参数传递过来
   For i = 1 To n
      Print Tab(20 - i);
      For j = 1 To 2 * i - 1
         Print s;
      Next j
      Print
   Next i
End Sub
Private Sub Command1_Click()
   Call a             '关键字 Call 可以省略
End Sub
Private Sub Command2_Click()
   Call b("@", 7)   '省略关键字 Call 的语句：b "@", 7
End Sub
```

5.2.3　Function 过程

1. Function 过程的定义

函数过程的定义与子过程的定义很相似。不同的是，函数过程可以返回一个值。

格式：

```
[Private|Public] [Static] Function <函数过程名>([形参表]) [As <数据类型>]
   <过程体>
End Function
```

（1）在过程体中，可以使用 Exit Function 语句退出函数过程。

（2）As<数据类型>指定函数过程返回值的类型，可以是 Integer、Long、Single、Double、Currency、String 或 Boolean。若无“As <数据类型>”，默认的数据类型为 Variant。

（3）函数过程的返回值依靠函数名传递回去。所以，在过程体中需要有一条给函数名赋值的语句：函数名=表达式 。此时的函数名可以当作变量使用。

（4）函数过程语法中其他部分的含义与子过程相同。函数过程的建立方法也与子过程相同。

2. Function 过程的调用

可以使用调用 Sub 过程的两种方法来调用 Function 过程，但这两种方法忽略了函数过程的返回值，所以一般很少使用。

可以像调用 VB 内部函数一样来调用 Function 函数过程。即在表达式中，通过函数过程调用参加表达式运算。

格式： <函数过程名>([实参表])

说明：

（1）函数过程名后面的一对圆括号是不可以省略的。

（2）函数过程调用的 3 种常用方式如下。

① 可以直接放在赋值号右端。

```
a = f()          '函数过程 f 的返回值用于赋值
```

② 可以放在表达式中参与运算。

```
b = f() + a   '函数过程 f 的返回值用于表达式计算
```

③ 可直接作为某过程或函数的实际参数。

```
f1(f(),2)     '函数过程 f 的返回值用于过程 f1 的实际参数
```

【例 5-13】 用 Function 过程实现【例 4-12】，即求 s=1!+2!+3!+4!+…+n!。

程序代码：

```
Private Sub Form_Click()
   Dim s As Long
   Dim i As Integer, n As Integer
   n = Val(InputBox("请输入 n 值：", , 6))     '默认值为 6
   s = 0                      '累加和 s 的初值为 0
   For i = 1 To n
     s = s + fact(i)
   Next
   Print "s="; s
End Sub

Function fact(n As Integer) As Long
   Dim p As Long, i As Integer
   p = 1
   For i = 1 To n              '该循环用于求 n!
     p = p * i
   Next i
   fact = p                   '将 n!通过函数过程名 fact 返回
End function
```

5.2.4 参数传递

1. 形参和实参

在调用过程时，一般主调过程与被调过程之间有数据传递，即将主调过程的实参传递给被调过程的形参，然后执行被调过程体。

形参（形式参数）相当于过程中的过程级变量，参数传递相当于给变量赋值。过程结束后，程序返回到调用它的过程中继续执行。形参所占用的内存空间被释放。形参只能是变量或数组。

实参（实际参数）是指在调用 Sub 或 Function 过程时，传送给被调过程的常量、变量、表达式或数组名。其作用是将它们的数据（数值或地址）传送给被调过程中与其对应的形参变量。

在参数传递时，实参在个数、位置、数据类型等方面与形参要一一对应。

假设有过程定义为：

```
Sub example(xc1 As Double, xc2 As Integer, xc3 As String)
   ……
End Sub
```

调用该过程的程序段可以是：

```
Dim sc1#, sc2%, sc3$
sc1 = 1.25: sc2 = 69: sc3 = "Hello"
Call example(sc1, sc2, sc3)
```

实参与形参按照一一对应方式完成结合：sc1⇔xc1，sc2⇔xc2，sc3⇔xc3。

实参与形参的结合有两种方式：按值传递和按地址传递。

2. 按值传递和按地址传递

（1）按值传递（ByVal）

如果在定义过程时，形参使用关键字 ByVal 声明，则规定了在调用此过程时，该参数将按值传递。调用该过程时，传递给该形参的只是调用语句中实参的值，即把调用语句中实参的值复制给过程中的形参。若在过程中改变了形参的值，不会影响到实参的值。当过程结束并返回调用它的过程后，实参的值还是调用前的值。

【例 5-14】运行一个程序，理解按值传递参数的含义。运行结果如图 5-12 所示。

程序代码：

```
Sub test(ByVal x%, ByVal y%, ByVal z%)
   x = x + 1: y = y + 1: z = z + 1
   Print "调用中 x、y、z 的值: "; x; y; z
End Sub
Private Sub Form_Click()
   Dim a%, b%, c%
   a = 1: b = 2: c = 3
   Print "调用前 a、b、c 的值: "; a; b; c
   Call test(a, b, c)
   Print "调用后 a、b、c 的值: "; a; b; c
End Sub
```

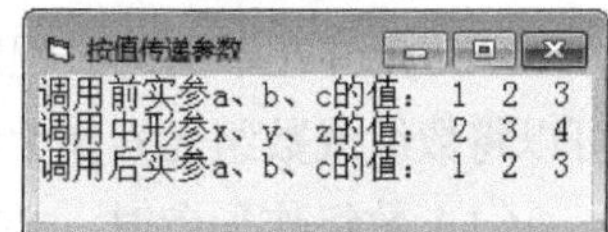

图 5-12　例 5-14 运行结果

（2）按地址传递（ByRef）

在调用一个过程时，如果是按地址方式进行参数传递，则会将实参的内存地址传递给形参，即让形参和实参使用相同的内存单元。因此，在被调用的过程中对形参的任何操作都变成了对相应实参的操作，实参的值就会随形参的改变而改变。

按地址传递是默认的参数传递方式。

按地址传递参数需要以下两个条件同时满足：

① 定义过程时，形参前加 ByRef 关键字，或既无 ByRef 也无 ByVal 关键字；

② 调用过程时，实参必须是变量或数组元素。

如果形参前是 ByRef 关键字，但实参是以下情况之一的，实际进行的是按值传递：

① 实参是常量；②实参是表达式；③实参是函数调用；④实参是以圆括号括起的单个变量。

假设过程 s 的形参以 ByRef 修饰，下面的几种调用方式实际进行的是按值传递：

```
Call s(12.3)      '实参是常量，按值传递
Call s(a+b)       '实参是表达式，按值传递
Call s(Sin(a))    '实参是函数调用，按值传递
Call s((a))       '实参是加了圆括号的变量，按值传递
```

【例 5-15】运行一个程序，理解按地址传递参数的含义。运行结果如图 5-13 所示。

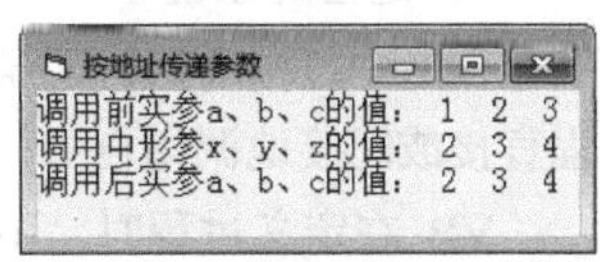

图 5-13　例 5-15 运行结果

程序代码：

```
Sub test(ByRef x%, ByRef y%, ByRef z%)          '省略关键字 ByRef 亦可
```

```
    x = x + 1: y = y + 1: z = z + 1
    Print "调用中形参 x、y、z 的值: "; x; y; z
End Sub
Private Sub Form_Click()
    Dim a%, b%, c%
    a = 1: b = 2: c = 3
    Print "调用前实参 a、b、c 的值: "; a; b; c
    Call test(a, b, c)
    Print "调用后实参 a、b、c 的值: "; a; b; c
End Sub
```

3. 数组参数的传递

VB 允许在不同的过程间传递数组。即数组名作为过程的实参和形参。在调用通用过程时，可以将数组或数组元素作为参数进行传递。用数组作为参数传递时，有其特殊性。

（1）数组作形参时，必须省略数组的上下界，但括号不能省略。数组作实参时，数组名后面的括号可以省略。

（2）用数组作为参数传递，只能按地址传递。即参数传递后，形参数组和实参数组共用同一块内存空间。

（3）如果不需要把整个数组传送给被调过程，而是传递数组中的某一元素，则需要在数组名后面的括号中写上所传递数组元素的下标，此时的数组元素按普通变量处理。

例如：Call test(a(1))

【例 5-16】运行一个程序，理解用数组传递参数的含义。运行结果如图 5-14 所示。

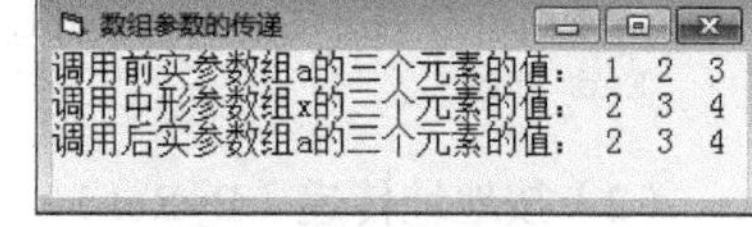

图 5-14　例 5-16 运行结果

程序代码：

```
Sub test(ByRef x%())          '省略关键字 ByRef 也可
    x(1)=x(1)+1 : x(2)=x(2)+1 : x(3)=x(3)+1
    Print "调用中形参数组 x 的三个元素的值: "; x(1); x(2); x(3)
End Sub
Private Sub Form_Click()
    Dim a%(1 To 3)
    a(1)=1 : a(2)=2 : a(3)=3
    Print "调用前实参数组 a 的三个元素的值: "; a(1); a(2); a(3)
    Call test(a())            '等价于 Call test(a)
    Print "调用后实参数组 a 的三个元素的值: "; a(1); a(2); a(3)
End Sub
```

5.2.5　过程嵌套及递归

1. 过程的嵌套

在一个过程（Sub 过程或 Function 过程）中调用另外一个过程，称为过程的嵌套调用，而过程直接或间接地调用自身，则称为过程的递归调用。

VB 在定义过程时，不能嵌套定义过程，但可以嵌套地调用过程，即被调过程中还可以调用其他过程，这种程序结构称为过程的嵌套，如图 5-15 所示。

【例 5-17】输入参数 n 和 m，求组合数的值，公式：$C_n^m = \frac{n!}{m!(n-m)!}$。

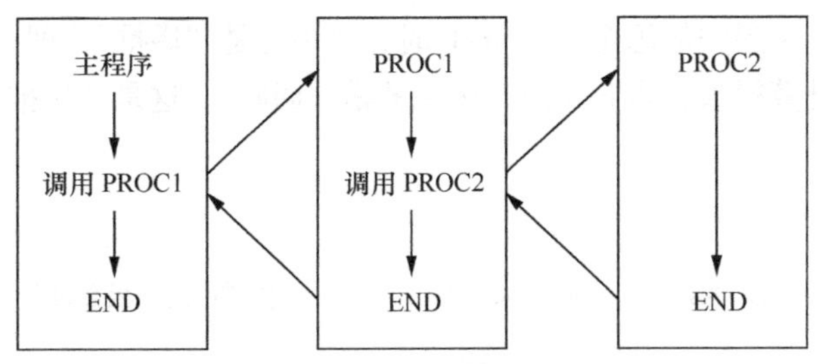

图 5-15 过程的嵌套调用

分析：把求阶乘与求组合数公式分别定义为两个 Function 过程。求组合数用过程 Comb 来实现，而求 n! 的工作则由过程 Fact 来实现。在 Comb 过程中又调用 Fact 过程，这就是过程的嵌套调用。

程序代码：

```
Private Function Fact(x) As Long    '求阶乘
  Dim p As Long, i As Integer
  p = 1
  For i = 1 To x
    p = p * i
  Next
  Fact = p
End Function
Private Function Comb(n, m)         '求组合数
  Comb = Fact(n) / (Fact(m) * Fact(n - m))
End Function
Private Sub Form_Click()
  Dim n As Integer, m As Integer
  n = Val(InputBox("请输入第一个数："))
  m = Val(InputBox("请输入第二个数："))
  If m > n Then
    MsgBox "参数输入时必须符合 n≥m! "
    Exit Sub
  End If
  Print n & "和"; m & "的组合数为：" & Comb(n, m)
End Sub
```

2. 过程的递归

过程的递归调用是指一个过程直接或间接地调用自身。当一个问题可以基于更小规模的同类问题求解，而最小规模的问题可以直接求解，则这个问题可以用过程的递归调用解决。例如，阶乘、级数运算、幂指数运算都是可以借助过程的递归调用求解。

使用递归算法来开发程序，可以使得程序代码非常简洁与清晰。

并不是所有问题都可以用递归方法解决，一个问题要想使用递归方法解决，必须满足两个条件：递归中止条件和递推公式。

【例 5-18】利用递归调用，计算 n!。数学上，正整数 n 的阶乘定义：n!=1×2×3×…×n，归纳为：

$$n!=\begin{cases}1 & n=1 \quad \text{（递归中止条件）}\\ n\times(n-1)! & n>1 \quad \text{（递推公式）}\end{cases}$$

这个归纳式中包含了递归的思想：当 n>1 时，体现的是“递推”，即一个数的阶乘值可由比它小 1 的数的阶乘值计算得来；当 n=1 时，体现的是“回归”，这是“递推”的终点，“回归”的起点。

程序代码：

```
Private Function f(n As Integer) As Double     '求阶乘的递归函数过程
  If n > 1 Then
    f = n * f(n - 1)                            '递推公式
  Else
    f = 1                                       '停止递推，开始回归
  End If
End Function
Private Sub Form_Click()
  Dim n As Integer
  n = Val(InputBox("请输入小于 16 的正整数："))
  If n > 0 And n <= 16 Then                     '避免数据溢出
    Print n & "的阶乘为：" & f(n)               '调用递归函数过程
  Else
    MsgBox "数据输入超出范围！"
    Exit Sub
  End If
End Sub
```

假设 n=5，则 f(5)的执行过程如图 5-16 所示。

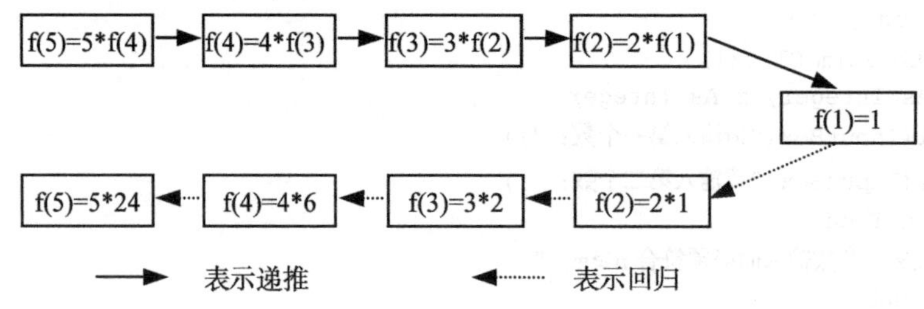

图 5-16　f(5)的递归执行过程

【例 5-19】用递归实现【例 5-2】，即：打印 Fibonacci 数列的前 20 项。

经分析，可以归纳为：

```
         ┌ 1                       n=1 或 n=2     （递归中止条件）
fib(n)= ┤
         └ fib(n-1)+fib(n-2)      n>2            （递推公式）
```

程序代码：

```
Private Function fib(ByVal n As Integer) As Long    '用递归方法求斐波那契数列
  If n <= 2 Then
    fib = 1                                         '中止递推，开始回归
  Else
    fib = fib(n - 1) + fib(n - 2)                   '递推公式
  End If
```

```
End Function
Private Sub Form_Click()
   Dim i As Integer
   For i = 1 To 20
      Print fib(i),                                     '调用递归函数
      If i Mod 4 = 0 Then Print
   Next i
End Sub
```

5.2.6　多窗体程序设计

VB 使用工程来管理构成应用程序的所有不同的文件。VB 应用程序的结构如图 5-17 所示。

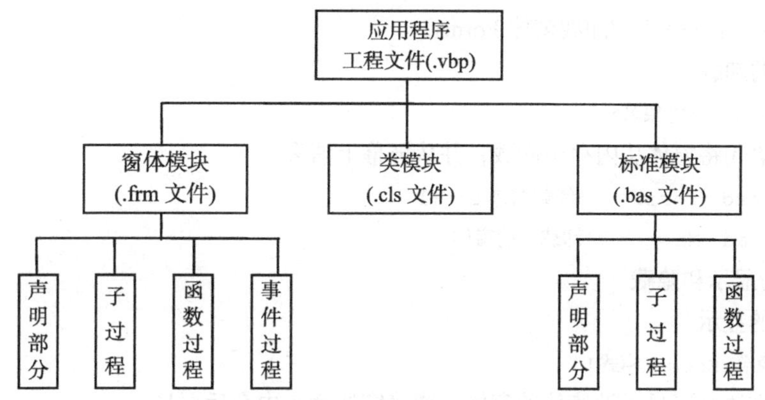

图 5-17　VB 程序模块结构图

模块是 VB 将不同类型过程代码组织到一起的一种结构。VB 中具有 3 种类型的模块：窗体模块、标准模块和类模块。

（1）窗体模块（文件扩展名为.frm）。应用程序中的每个窗体都有一个对应的窗体模块。窗体模块不仅包含窗体及窗体上各种控件的属性设置，而且还包含用于处理发生在窗体中各个控件上的事件过程及通用过程。一个 VB 应用程序至少应包含一个窗体模块。

（2）标准模块（文件扩展名为.bas）。标准模块主要用于将应用程序中可以被多个窗体共享的程序代码（通用过程）组织在一起。对于作用范围覆盖应用程序各个模块的变量（全局变量），通常也定义在标准模块中。与窗体模块不同，标准模块不包含窗体及控件。一个应用程序可以没有标准模块，也可以包含多个标准模块。

在工程中添加标准模块的方法：工程→添加模块。

（3）类模块（文件扩展名为.cls）。用于定义类的数据成员（属性）和成员函数（方法）。本书不介绍类模块。

1. 窗体的添加和移除

（1）窗体的添加

新建一个 VB 工程时，工程中只有一个窗体，默认名为 Form1。

如果想在工程中添加新的窗体，可以使用以下方法之一。

① 工程→添加窗体。

② 右击“工程资源管理器”空白区域→快捷菜单中选择“添加 | 添加窗体”。

③单击工具栏上按钮 ，选择添加窗体。

（2）窗体的移除

要移除窗体 Form1，方法如下。

在“工程资源管理器”中，右击 Form1 窗体名，在弹出的快捷菜单中选择“移除 Form1.frm”命令。此时，窗体 Form1 被移出工程，但它并没有被删除，仍保存在原来的文件夹中。

2. 窗体的加载和卸载

（1）窗体的加载

格式：`Load <对象名>`

功能：将窗体加载到内存。

说明：Load 语句只是把窗体加载到内存中，并不显示。若想显示窗体，可以使用 Show 方法。

例如：`Load Form1` '加载窗体 Form1

（2）窗体的卸载

格式：`Unload <对象名>`

功能：该语句将窗体从内存中卸载，并从屏幕上消失。

例如：
```
Unload Form1     '卸载窗体 Form1
Unload Me        '卸载当前窗体
```

3. 窗体的显示和隐藏

（1）窗体的显示

格式：对象名.Show [模式]

功能：该方法可以显示被遮住的窗体，或将窗体载入内存后再显示。

说明：

① 可选参数“模式”，用来确定被显示窗体的状态。值等于 1 时，表示窗体状态为“模态”，模态是指鼠标只在当前窗体内起作用，只有关闭当前窗体后才能对其他窗体进行操作；值等于 0 时，表示窗体状态为“非模态”，非模态是指不必关闭当前窗体就可以对其他窗体进行操作。

② 程序运行时第一个显示的窗体称为启动窗体。启动窗体的显示是自动的，而其他窗体必须通过 Show 方法来显示。设置启动窗体方法：工程→工程属性→“通用”选项卡→启动对象。

（2）窗体的隐藏

格式：[对象名.]Hide

功能：该方法使窗体从屏幕上暂时隐藏，但并没有从内存中清除。

说明：如果省略窗体名，则默认为当前窗体。隐藏窗体时，它就从屏幕上被移除，并自动将其 Visible 属性设置为 False。用户将无法访问隐藏窗体上的控件，以后需要再显示隐藏起来的窗体时，执行 Show 方法即可。

4. Sub Main 过程

前面启动 VB 应用程序时，启动的总是某个窗体。实际上，VB 允许将 Sub Main 过程作为启动过程。该过程中可以做一些初始化工作，然后再启动其他窗体。

将 Sub Main 过程设置为启动过程的方法：工程→工程属性→“通用”选项卡→启动对象→选择“Sub Main”。

一个应用程序中只能有一个 Sub Main 过程，且必须在标准模块中建立。建立方法：先建立一个标准模块，然后在该模块的代码窗口中输入 Sub Main()后按回车键，则在代码窗口将自动产生如下语句：

```
Sub Main()

End Sub
```

然后在该过程的过程体中编写相应的程序代码。如：

```
Sub Main()
  Form1.Show
End Sub
```

【例 5-20】多窗体程序示例。输入某学生 4 门课成绩，计算平均分并显示。程序运行界面分别如图 5-18、图 5-19 和图 5-20 所示。

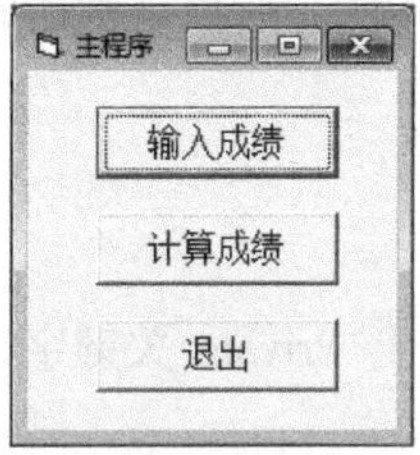

图 5-18　Form1 窗体

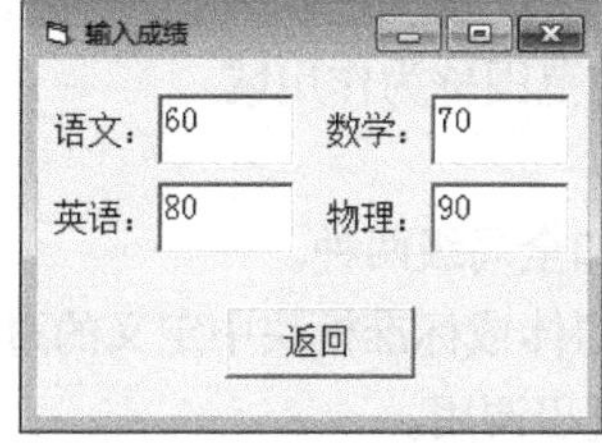

图 5-19　Form2 窗体

图 5-20　Form3 窗体

设计界面：在工程中建立 3 个窗体：Form1、Form2、Form3 和 1 个标准模块 Module1。

程序代码：

```
'标准模块 Module1 程序代码
Option Explicit
Public yuwen!, shuxue!, yingyu!, wuli!
Sub main()
  Form1.Show
End Sub
'Form1 窗体模块程序代码
Private Sub Command1_Click()          '输入成绩按钮
  Form1.Hide
  Form2.Show
End Sub
Private Sub Command2_Click()          '计算成绩按钮
  Form1.Hide
  Form3.Show
End Sub
Private Sub Command3_Click()          '退出按钮
  End
End Sub
'Form2 窗体模块程序代码
Private Sub Command1_Click()          '返回按钮
  yuwen = Val(Text1.Text)             '保存 4 门课成绩
  shuxue = Val(Text2.Text)
  yingyu = Val(Text3.Text)
  wuli = Val(Text4.Text)
  Form2.Hide
  Form1.Show
End Sub
```

```
'Form3 窗体模块程序代码
Private Sub Command1_Click()        '返回按钮
   Form3.Hide
   Form1.Show
End Sub
Private Sub Form_Load()
   Text1.Text = (yuwen + shuxue + yingyu + wuli) / 4   '计算平均分
End Sub
```

5.2.7 过程和变量的作用域

VB 应用程序由若干过程组成，这些过程一般保存在窗体文件（.frm）或标准模块文件（.bas）中。变量在过程中是必不可少的。一个变量或过程由于其所处的位置不同，所以可被访问的有效范围也不同，变量或过程可被访问的范围称为作用域。

1. 过程的作用域

过程的作用域分为窗体/模块级和全局级两种。

（1）窗体/模块级过程。在某个窗体或标准模块中定义的过程前加上 Private 关键字，则该过程只能被本窗体或本标准模块中的过程调用。

（2）全局级过程。在某个窗体或标准模块中定义的过程前加上 Public 关键字或默认，则该过程可以被应用程序的所有窗体或标准模块中的过程调用。其调用方法根据过程所处的位置分为以下两种。

① 在窗体中定义的过程，当外部过程要调用时，应在被调用的过程名前加上所在的窗体名。例如，在 Form1 窗体中调用 Form2 窗体模块中的全局过程 fact(n)，应使用如下形式：

```
Call Form2.fact(5)    或    Form2.fact 5
```

② 在标准模块中定义的过程，如果过程名唯一，则任何外部过程都可以直接调用，否则应在被调用的过程名前加上所在的标准模块名。例如，在 Module1 和 Module2 中都有一个全局过程 fact(n)，则调用 Module1 中的过程 fact(n)的形式：

```
Call Module1.fact(5)    或    Module1.fact 5
```

2. 变量的作用域

变量的作用域决定了在哪些过程中可以使用该变量，根据定义位置和所使用的定义变量语句的不同，VB 中的变量可以分为 3 类：局部变量、窗体/模块级变量和全局变量。各种变量位于不同的层次。

（1）局部变量（过程级变量）

在过程内用 Dim 或 Static 定义的变量（或不作声明直接使用的变量）叫作局部变量。其作用域是它所在的过程，其他过程中不可访问。在不同的过程中可以定义相同名字的局部变量，它们之间没有任何关系，它们在内存中处于不同的存储单元。

定义局部变量语法格式：

```
Dim | Static 变量名 [As 数据类型]
```

分析下列代码，程序运行后单击窗体，显示结果：n= 0

```
Private Sub Form_Load()
   Dim n%      '在事件过程中定义局部变量 n ，只能在本过程中访问
   n = 10
End Sub
```

```
Private Sub Form_Click()
   Dim n%     '在事件过程中定义局部变量 n ，只能在本过程中访问，与上个过程中的 n 没有关系
   Print "n="; n
End Sub
```

（2）窗体/模块级变量

在窗体模块或标准模块的通用声明部分用 Private 或 Dim 定义的变量，称为窗体/模块级变量。其作用域是本窗体模块或标准模块的所有过程，其他模块的过程不可以访问。

定义窗体/模块级变量语法格式：

```
Dim | Private 变量名 [As 数据类型]
```

窗体/模块级变量定义方法：

在程序代码窗口的“对象”框中选择“通用”，并在“过程”框中选择“声明”，其位置处于整个程序代码窗口的最前面。

分析下列代码，程序运行后单击窗体，显示结果：n= 10

```
Dim n%              '在通用声明部分定义窗体/模块级变量 n ，以下的所有过程均可访问
Private Sub Form_Load()
  n = 10            '访问窗体/模块级变量 n
End Sub
Private Sub Form_Click()
  Print "n="; n      '访问窗体/模块级变量 n，与上个过程中的 n 是同一个变量
End Sub
```

在声明窗体/模块级变量时，Private 和 Dim 没有什么区别，但 Private 更好些，因为可以把它和声明全局变量的 Public 区别开来，使代码更容易理解。

（3）全局变量

在窗体模块或标准模块的通用声明部分用 Public 定义的变量，称为全局变量。其作用域是本应用程序（工程）的所有过程。全局变量在整个应用程序的运行期间始终不会消失，只有当该应用程序运行结束时，才会消失。

定义全局变量语法格式： `Public 变量名 [As 数据类型]`

在标准模块中定义的全局变量，如果与其他标准模块中定义的全局变量不同名，则在应用程序的任何一个过程中可直接引用。如果同名，则必须在该全局变量名前加上标准模块名作为前缀。

而在某个窗体模块中定义的全局变量，当在其他窗体模块或标准模块中引用时，必须在该全局变量名前加上窗体模块名作为前缀。

如果是在标准模块中定义全局变量，可以用关键字 Global 代替 Public。

3 种变量的作用域如表 5-4 所示。

表 5-4　变量的作用域

名　称	作 用 域	声 明 位 置	使 用 语 句
局部变量	过程	过程中	Dim 或 Static
窗体/模块级变量	窗体模块或标准模块	模块的声明部分	Dim 或 Private
全局变量	整个应用程序	窗体模块的声明部分	Public
		标准模块的声明部分	Public 或 Global

说明：若在过程中定义了与全局变量同名的局部变量，则在过程中优先访问局部变量，若要访问全局变量，则要在变量名前加上模块名。例如，下列程序会在 Form1 窗体上显示： 30 20。

```
Public a As Integer          '在通用声明部分定义全局变量 a
Private Sub Form_Click()
  Dim a As Integer           '在事件过程中定义局部变量 a，与上述全局变量 a 同名
  a = 20                     '访问局部变量 a
  Form1.a = 30               '访问全局变量 a，必须加窗体名作为前缀
  Print Form1.a; a
End Sub
```

3. 变量的生存期

变量的生存期是指变量占据存储空间的时间。窗体/模块级变量和全局变量的生存期是整个应用程序运行期间。局部变量的生存期由定义它的关键字来决定。根据局部变量生存期的不同，可以将其分为动态变量和静态变量。

（1）动态变量

在过程中使用 Dim 关键字定义的变量属于动态变量。

当调用某个过程时，系统为其内的所有动态变量分配存储空间，并进行变量的初始化工作。在此过程体内对该变量进行数据的存取。当该过程调用结束时，系统会释放掉动态变量所占用的存储空间，其值消失。

（2）静态变量

在过程中使用 Static 关键字定义的变量属于静态变量。

系统给静态变量分配存储空间后，该变量始终占据存储空间，并在应用程序运行期间保留其值。即在每次调用该静态变量所在的过程时，该变量不会被重新初始化，而且静态变量所在的过程运行结束时，不释放该静态变量所占用的存储空间，其值仍然保留。

定义静态变量语法格式： `Static 变量名 [As 数据类型]`

说明：

①若定义某个过程时使用了关键字 Static，则该过程内的所有局部变量都是静态变量。

②静态变量的生存期虽然是整个应用程序的运行期间，但其作用域仍然与动态变量相同，即只能在定义该变量的过程中访问。退出该过程后，尽管该静态变量还继续保留在存储空间中，但其他过程也不能使用它。再次调用定义静态变量的过程时，可继续使用该变量上次过程结束时保留的值，而不会被重新初始化。

【例 5-21】执行下列程序，体会静态变量与动态变量的区别。程序运行界面如图 5-21 所示。

程序代码：

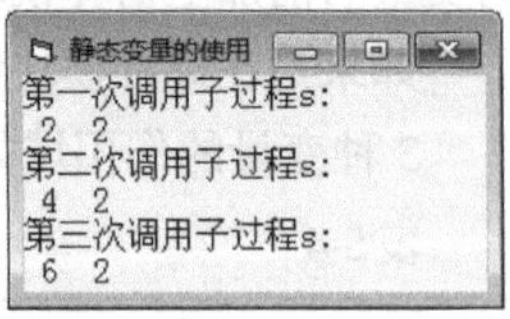

静态变量的使用
第一次调用子过程s:
 2 2
第二次调用子过程s:
 4 2
第三次调用子过程s:
 6 2

图 5-21 例 5-21 运行结果

```
Sub s()
  Static a As Integer        '定义静态变量 a
  Dim b As Integer           '定义动态变量 b
  a = a + 2
  b = b + 2
  Print a; b
End Sub                      '当过程结束返回时，静态变量 a 的值被保留，动态变量 b 被释放
Private Sub Form_Click()
  Print "第一次调用子过程 s:"
```

```
    Call s
    Print "第二次调用子过程 s:"
    Call s
    Print "第三次调用子过程 s:"
    Call s
End Sub
```

习　　题

一、选择题

1. 若有数组说明语句为 Dim a(-3 to 8)，则数组 a 包含元素的个数是（　　）。

   [A]5　　[B]8

   [C]11　　[D]12

2. 以下属于合法的数组元素是（　　）。

   [A]x8　　[B]x[a]

   [C]x(3)　　[D]x{6}

3. 下列数组定义语句中正确的是（　　）。

   [A] Dim a(-1 To 5,8) AS String　　[B] Dim a(n,n) AS Integer

   [C] Dim a(0 To 8,5 To –1) AS Single　　[D] Dim a(10,-10) AS Double

4. 下面程序运行结果是（　　）。

```
Dim a()
a = Array(1, 2, 3, 4, 5)
For I = 0 To 4
   Print a(I);
Next I
```

   [A] 0 1 2 3 4　　[B]1 2 3 4

   [C]1 2 3 4 5　　[D]0 1 2 3 4 5

5. 下面程序的运行结果是（　　）。

```
Private Sub Command1_Click()
  x = 1
  Call power(x)
  Print "x="; x;
End Sub
Sub power(ByRef  y As Integer)
  y = y + 1
  Print "y="; y
End Sub
```

   [A] y=2　x=1　　[B] y=2　x=2

   [C]x=1　y=1　　[D]x=1　y=2

二、填空题

1. 如果在模块的声明段中有 Option Base 1 语句，则在该模块中使用 Dim a(3 To 5,6)声明的数组有________个元素。

2. 使用 Dim CJ(-3 to 5) as Integer，声明数组 CJ 有________个数组元素。

3. 由 Array 函数建立的数组必须是________类型。

4. 数组声明时下标下界默认为 0，利用________语句可以使下界为 1。

5. 在 VB 中，过程定义中有两种参数的传递形式，分别是________和________。

6. 在定义过程时，若选用________关键字，按值传递参数；若选用________关键字，则按地址传递参数。

7. 在过程定义中出现的参数，称为________参数；在调用过程时，给过程传递数据的参数，称为________参数。

8. 动态数组 a 有两个元素 a(0)和 a(1)，重新定义数组 a 有三个元素 a(0)、a(1)和 a(2)，使用的语句是________。

9. VB 应用程序通常由三类模块组成，即________、________和________。

10. 在 VB 的公用标准模块中，用 Public 声明的变量是________变量。

三、判断题

1. 在 VB 中，定义数组时，其下标必须是常量或常量表达式。( )

2. VB 的函数过程不一定会返回一个函数值。( )

3. Function 函数有参数传递，并且一定有返回值。( )

4. 在 VB 中，过程的定义不可以嵌套，但过程的调用可以嵌套。 ( )

5. 如果某子程序 add 用 public static sub add()定义，则该子程序的变量都是局部变量。( )

四、程序填空题

1. 随机生成 10 个数存入数组中，并将数组排序后输出。

```
Private Sub Command1_Click()
    Dim a(10) As Integer
    For i=1 To 10
    '**********SPACE**********
       a(i)=CInt(10【?】Rnd+1)
    Next
    For i=1 To 9
    '**********SPACE**********
     For j=【?】 To 10
    '**********SPACE**********
        If a(i)>【?】Then
            t=a(i): a(i)=a(j): a(j)=t
          End If
       Next j
    Next i
    For i=1 To 10
       Print a(i)
    Next
End Sub
```

2. 通过函数调用，计算 s=1！+2！+…+10！。

```
Private Sub Command1_Click()
Dim i as integer
  For i=1 to 10
  '**********SPACE**********
    s=s+【?】
```

```
    Next i
    Print  s
  End Sub
  Function fun(x as integer)
     p=1
     For j=1 to x
     p=p*j
     Next j
     '**********SPACE**********
     【?】
  End function
```

五、程序改错题

1. 下面程序随机产生 10 个整数，从小到大排序输出。

```
Option Explicit
Private Sub Form_Click()
Dim t%, m%, n%, w%
Dim a(10) As Integer
For m = 1 To 10
   a(m) = Int(10 + Rnd() * 90)
   Print a(m); " ";
Next m
Print
For m = 1 To 9
   t = m
   '**********FOUND**********
   For n = 2 To 10
   '**********FOUND**********
      If a(t) > a(n) Then n = t
   Next n
   '**********FOUND**********
   If t = m Then
     w = a(m)
     a(m) = a(t)
     a(t) = w
   End If
Next m
For m = 1 To 10
   Print a(m)
Next m
End Sub
```

2. 求一个 m×n 矩阵中最大元素及其所在的行列号。

```
Option Explicit
Private Sub Form_Click()
   Dim A() As Integer, max As Integer
   Dim M As Integer, N As Integer
   Dim i As Integer, j As Integer
   Dim col As Integer, row As Integer
   M = InputBox("输入矩阵的行数：")
   N = InputBox("输入矩阵的列数：")
   ReDim A(1 To M, 1 To N) As Integer
     For i = 1 To M
```

```
    For j = 1 To N
      A(M, N) = InputBox(" 输入数组元素:")
    F Next j
  Next i
  '**********FOUND**********
  max = A(0, 0)
  For i = 1 To M
    For j = 1 To N
      If max < A(i, j) Then
        max = A(i, j)
'**********FOUND**********
        row = j
      End If
'**********FOUND**********
      col = i
    Next j
  Next i
  Print
  Print "该矩阵元素的最大值:"; max
  Print "最大值所在的行:"; row; "所在的列:"; col
End Sub
```

六、程序设计题

1. 单击窗体，生成一个一维数组(10 个数组元素依此为：15、23、72、43、96、23、3、65、88、17)，求出这个数组中的最大值、最小值和平均值，并输出在窗体上，将最大值，最小值，平均值分别存入变量 Max,Min,Aver 中。

2. 单击窗体，在窗体上输出下列矩阵。

```
1 0 0 0
2 1 0 0
2 2 1 0
2 2 2 1
```

第 6 章 Visual Basic 标准控件

VB 预先定义了众多的控件（类），在设计应用程序界面时可以直接使用。这些控件称为标准控件（也称为常用控件或内部控件）。VB 启动以后标准控件会自动出现在 VB 的工具箱中。前面章节已经介绍了命令按钮、文本框和标签 3 个控件，本章继续介绍其他标准控件，同时还将介绍 VB 绘图技术。

6.1　单选按钮、复选框和框架

在 VB 中，单选按钮与复选框控件主要作为选项提供给用户选择。不同的是，单选按钮主要用来表示一组互斥选项，每组中只能选择一个；而在一组复选框中，可以选择多项。

6.1.1　单选按钮控件

1. 单选按钮（OptionButton）的主要属性

（1）Value（值）属性。单选按钮选中时，Value 值为 True；未被选中时，Value 值为 False。默认值为 False。

（2）Caption（标题）属性。用于设置单选按钮的标题。默认值为 Option1。

（3）Alignment（对齐）属性。决定单选按钮中的文本（标题）的对齐方式。共两种取值：0-Left Justify，表示左对齐；1-Right Justify，表示右对齐。默认值为 0。

（4）Style（样式）属性。用于控制单选按钮的外观。共两种取值：0-Standard，标准模式；1-Graphical，图形模式。默认值为 0。

2. 单选按钮的常用事件

单选按钮最主要的事件是 Click 事件。当用鼠标单击某单选按钮时，该单选按钮变为选中状态，其 Value 值变为 True，同组的其他所有单选按钮均变为未选中状态，即 Value 值均为 False。

【例 6-1】单选按钮示例。改变文本框中文字的字体。程序运行界面如图 6-1 所示。

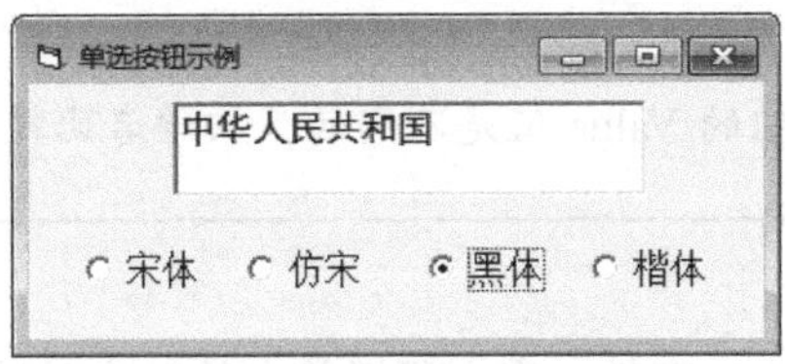

图 6-1　例 6-1 运行界面

设计界面：在窗体上建立 1 个文本框、4 个单选按钮。在属性窗口设置各主要控件的属性，如表 6-1 所示。

表 6-1　　窗体及控件属性

	控 件 名	属 性 名	属 性 值
窗体	Form1	Caption	单选按钮示例
文本框	Text1	Text	中华人民共和国
单选按钮	Optzt	Caption	宋体
		Index	0
	Optzt	Caption	仿宋
		Index	1
	Optzt	Caption	黑体
		Index	2
	Optzt	Caption	楷体
		Index	3

程序代码：

```
Private Sub Optzt_Click(Index As Integer)
  Select Case Index
    Case 0:                    '当 Index 值为 0 时，说明用户单击了“宋体”单选按钮
      Text1.FontName = "宋体"
    Case 1:
      Text1.FontName = "仿宋"
    Case 2:
      Text1.FontName = "黑体"
    Case 3:
      Text1.FontName = "楷体"
  End Select
End Sub
```

说明：上述 Seclect Case 语句可以换成一条语句：Text1.FontName = Optzt(Index).Caption。

6.1.2　复选框控件

1. 复选框（CheckBox）的主要属性

（1）Value（值）属性。当复选框被选中时，Value 值为 1；未被选中，Value 值为 0；禁止对该复选框进行选择，Value 值为 2。默认值为 0。

（2）Caption（标题）属性、Alignment（对齐）属性和 Style（样式）属性与单选按钮类似。

注意

复选框与单选按钮的 Value 值是不同的，初学者比较容易混淆。

2. 复选控件的常用事件

复选框最主要的事件是 Click 事件。当用鼠标单击某复选框时，如果该复选框原先处于选中

状态，则变为未选中状态，其 Value 值由 1 变为 0；如果该复选框原先处于未选中状态，则变为选中状态，其 Value 值由 0 变为 1。同组的其他所有复选框均不受影响。

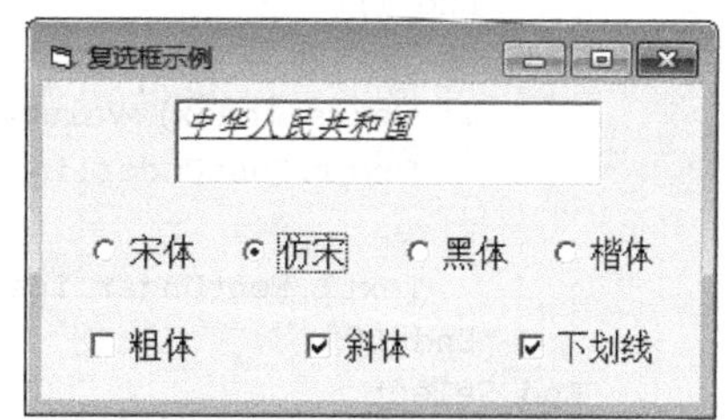

图 6-2 例 6-2 运行界面

【例 6-2】复选框示例。为文本框中文字加修饰。程序运行界面如图 6-2 所示。

设计界面：在窗体上建立 1 个文本框、4 个单选按钮、3 个复选框。在属性窗口设置各主要控件的属性，如表 6-2 所示。

表 6-2 窗体及控件属性

	控件名	属性名	属性值
窗体	Form1	Caption	复选框示例
文本框	Text1	Text	中华人民共和国
单选按钮	Optzt	Caption	宋体
		Index	0
	Optzt	Caption	仿宋
		Index	1
	Optzt	Caption	黑体
		Index	2
	Optzt	Caption	楷体
		Index	3
复选框	Chkxs	Caption	粗体
		Index	0
	Chkxs	Caption	斜体
		Index	1
	Chkxs	Caption	下画线
		Index	2

程序代码：

```
Private Sub Optzt_Click(Index As Integer)   '改变字体
  Text1.FontName = Optzt(Index).Caption
End Sub
Private Sub Chkxs_Click(Index As Integer)   '加修饰
  Select Case Index
    Case 0:                                 '当 Index 值为 0 时，说明用户单击了"粗体"复选框
      If Chkxs(Index).Value = 1 Then        '如果原先不是粗体，则变为粗体
        Text1.FontBold = True
      Else                                  '如果原先是粗体，则去掉粗体修饰
        Text1.FontBold = False
      End If
    Case 1:
      If Chkxs(Index).Value = 1 Then        '如果原先不是斜体，则变为斜体
        Text1.FontItalic = True
      Else                                  '如果原先是斜体，则去掉斜体修饰
        Text1.FontItalic = False
```

```
        End If
      Case 2:
        If Chkxs(Index).Value = 1 Then     '如果原先没有下画线，则加上下画线
          Text1.FontUnderline = True
        Else                               '如果原先有下画线，则去掉下画线
          Text1.FontUnderline = False
        End If
    End Select
End Sub
```

说明：上述 Chkxs_Click 事件过程可以简化如下。

```
Private Sub Chkxs_Click(Index As Integer)  '加修饰
  Select Case Index
    Case 0:                          '当 Index 值为 0 时，说明用户单击了"粗体"复选框
      Text1.FontBold = Not Text1.FontBold              '在粗体和非粗体之间进行逻辑切换
    Case 1:
      Text1.FontItalic = Not Text1.FontItalic          '在斜体和非斜体之间进行逻辑切换
    Case 2:
      Text1.FontUnderline = Not Text1.FontUnderline  '在下画线和非下画线之间进行逻辑切换
  End Select
End Sub
```

6.1.3 框架控件

框架（Frame）是一种比较特殊的容器控件，用来对其他控件进行分组，常作为辅助控件使用。将不同控件放在一个框架中时，不仅实现了视觉上的区分，而且框架内的所有控件可以随着框架一起移动、显示、消失和禁用。

1. 框架的主要属性

（1）Caption（标题）属性。用来设置框架的标题，为字符串型。框架的标题位于框架的左上角。如果 Caption 属性值为空串，则框架为封闭的矩形。

（2）Enabled（使能）属性。用来设置框架是否有效，为逻辑型。共两种取值：True，有效；False，无效，框架标题为灰色，框架内所有控件均被屏蔽，不允许用户操作。默认值为 True。

（3）Visible（可见）属性。用来设置框架是否可见，为逻辑型。共两种取值：True，可见；False，不可见，框架及框架内的所有控件均不可见。默认值为 True。

2. 框架的常用事件

框架是比较“消极”的控件，只是用它对其他控件进行分组，通常不使用它的方法和事件。

如何将框架外的控件放到框架内？

如果将外面的控件直接拖放到框架内，则该控件不会真正成为框架的一部分。正确的做法是：必须先选定这些控件并剪切，然后单击选中框架并粘贴。粘贴成功后，拖动框架会使其中的控件与其一起移动。

【例 6-3】框架示例。设计既可以改变文字的字体，也可以改变字号大小的界面。运行界面如图 6-3 所示。

设计界面：在窗体上建立 1 个文本框、2 个框架、8 个单选按钮。在属性窗口设置各主要控件的属性，如表 6-3 所示。

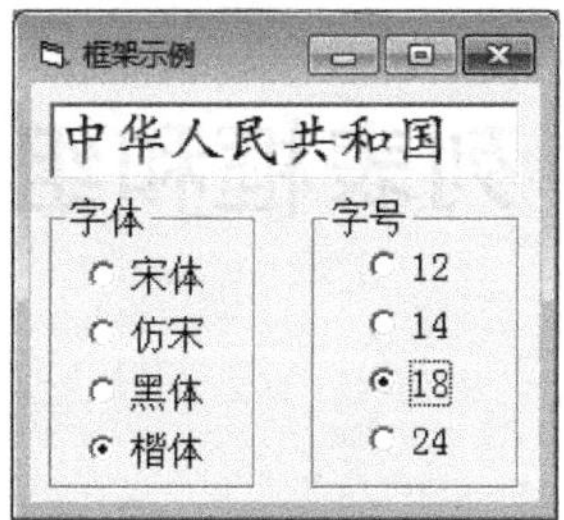

图 6-3　例 6-3 运行界面

表 6-3　　　　　　　　　　　　　　窗体及控件属性

	控 件 名	属 性 名	属 性 值
窗体	Form1	Caption	框架示例
文本框	Text1	Text	中华人民共和国
框架	Frame1	Caption	字体
	Frame2	Caption	字号
单选按钮	Optzt	Caption	宋体
		Index	0
	Optzt	Caption	仿宋
		Index	1
	Optzt	Caption	黑体
		Index	2
	Optzt	Caption	楷体
		Index	3
单选按钮	Optzh	Caption	12
		Index	0
	Optzh	Caption	14
		Index	1
	Optzh	Caption	18
		Index	2
	Optzh	Caption	24
		Index	3

说明：控件数组 Optzt 中的 4 个单选按钮在框架 Frame1 中，控件数组 Optzh 中的 4 个单选按钮在框架 Frame2 中。

程序代码：

```
Private Sub Optzt_Click(Index As Integer)   '改变字体
  Text1.FontName = Optzt(Index).Caption
End Sub
Private Sub Optzh_Click(Index As Integer)   '改变字号
  Text1.FontSize = Optzh(Index).Caption
End Sub
```

6.2 列表框和组合框

6.2.1 列表框控件

列表框（ListBox）控件可以提供多个项目供用户选择，用户可以选择一个或多个项目。当项目数太多，超出了列表框设计时的高度时，系统会自动为列表框添加一个垂直滚动条。

1. 列表框的特殊属性

除了一些常见的诸如 Font、Height、Left、Width、Enabled、Name 等属性外，列表框还有如下一些特殊的属性。

（1）List（列表）属性

List 是一个字符串型数组，用于存放列表框的各个项目。其各个项目可以在属性窗口直接输入，每个项目结束后按 Ctrl+Enter 组合键换行，如图 6-4 所示。

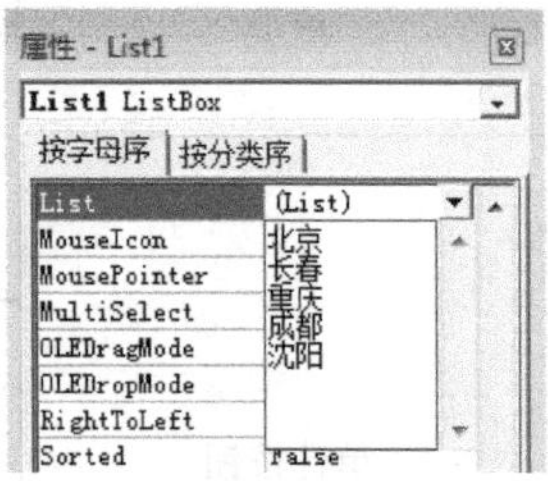

List 数组的下标从 0 开始，即列表框中的第一项，用 List(0)表示，第二项，用 List(1)表示，以此类推。例如，图 6-4 中，List1.List(0)的值为“北京”，List1.List(4)的值为“沈阳”。

图 6-4 列表框 List 属性

（2）ListIndex（索引）属性

该属性用来返回或设置列表框中当前选中项目的索引号，为整型值，只能在程序运行时使用。第一个项目的索引号是 0，第二个项目的索引号是 1，以此类推。当列表框没有选中项目时，ListIndex 值为-1。在程序中设置 ListIndex 后，被选中的项目呈反相显示。

例如，在图 6-4 中，如果项目“重庆”被选中，则 List1.ListIndex 值为 2。也就是说，List1.List(List1.ListIndex)的值为“重庆”。

（3）ListCount 属性

该属性返回列表框中项目的个数，只能在程序运行时使用。例如，图 6-4 中，List1.ListCount 属性的值为 5。

ListCount 始终比最大的 ListIndex 值大 1。所以，List1.List(List1.ListCount-1)的值为“沈阳”。

（4）Text 属性

返回列表框中被选中的项目，为字符串型。该属性为只读属性，即设计时不可用。

如果列表框的名称为 List2，则 List2.Text 的值总是与 List2.List(List2.ListIndex)的值相同。即：List、ListIndex 和 Text 三个属性之间存在如下等价关系：

List2.Text ⇔ List2.List(List2.ListIndex)

（5）Selected（选中）属性

该属性是一个逻辑型数组，下标从 0 开始，用于返回或设置列表框中某项目是否选中的状态。选中时，值为 True；未被选中，值为 False。该属性为只读属性，即设计时不可用。

例如，图 6-4 中，如果 List1.Selected(1)的值为 True，表示第 2 项“长春”被选中；如果想让第 4 项“成都”被选中，则可以执行语句：List1.Selected(3)=True 。

（6）MultiSelect（多重选择）属性

MultiSelect 属性决定了列表框中的项目是否可以同时选中多个。只能在设计时，在属性窗口中设置，程序运行时不能修改。

2. 列表框的常用事件

（1）Click 事件：当单击列表框中的某个项目时触发该事件。

（2）DblClick 事件：当双击列表框中的某个项目时触发该事件。

3. 列表框的常用方法

列表框中的项目可以在设计阶段通过属性窗口添加、删除和修改；也可以在程序运行时，用 AddItem 方法添加，用 RemoveItem 和 Clear 方法删除。

（1）AddItem 方法

格式：　[对象名.]AddItem 项目字符串 [,索引值]

功能：向列表框中增加新项目。

说明：

① 对象名可以是列表框名或组合框名。

② 索引值指明新增项目在列表框中的序号（即 List 属性数组的下标，从 0 开始），如果省略索引值，则把新增项目添加到所有项目的末尾。

例如，在图 6-4 的 List1 中添加项目的代码如下：

```
List1.AddItem "上海", 2        ' 将项目“上海”添加到第 3 个位置，即“长春”和“重庆”之间。
List1.AddItem "香港"           ' 将项目“香港”添加到末尾，即“沈阳”之后。
```

（2）RemoveItem 方法

格式：[对象名.]RemoveItem 索引值

功能：删除列表框中指定的项目。

说明：索引值是必须的，表示欲删除项目的下标值。

例如，在图 6-4 的 List1 中删除项目的代码如下：

```
List1.RemoveItem 0                  ' 删除第 1 项“北京”
List1.RemoveItem List1.ListIndex    ' 删除被选中的项目
```

（3）Clear 方法

格式：[对象名.] Clear

功能：删除列表框中所有项目。

例如，在图 6-4 的 List1 中删除所有项目的代码如下：

```
List1.Clear
```

【例 6-4】 列表框示例。运行界面如图 6-5 和图 6-6 所示。

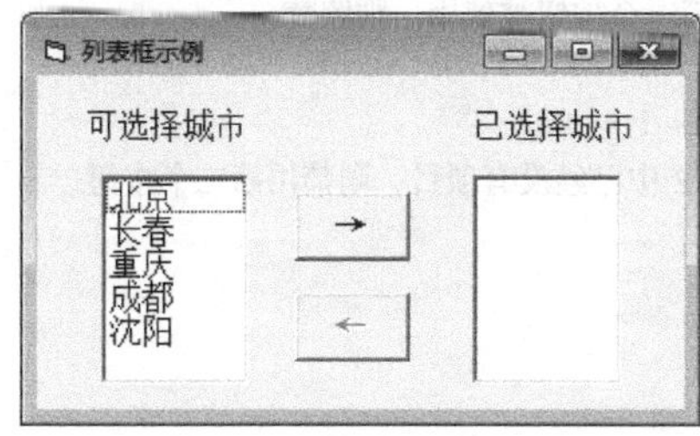

图 6-5　运行界面（1）

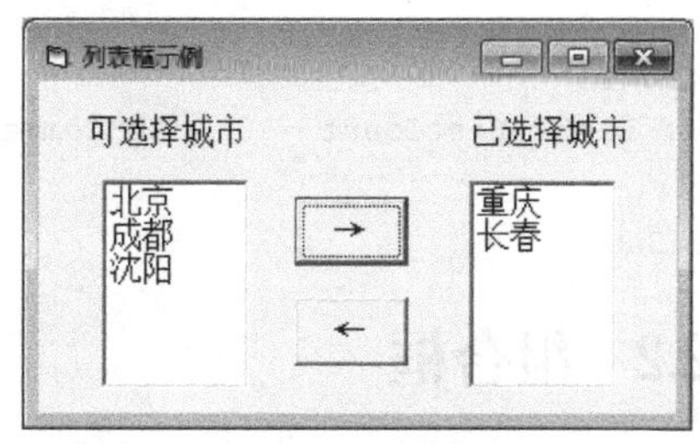

图 6-6　运行界面（2）

设计界面：在窗体上建立 2 个标签、2 个列表框、2 个命令按钮。在属性窗口设置各主要控件的属性，如表 6-4 所示。

表 6-4 窗体及控件属性

	控 件 名	属 性 名	属 性 值
窗体	Form1	Caption	列表框示例
标签	Label1	Caption	可选择城市
	Label2	Caption	已选择城市
列表框	List1	List	""（空）
	List2	List	""（空）
命令按钮	Command1	Caption	→
	Command2	Caption	←

程序代码：

```
Private Sub Form_Load()
   With List1
      .AddItem "北京"                  '在列表框 list1 中增加几个项目
      .AddItem "长春"
      .AddItem "重庆"
      .AddItem "成都"
      .AddItem "沈阳"
   End With
End Sub
Private Sub Command1_Click()           '将 list1 中被选中的项目移到 list2 中
   If List1.ListIndex >= 0 Then
      List2.AddItem List1.List(List1.ListIndex)    '在 list2 增加项目
      List1.RemoveItem List1.ListIndex             '在 list1 移除项目
      If Command2.Enabled = False Then Command2.Enabled = True
                                       '如果原先第二个按钮被禁用，则解禁
   End If
   If List1.ListCount = 0 Then Command1.Enabled = False
                                       '如果 list1 中已经没有项目，则禁用第一个按钮
End Sub
Private Sub Command2_Click()            '将 list2 中被选中的项目移到 list1 中
   If List2.ListIndex >= 0 Then
      List1.AddItem List2.List(List2.ListIndex)    '在 list1 增加项目
      List2.RemoveItem List2.ListIndex             '在 list2 移除项目
      If Command1.Enabled = False Then Command1.Enabled = True
                                       '如果原先第一个按钮被禁用，则解禁
   End If
   If List2.ListCount = 0 Then Command2.Enabled = False
                                       '如果 list2 中已经没有项目，则禁用第二个按钮
End Sub
```

6.2.2 组合框

组合框（ComboBox）兼有文本框和列表框的功能。用户可以在组合框的编辑区输入所需的

项目，也可以像列表框一样，通过鼠标选择所需项目。

1. 组合框的特殊属性

列表框的大部分属性同样适合于组合框，此外，组合框还有一些自己的特殊属性。

（1）Style（样式）属性

Style 属性用于设置组合框的外观样式，有以下几种取值。

0-Dropdown Combo（默认值）：下拉式组合框，包括 1 个文本框和 1 个下拉式列表框，可以从列表框中选择项目或在文本框中输入文本。该样式将选项折叠起来，当需要选择时，单击组合框旁边的下拉箭头，弹出选项列表，再用鼠标单击进行选择，选择后列表会重新折叠起来，只显示被选择的项目。

1-Simple Combo：简单组合框，同样包括 1 个文本框和 1 个列表框。与下拉式组合框不同的是，该形式不将列表折叠起来。

2-Dropdown List：下拉式列表框。这种样式仅允许从下拉式列表中选择，不能在文本框中输入文本，平时列表被折叠起来。

（2）Text（文本）属性

该属性值为字符串型，用于返回用户选择的项目字符串或直接在编辑区输入的文本。

2. 组合框的常用事件

根据组合框的类型，它们所响应的事件是不同的。

例如，当组合框的 Style 属性为 2 时，能接收 DblClick 事件，而其他两种组合框能够接收 Click 与 Dropdown 事件；当 Style 属性为 0 或 1 时，文本框可以接收 Change 事件。

3. 组合框的常用方法

跟列表框一样，组合框也适用 AddItem、RemoveItem 和 Clear 方法。

【例 6-5】组合框示例。运行界面如图 6-7 和图 6-8 所示。

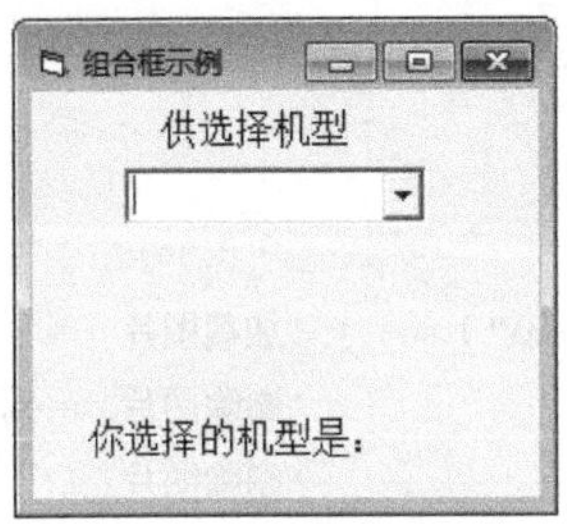

图 6-7 运行界面（1）

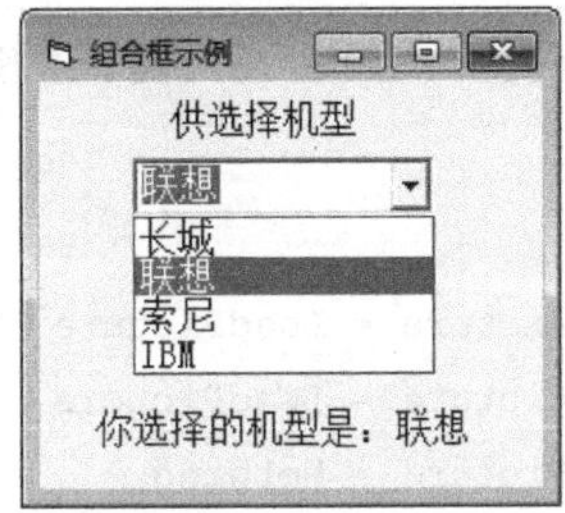

图 6-8 运行界面（2）

设计界面：在窗体上建立 2 个标签、1 个组合框。在属性窗口设置各主要控件的属性，如表 6-5 所示。

表 6-5 窗体及控件属性

	控 件 名	属 性 名	属 性 值
窗体	Form1	Caption	组合框示例
标签	Label1	Caption	供选择机型
	Label2	Caption	你选择的机型是：
组合框	Combo1	Style	0
		Text	""（空）

程序代码：

```
Private Sub Form_Load()
   With Combo1
      .AddItem "长城"      '在组合框 Combo1 中增加几个项目
      .AddItem "联想"
      .AddItem "索尼"
      .AddItem "IBM"
   End With
End Sub
Private Sub Combo1_Click()
   Label2.Caption = Label2.Caption & Combo1.Text
End Sub
```

6.3 图片框与图像框

6.3.1 图片框

1. 图片框的主要属性

图片框（PictureBox）可以用来显示位图、JPEG、GIF、图标等格式的图片。

（1）Picture（图片）属性

该属性用来返回或设置控件中要显示的图片，可以通过属性窗口进行设置。如果要在程序运行过程中载入图片，常常使用 LoadPicture 函数，其语法格式为：

```
对象名.Picture = LoadPicture("图形文件的路径与名字")
```

如：

```
Picture1.Picture = LoadPicture("c:\Picts\pen.bmp")      '加载图片
Picture1.Picture = LoadPicture("")                      '删除图片，一对双引号可以省略
Picture1.Picture = Nothing                              '删除图片
```

（2）AutoSize（自动显示）属性

该属性为逻辑型值。当值为 True 时，图片框控件自动改变大小以显示整幅图片；当值为 False 时，则表示图片框以设计时的大小显示图片，多余部分被自动裁剪。

2. 图片框的常用事件

它可以接收 Resize、Paint、Click 及 DblClick 等事件，但很少用到。

3. 图片框的常用方法

在图片框中可以使用 Move、Cls 及 Print 方法。用法同窗体。

【例 6-6】图片框示例。运行界面如图 6-9 和图 6-10 所示。

设计界面：在窗体上建立 1 个图片框、3 个单选按钮、2 个命令按钮。在属性窗口设置各主要控件的属性，如表 6-6 所示。

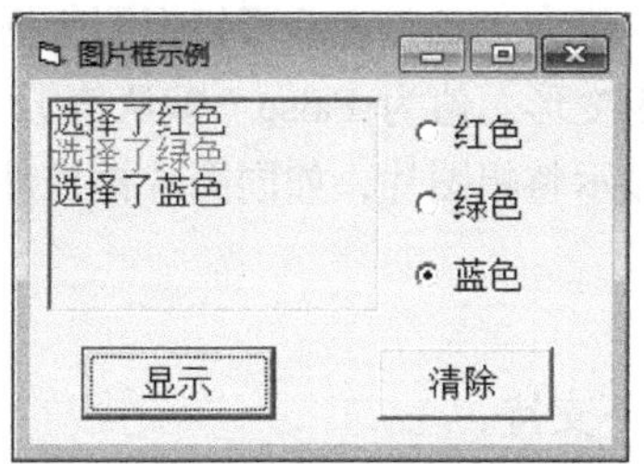

图 6-9　单击 3 次“显示”按钮

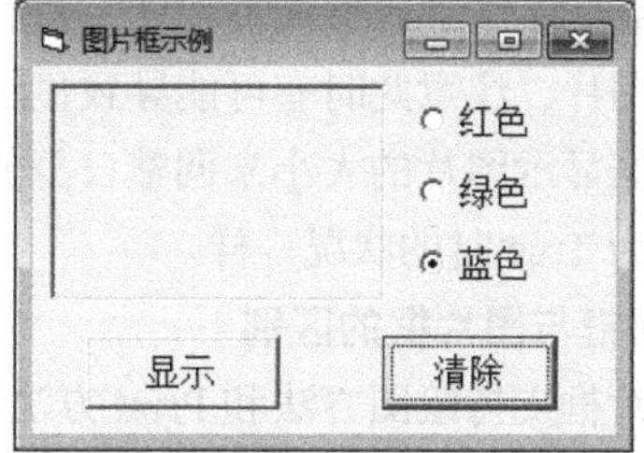

图 6-10　单击“清除”按钮

表 6-6　窗体及控件属性

	控　件　名	属　性　名	属　性　值
窗体	Form1	Caption	图片框示例
图片框	Picture1	Picture	None
单选按钮	Option1	Caption	红色
		Index	0
	Option1	Caption	绿色
		Index	1
	Option1	Caption	蓝色
		Index	2
命令按钮	Command1	Caption	显示
	Command2	Caption	清除

程序代码：

```
Private Sub Command1_Click()          '单击了“显示”按钮
   If Option1(0).Value Then           '如果用户选择了红色
      Picture1.ForeColor = vbRed      '图片框前景色设置为红色
      Picture1.Print "选择了红色"
   End If
   If Option1(1).Value Then           '如果用户选择了绿色
      Picture1.ForeColor = vbGreen    '图片框前景色设置为绿色
      Picture1.Print "选择了绿色"
   End If
   If Option1(2).Value Then           '如果用户选择了蓝色
      Picture1.ForeColor = vbBlue     '图片框前景色设置为蓝色
      Picture1.Print "选择了蓝色"
   End If
End Sub
Private Sub Command2_Click()          '单击了“清除”按钮
   Picture1.Cls                       '清除图片框中所有信息
End Sub
```

6.3.2 图像框

1. 图像框的主要属性

跟图片框一样，图像框（Image）控件也具有诸如 Picture 等属性，以及 LoadPicture 的方法。

Image 控件通过 Stretch 属性对图片进行大小调整。值为 True：表示可根据图像框控件的大小来自动缩放图片，注意此时有可能导致显示的图片发生变形。值为 False（默认值）：表示图像框控件可以根据显示图片的大小来调整自身的尺寸，以显示整幅图片，如同图片框控件的 AutoSize 属性被设置为 True 时的状况一样。

2．图像框与图片框的区别

（1）图片框支持绘图方法和 Print 方法，而图像框不支持。

（2）图片框可以作为其他控件的容器，而图像框不能。

（3）图像框占用内存比图片框少，显示速度快。

【例 6-7】图像框示例。运行界面如图 6-11～图 6-14 所示。

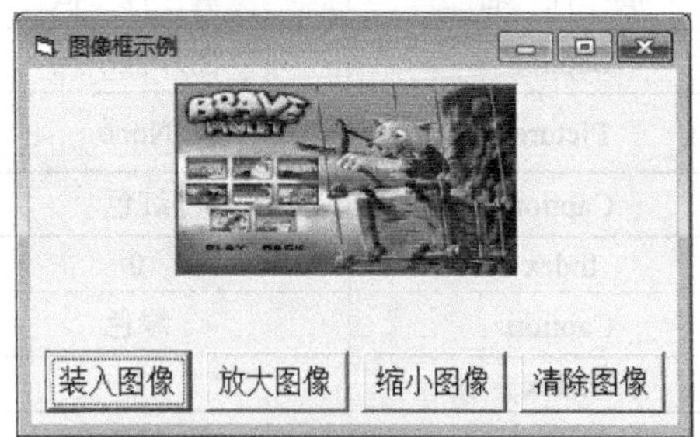

图 6-11　运行界面（装入图像）

图 6-12　运行界面（放大图像）

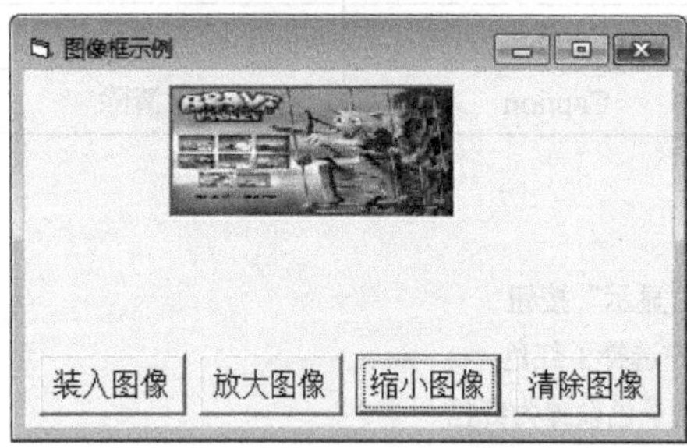

图 6-13　运行界面（缩小图像）

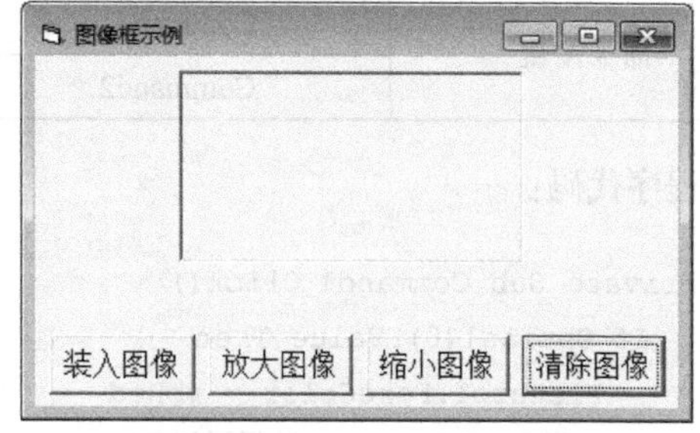

图 6-14　运行界面（清除图像）

设计界面：在窗体上建立 1 个图像框和 4 个命令按钮。在属性窗口设置各主要控件的属性，如表 6-7 所示。

表 6-7　　窗体及控件属性

	控 件 名	属 性 名	属 性 值
窗体	Form1	Caption	图像框示例
图像框	Image1	Picture	None
		Strech	True
命令按钮	Command1	Caption	装入图像
		Index	0
	Command1	Caption	放大图像
		Index	1
	Command1	Caption	缩小图像
		Index	2
	Command1	Caption	清除图像
		Index	3

程序代码：

```
Private Sub Command1_Click(Index As Integer)
   Select Case Index
      Case 0
         Image1.Picture = LoadPicture(App.Path & "\1.jpg")
                                                  '加载图像，App.Path 表示该工程所在路径
      Case 1
         Image1.Picture = LoadPicture()           '卸载图像
      Case 2
         Image1.Width = Image1.Width + 500        '图像框高度和宽度各增加 500
         Image1.Height = Image1.Height + 500
      Case 3
         Image1.Width = Image1.Width - 500        '图像框高度和宽度各减少 500
         Image1.Height = Image1.Height - 500
   End Select
End Sub
```

6.4　滚动条与计时器

6.4.1　滚动条

滚动条（HscrollBar 与 VscrollBar）常常用来附在某个窗口上帮助观察数据或确定位置，也可以用来作为数据输入的工具。在 VB 中，滚动条分为水平滚动条（HscrollBar）与垂直滚动条（VscrollBar）两种。两种滚动条除方向不同外，属性、事件和方法完全一样。

1. 滚动条的主要属性

（1）Max（最大值）与 Min（最小值）属性。二者均为整型值，取值范围：−32768～32767。

Max 属性值用于设置滚动块处于最右边（水平滚动条）或最下边（垂直滚动条）时所代表的值，默认值为 32767；Min 属性值用于设置滚动块处于最左边或最上边时所代表的值，默认值为 0，如图 6-15 所示。

（2）Value（值）属性。Value 属性值用于返回或设置滚动块在当前滚动条中的位置，如图 6-15 所示。介于 Min 和 Max 属性值之间（包括这两个值），当滚动块移动时，Value 属性值随之改变。

（3）SmallChange（小改变）属性。当单击滚动条左右边上的箭头时，Value 值的改变量就是 SmallChange，如图 6-15 所示。

（4）LargeChange（大改变）属性。当单击滚动块与箭头之间的空白处时，Value 值的改变量就是 LargeChange，如图 6-15 所示。

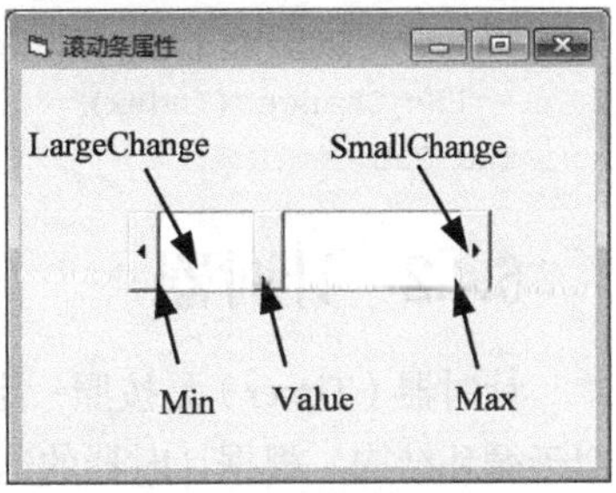

图 6-15　滚动条的属性

2. 滚动条的常用事件

与滚动条控件相关的事件主要是 Scroll 与 Change。

当在滚动条内拖动滚动块时会触发 Scroll 事件，但单击滚动箭头或滚动块与箭头之间的空白

处时不发生 Scroll 事件。

滚动块发生位置改变后则会触发 Change 事件。

【例 6-8】滚动条示例。图片框的背景色随着 3 个滚动条 Value 值的改变而改变。运行界面如图 6-16 所示。

设计界面：在窗体上建立 1 个图片框、3 个水平滚动条、6 个标签。在属性窗口设置各主要控件的属性，如表 6-8 所示。

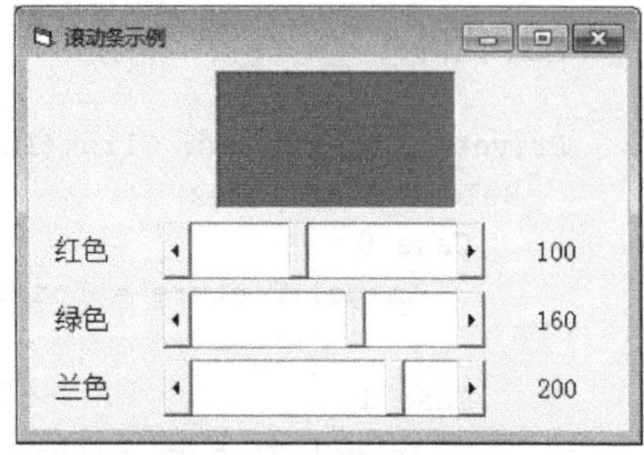

图 6-16　例 6-8 运行界面

表 6-8　窗体及控件属性

	控 件 名	属 性 名	属 性 值
窗体	Form1	Caption	滚动条示例
图片框	Pic	Picture	None
滚动条	HSc(0) HSc(1) HSc(2)	Min	0
		Max	255
		SmallChange	10
		LargeChange	20
		Value	0
标签	Label1	Caption	红色
	Label2	Caption	绿色
	Label3	Caption	蓝色
	Color(0) Color(1) Color(2)	Caption	0

说明：右方的三个标签形成了标签控件数组 Color(0)、Color(1)、Color(2)，分别用于显示左边对应的滚动条 HSc(0)、HSc(1)、HSc(2)的 Value 值。这 3 个滚动条的 Value 值分别表示 RGB 函数中红、绿、蓝 3 个参数值。

程序代码：

```
Private Sub HSc_Change(Index As Integer)
   Color(Index).Caption = HSc(Index).Value            '用相应滚动条的 Value 值更改颜色值
   Pic.BackColor = RGB(HSc(0).Value, HSc(1).Value, HSc(2).Value) '设置图片框的背景色
End Sub
Private Sub HSc_Scroll(Index As Integer)
   HSc_Change (Index)                         '如果去掉该语句，会出现怎样的效果，请读者自行分析
End Sub
```

6.4.2　计时器

计时器（Timer）是按照一定的时间间隔（Interval）周期性地自动触发 Timer 事件的控件，类似于循环结构。根据计时器的这个特性，可以设计具有动画效果的程序或需要计时的程序。

计时器控件不能改变大小，只在程序设计过程中看得见，在程序运行时是看不见的。

1. 计时器控件的主要属性

（1）Interval（时间间隔）属性。该属性值为整型，用来设置 Timer 事件之间的时间间隔。以

ms 为单位，取值范围为 0～65535。如果希望每隔 1s 发生一次 Timer 事件，则 Interval 属性值应设为 1000。当 Interval 属性值为 0（默认值）时，停止计时，相当于关闭计时器。

（2）Enabled 属性。该属性值为逻辑型，用来设置计时器是否有效。经常通过设置 Enabled 属性为 True（默认值）来开启计时器；设置为 False 来关闭计时器（不论 Interval 属性值是多少）。

2. 计时器控件的主要事件

Timer 事件：当预定的时间间隔达到时，计时器将自动触发该事件。只要计时器控件的 Enabled 属性值设置为 True，且 Interval 属性值大于 0，该事件就会被触发。Timer 事件是计时器支持的唯一事件。

【例 6-9】 计时器控件示例。开发带秒表功能的数字时钟，运行界面如图 6-17 和图 6-18 所示。

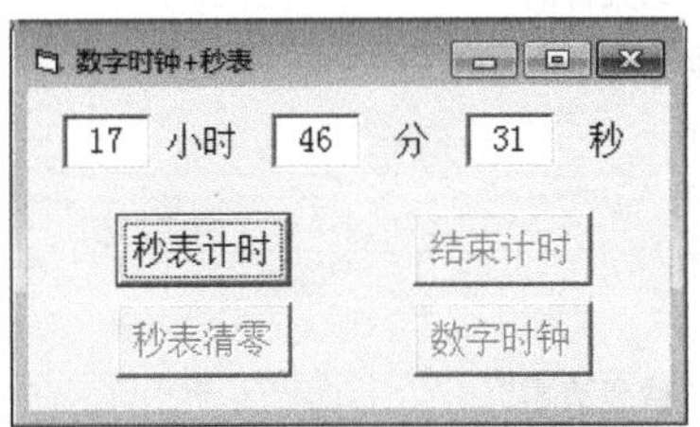

图 6-17　运行界面（数字时钟）

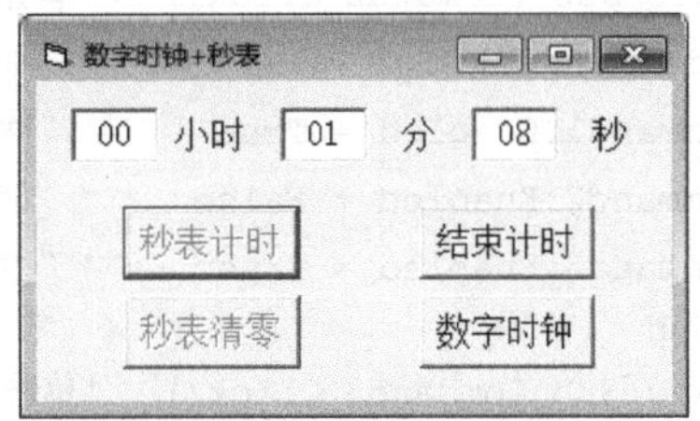

图 6-18　运行界面（秒表计时）

设计界面：在窗体上建立 2 个计时器、3 个标签、3 个文本框和 4 个命令按钮。在属性窗口设置各主要控件的属性，如表 6-9 所示。

表 6-9　　窗体及控件属性

	控　件　名	属　性　名	属　性　值
窗体	Form1	Caption	数字时钟+秒表
计时器	Timer1	Interval	1000
	Timer2	Interval	1000
标签	Label1	Caption	小时
	Label2	Caption	分
	Label3	Caption	秒
文本框	Text1	Text	00
	Text2	Text	00
	Text3	Text	00
命令按钮	Command1	Caption	秒表计时
	Command2	Caption	结束计时
	Command3	Caption	秒表清零
	Command4	Caption	数字时钟

程序代码：

```
Dim n As Integer                    'n 为窗体/模块级变量
Private Sub Form_Load()
   Timer1.Enabled = False           'Timer1 控制秒表，刚开始时关闭
   Timer2.Enabled = True            'Timer2 控制时钟，刚开始时开启
   Command1.Enabled = True          '刚开始时，"秒表计时" 启用，其他命令按钮禁用
   Command2.Enabled = False
```

```
    Command3.Enabled = False
    Command4.Enabled = False
End Sub
Private Sub Command1_Click()     '单击了命令按钮“秒表计时”
    Timer1.Enabled = True        '秒表工作
    Timer2.Enabled = False       '时钟停止
    Command1.Enabled = False     '秒表正在计时，“秒表计时”禁用
    Command2.Enabled = True      '“结束计时”启用
    Command3.Enabled = False     '“秒表清零”禁用
    Command4.Enabled = True      '“数字时钟”启用
End Sub
Private Sub Command2_Click()     '单击了命令按钮“结束计时”
    Timer1.Enabled = False       '关闭 Timer1，即秒表停止计时
    Command1.Enabled = True      '“秒表计时”启用
    Command2.Enabled = False     '“结束计时”禁用
    Command3.Enabled = True      '“秒表清零”启用
End Sub
Private Sub Command3_Click()     '单击了命令按钮“秒表清零”
    n = 0                        'n 记录秒数
    Text1 = "00"
    Text2 = "00"
    Text3 = "00"
    Command3.Enabled = False     '“秒表清零”禁用
End Sub
Private Sub Command4_Click()     '单击了命令按钮“数字时钟”
    Timer1.Enabled = False       '关闭 Timer1，即秒表停止计时
    Timer2.Enabled = True        '开启 Timer2，即启用数字时钟
    Command1.Enabled = True      '数字时钟工作，“秒表计时”启用，其它命令按钮禁用
    Command2.Enabled = False
    Command3.Enabled = False
    Command4.Enabled = False
    n = 0
End Sub
Private Sub Timer1_Timer()                       '每隔 1 秒触发一次该事件
    n = n + 1                                    '秒数加 1
    Text1 = Format(Int(n / 3600), "00")          '求 n 中的小时数，并以 2 位数字显示
    Text2 = Format(Int(n / 60) Mod 60, "00")     '求 n 中的分钟数，并以 2 位数字显示
    Text3 = Format(n Mod 60, "00")               '求 n 中的秒数，并以 2 位数字显示
End Sub
Private Sub Timer2_Timer()
    Text1 = Format(Time, "hh")         '以有前导零的数字来显示小时（00-23）
    Text2 = Format(Time, "nn")         '以有前导零的数字来显示分（00-59）
    Text3 = Format(Time, "ss")         '以有前导零的数字来显示秒（00-59）
End Sub
```

【例 6-10】用计时器控件模拟红绿灯的程序。运行界面如图 6-19 所示。

设计界面：在窗体上建立 1 个计时器、1 个图片框和 2 个命令按钮。在属性窗口设置各主要控件的属性，如表 6-10 所示。

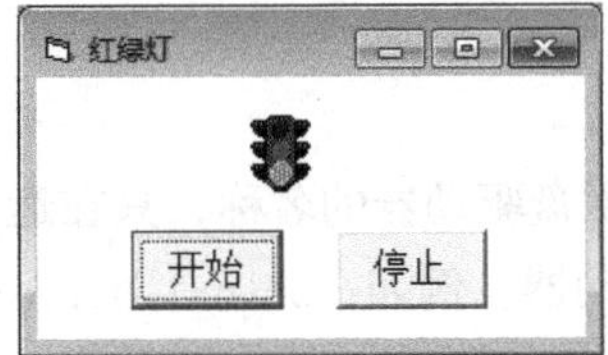

图 6-19　运行界面

表 6-10　　窗体及控件属性

	控 件 名	属 性 名	属 性 值
窗体	Form1	Caption	红绿灯
计时器	Timer1	Interval	1000
		Enabled	False
图片框	p1	Picture	lvdeng.ico（绿灯）
命令按钮	Command1	Caption	开始
	Command2	Caption	停止

程序代码：

```
Private Sub Command1_Click()   '单击了“开始”按钮
   Timer1.Enabled = True        '开启计时器
End Sub
Private Sub Command2_Click()   '单击了“停止”按钮
   Timer1.Enabled = False       '关闭计时器
End Sub
Private Sub Timer1_Timer()     '每隔一秒触发一次该事件
   Static n%                    'n 记录秒数
   n = (n + 1) Mod 6            'n 的值在 0～5 重复
   Select Case n
      Case 0, 1, 2              '当 n 值为 0、1、2 时，绿灯停留 3 秒
         p1.Picture = LoadPicture(App.Path & "\lvdeng.ico")       '载入绿灯亮的图片
      Case 3                    '当 n 值为 3 时，黄灯停留 1 秒
         p1.Picture = LoadPicture(App.Path & "\huangdeng.ico")  '载入黄灯亮的图片
      Case 4, 5                 '当 n 值为 4、5 时，红灯停留 2 秒
         p1.Picture = LoadPicture(App.Path & "\hongdeng.ico")   '载入红灯亮的图片
   End Select
End Sub
```

6.5　文件操作控件

在一个应用程序中，对文件的处理是一个比较常用的操作，如打开文件、保存文件等。VB 提供了 3 个控件对磁盘文件夹和文件进行操作，它们分别是：DriveListBox（驱动器列表框）控件、DirListBox（目录列表框）控件和 FileListBox（文件列表框）控件。

6.5.1　驱动器列表框

驱动器列表框（DriveListBox）是一个下拉式列表框，能自动显示电脑上或网络上的所有驱动器盘符。

1. 驱动器列表框的主要属性

Drive 属性：设置或显示当前磁盘驱动器的名称，只在运行时有效。可以给该属性赋一个字母（大小写均可）来选择相应的驱动器。例如：`Drive1.Drive="D:"`。

2. 驱动器列表框的主要事件

Change 事件：当驱动器列表框的 Drive 属性值发生变化时触发 Change 事件。

驱动器列表框不支持 Click 和 Dblclick 事件。

6.5.2 目录列表框

目录列表框（DirListBox）控件以树形结构显示当前目录中的所有第一级子目录及其所有父目录。用户可以通过双击一个目录名来指定当前目录。

1. 目录列表框的主要属性

Path 属性：用来返回或设置当前目录的路径，只能在程序运行中使用。

例如，我们要在窗体启动时把默认显示的目录改为 D:\Mytool\，程序代码如下：

```
Private Sub Form_Load()
  Dir1.Path = "D:\Mytool\"
End Sub
```

2. 目录列表框的主要事件

Change 事件：当目录列表框的 Path 属性值发生变化时触发 Change 事件。

目录列表框支持 Click 事件，不支持 DblClick 事件。

6.5.3 文件列表框

文件列表框（FileListBox）控件用于显示指定目录下所有指定类型的文件，可以选择其中一个或多个文件。

1. 文件列表框的主要属性

（1）Path 属性。用来设置或返回文件列表框所显示的路径名称，仅在运行阶段有效。

（2）Pattern 属性。设置在文件列表框中要显示的文件类型。通过该属性，对所显示的文件可起到过滤效果。该属性可在属性窗口中设置，也可以在运行时通过程序代码设置。默认值为“*.*”，表示显示所有文件。

文件类型的表达式可使用通配符，若要表达的文件类型有多种，各组类型表达式之间应用分号（;）进行分隔。例如，若仅允许在文件列表框中显示.EXE 文件和.COM 文件，则相应的设置语句为：`File1.Pattern="*.EXE;*.COM"`。

（3）FileName 属性。用于设置或返回文件列表框中被选中的文件名。仅在运行阶段有效。

2. 文件列表框的主要事件

（1）PathChange 事件。当文件列表框的 Path 属性值发生变化时触发 PathChange 事件。

（2）PatternChange 事件。当文件列表框的 Pattern 属性值发生变化时触发 PatternChange 事件。

文件列表框既支持 Click 事件，也支持 DblClick 事件。

6.5.4 三个控件的连接

程序中这 3 个控件是互不关联的，并不是只要在窗体中创建了它们，然后对某个控件（如驱动器列表框）进行操作，其他控件就会自动跟着变化，这需要用程序代码进行实现。

（1）将驱动器列表框的 Drive 属性值赋给目录列表框的 Path 属性，以便在驱动器改变时，目录列表框的显示也跟着改变。在驱动器列表框的 Change 事件中实现：

```
Private Sub Drive1_Change()
  Dir1.Path = Drive1.Drive
End Sub
```

（2）为了在目录列表框发生变化时，文件列表框的内容也能自动跟着改变，需在目录列表框的 Change 事件中编程，其事件过程为：

```
Private Sub Dir1_Change()
  File1.Path = Dir1.Path
End Sub
```

【例 6-11】 用文件操作控件设计图标浏览程序。运行界面如图 6-20 所示。

设计界面：在窗体上建立驱动器列表框 Drive1、目录列表框 Dir1、文件列表框 File1 和图像框各一个。在属性窗口设置各主要控件的属性，如表 6-11 所示。

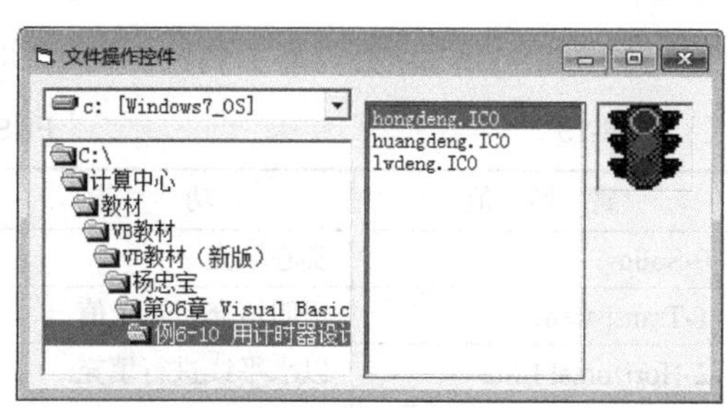

图 6-20　运行界面

表 6-11　窗体及控件属性

	控 件 名	属 性 名	属 性 值
窗体	Form1	Caption	文件操作控件
图像框	Image1	Strech	True
		BorderStyle	1-Fixed Single

程序代码：

```
Private Sub Form_Load()
  File1.Pattern = "*.ico"              '设置文件筛选类型
End Sub
Private Sub Drive1_Change()
  Dir1.Path = Drive1.Drive             '当驱动器列表框变化时，目录列表框跟着变化
End Sub
Private Sub Dir1_Change()
  File1.Path = Dir1.Path               '当目录列表框变化时，文件列表框跟着变化
End Sub
Private Sub File1_DblClick()           '文件列表框的双击事件
  Image1.Picture = LoadPicture(File1.Path + "\" + File1.FileName)
                                       '在图像框中显示选中的图标文件
End Sub
```

6.6　直线与形状

利用直线（Line）与形状（Shape）控件可对窗体进行装饰美化。它们不响应任何事件。利用直线控件可以建立简单的直线。通过修改属性，还可以改变直线的粗细、色彩以及线型。通过设

置形状的属性可以画出圆、椭圆以及圆角矩形，同时还能设置形状的色彩与填充图案。

除了其他通用属性外，直线与形状控件还具有一些比较独特的属性。

（1）BorderStyle（边框类型）属性：用于直线与形状控件。不同属性值功能如表 6-12 所示。

表 6-12　BorderStyle 属性值

属 性 值	功　能	属 性 值	功　能
0-TransParent	透明，边框不可见	4-Dash-Dot	点画线边框
1-Solid	实心边框，默认值	5-Dash-Dot-Dot	双点画线边框
2-Dash	虚线边框	6-Inside Solid	内实线边框
3-Dot	点线边框		

（2）FillStyle（填充类型）属性：用于形状控件。不同属性值功能如表 6-13 所示。

表 6-13　FillStyle 属性值

属 性 值	功　能	属 性 值	功　能
0-Solid	实心填充	4-Upward Diagonal	向上对角线填充
1-Transparent	透明填充，默认值	5-Downward Diagonal	向下对角线填充
2-Horizontal Line	以水平线进行填充	6-Cross	交叉线填充
3-Vertical Line	以垂直线进行填充	7-Diagonal Cross	对角交叉线填充

（3）Shape（形状）属性：用于形状控件。不同属性值功能如表 6-14 所示。

表 6-14　Shape 属性值

属 性 值	功　能	属 性 值	功　能
0-Rectangle	显示为矩形，默认值	3-Circle	显示为圆形
1-Square	显示为正方形	4-Rounded Rectangle	显示为圆角矩形
2-Oval	显示为椭圆形	5-Rounded Square	圆角正方形

【例 6-12】用直线和形状控件设计程序显示不同的边框样式、填充样式和图形形状。运行界面如图 6-21～图 6-23 所示。

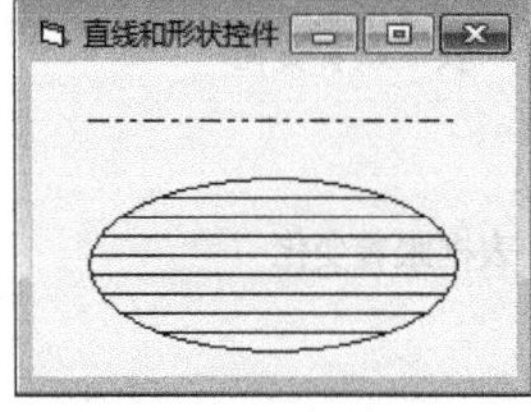

图 6-21　运行界面（1）

图 6-22　运行界面（2）

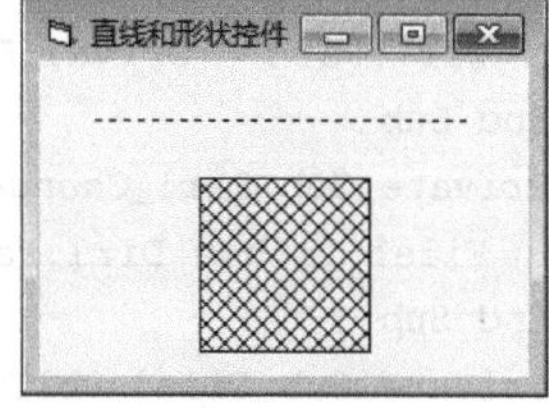

图 6-23　运行界面（3）

设计界面：在窗体上建立 1 个直线控件 Line1、1 个形状控件 Shape1 和 1 个计时器控件 Timer1。在属性窗口设置各主要控件的属性，如表 6-15 所示。

表 6-15　窗体及控件属性

	控 件 名	属 性 名	属 性 值
窗体	Form1	Caption	直线和形状控件
计时器	Timer1	Interval	2000
		Enabled	True

程序代码：

```
Private Sub Timer1_Timer()  '每隔 2s 触发一次
   Static i%, j%, k%         'i、j、k 为静态变量，每次调用该过程时不重新初始化，而是使用上次的值
   i = (i + 1) Mod 7        '用 i 循环控制直线的样式，i 循环取值 0～6
   j = (j + 1) Mod 6        '用 j 循环控制形状 Shape1 的图形形状，j 循环取值 0～5
   k = (k + 1) Mod 8        '用 k 循环控制形状 Shape1 的边框样式，循环取值 0～7
   Line1.BorderStyle = i
   Shape1.Shape = j
   Shape1.FillStyle = k
End Sub
```

6.7 绘　　图

VB 主要通过两种方法进行图形绘制：一种是利用图形控件（Line、Shape、Image 及 Picture 等）；另外一种是通过使用 VB 语言本身的函数和方法，通过在屏幕上绘制点、线和图形来实现。

6.7.1 绘图基础

1. 坐标系的分类

（1）系统坐标系

系统坐标系也称为屏幕坐标系，其原点位于屏幕左上角像素坐标点（0,0）处。从原点水平向右为 x 轴正方向，向下为 y 轴正方向。坐标系单位为 Twip（特维），1Twip=1/1440 英寸。

（2）容器坐标系

① 容器对象：窗体、图片框、框架等能存放其他控件的控件。

② 容器坐标系：其原点位于容器控件左上角像素坐标点（0,0）处。从原点水平向右为 x 轴正方向，向下为 y 轴正方向。

③ CurrentX 和 CurrentY 属性：分别用来返回或设置容器控件当前位置的水平坐标（CurrentX）和垂直坐标（CurrentY）。

2. Scale 方法

利用 Scale 方法用户可以自己定义坐标系统的初始值，从而构建一个完全受用户自己控制的坐标系统。

语法格式：`<容器对象>.Scale (x1,y1) - (x2,y2)`

表示控件左上角的坐标为（x1,y1），右下角的坐标为（x2,y2），并设置系统控件的水平尺寸为（x2-x1）个单位，垂直尺寸为（y2-y1）个单位。例如：

```
Form1.Scale (0,0)-(1000,1000)
```

定义窗体左上角坐标为（0,0），右下角坐标为（1000,1000），窗体长为 1000 个单位，高为 1000 个单位。窗体本身大小并不发生改变。

```
Form1.Scale (100,100)-(600,600)
```

定义窗体左上角坐标为（100,100）；右下角坐标为（600,600），当前窗体长为 500 个单位，高为 500 个单位。窗体本身大小并不发生改变，而坐标的单位长度是先前的 2 倍。

3. 色彩函数

VB 使用固定的颜色系统，每种颜色都由一个长整型数表示。在程序运行时主要有以下几种方式来指定颜色。

（1）使用 RGB 函数

语法格式： RGB（<红色值>,<绿色值>,<蓝色值>）

说明：

① 红、绿、蓝 3 种颜色的取值范围均为 0～255。0 表示亮度最低，255 表示亮度最高。每一种可视的颜色，都可由这 3 种颜色组合产生。

② 使用 RGB 函数可以组合任何颜色。

例如：RGB（255,255,0）表示黄色，RGB（0,0,0）表示黑色，RGB（255,255,255）表示白色。

```
Form2.BackColor = RGB(255,0,0)   '设定窗体背景为红色。
```

（2）使用颜色常量

打开“对象浏览器”窗口，在“全局”类中列出了 VB 所有的内部常量，其中包括所有的颜色常量，颜色常量有 vbBlack、vbRed、vbGreen、vbYellow 等。这些颜色常量可以直接使用，例如，将背景色设置为绿色的语句为：Form1.BackColor = vbGreen。

（3）使用颜色值

可以直接指定一个颜色值来设定颜色。其格式为：&HBBGGRR，每个数段（BB 表示蓝色，GG 表示绿色，RR 表示红色）都是两位十六进制数，取值范围从 00～FF。

例如： Form1.BackColor = &HFFFFFF   '设置窗体背景色为白色。

在属性窗口中为 Form1 设置 BackColor 属性时，选择一种颜色后，系统实际将此颜色的颜色值赋给了 BackColor 属性。

6.7.2 绘图方法

除了图形控件（Line、Shape、Image、Picture）之外，VB 还提供了创建图形的一些方法。如表 6-16 所示的几种绘图方法，适用于窗体和图片框两种容器控件。

表 6-16　　绘图方法

方　法	描　述	方　法	描　述
Cls	清除所有图形和 Print 输出	Line	画线、矩形或者填充框
Pset	画点	Circle	画圆、椭圆或者圆弧

1. 画点方法 Pset

格式：[容器控件名.]Pset [Step] (x,y) , [Color]

说明：

（1）画点实质上就是将对象的点设置为指定的颜色值。

（2）若省略容器控件名，则表示在当前对象上画点。

（3）Step (x,y)：指定画点位置的坐标。如没有 Step 关键字，则（x,y）指的是绝对坐标（相对于容器控件的左上角）；如有 Step 关键字，则（x,y）表示的是相对于（CurrentX,CurrentY）点的相对坐标。Pset 方法执行完后，容器控件的 CurrentX 和 CurrentY 属性值会被自动设置为刚刚画点位置的绝对坐标。

（4）（x,y）：这两个参数是必需的，且圆括号不能省略。

（5）Color：用于指定绘制点的色彩。例如：

```
Picture1.Pset (1000,1000),vbRed
Picture1.Pset Step(500,500),vbGreen
```

第一条语句在图片框控件的（1000,1000)位置上画一个红点，并把图片框 CurrentX 和 CurrentY 属性值设置为 1000、1000。第二条语句使用了相对坐标，在图片框的（1500,1500)位置上画了一个绿点，并把图片框 CurrentX 和 CurrentY 属性值设置为 1500、1500。

（6）容器控件的 DrawWidth 属性：画点的宽度。默认值为 1，将一个像素的点设置为指定的颜色。

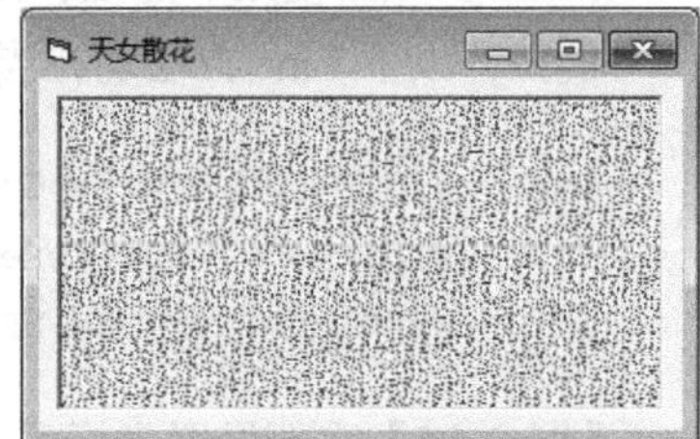

图 6-24 运行界面

【例 6-13】画彩色点程序。程序执行后单击窗体，向图片框中填充 50000 个彩色点，点的位置与颜色随机生成，给人一种“天女散花”的感觉。运行界面如图 6-24 所示。

设计界面：在窗体上建立 1 个图片框控件 Picture1。在属性窗口设置各主要控件的属性，如表 6-17 所示。

表 6-17 窗体及控件属性

	控 件 名	属 性 名	属 性 值
窗体	Form1	Caption	天女散花
图片框	Picture1	Picture	None

程序代码：

```
Private Sub draw()
   Dim r As Integer, g As Integer, b As Integer
   Dim x As Single, y As Single
   Dim w As Integer, h As Integer
   Randomize
   r = Int(Rnd * 256)                          'r、g、b 值范围均为 0～255，且随机产生
   g = Int(Rnd * 256)
   b = Int(Rnd * 256)
   w = Picture1.Width                          'w 获得图片框宽度
   h = Picture1.Height                         'h 获得图片框高度
   x = Int(Rnd * w)                            '水平坐标 x 的值不会超过图片框的宽度
   y = Int(Rnd * h)                            '垂直坐标 y 的值不会超过图片框的高度
   Picture1.PSet (x, y), RGB(r, g, b)          '点的位置和颜色均随机产生
End Sub
Private Sub Form_Click()                       '单击窗体，开始画点
   Dim i As Long
   For i = 1 To 50000                          '画 50000 个随机位置、随机颜色的点，似天女散花
     draw
   Next i
End Sub
```

2. 画线方法 Line

Line 方法功能比较强大，它不仅可用于绘制直线，还可以画矩形、三角形等各种形状，并且能用颜色填充它们。

格式：`[容器控件名.]Line [Step] [(x1,y1)]-[Step](x2,y2),[Color],[B][F]`

说明：

（1）(x1，y1)：直线或矩形的起点坐标。如果省略，则起点坐标为（CurrentX，CurrentY）。

(x2，y2)：直线或矩形的终点坐标，该参数为必需的，不能省略。

Step：有则表示相对坐标，无则表示绝对坐标。

（2）Color：设置画线的颜色。若省略，颜色取容器控件的 ForeColor 属性值。

（3）B：如果使用 B 参数，则以（x1，y1）、（x2，y2）为矩形的对角坐标画出矩形。

（4）F：如果使用 F 选项，则矩形内以矩形边框的颜色填充。F 必须伴随 B 出现。

例如，以下 Line 方法均在当前窗体绘图。

```
Line (0,0)-(100,100),vbGreen   '以绝对坐标画一条绿线，起点(0,0)，终点(100,100)
Line (0,0)-(100,100),vbRed,B   '以绝对坐标画一个红线矩形，左上角(0,0)，右下角(100,100)
Line -(200,200),vbBlue,BF      '画蓝线矩形，起点(100,100)，终点 200,200)，并以蓝色填充
```

【例 6-14】重新设置坐标系，中心点（0，0）在图片框控件的中心，左上角坐标为（−10，10），右下角坐标为（10，−10），在图片框中画线，输出“图片框”文字。运行界面如图 6-25 所示。

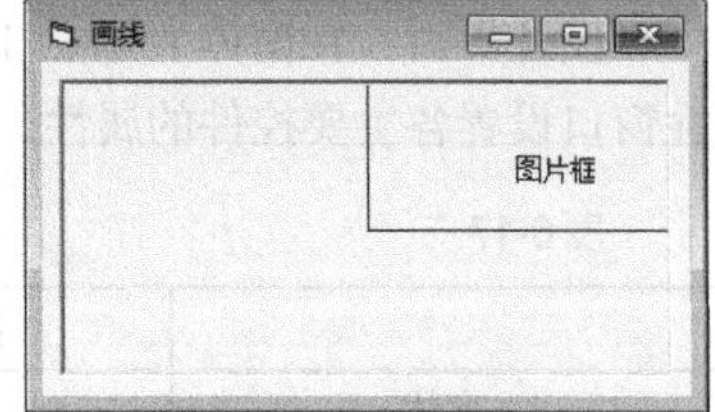

图 6-25　运行界面

设计界面：在窗体上建立 1 个图片框控件 Pic1。在属性窗口设置各主要控件的属性，如表 6-18 所示。

表 6-18　窗体及控件属性

	控 件 名	属 性 名	属 性 值
窗体	Form1	Caption	画线
图片框	Pic1	Picture	None
		ForeColor	&H80000012&（黑色）

程序代码：

```
Private Sub Form_Click()              '单击窗体将在图片框 Pic1 中画线，并输出文字
  Pic1.Scale (-10,10)-(10,-10)        '改变图片框坐标系，原点(0,0)在中心
  Pic1.Line (0,0)-(10,0), vbRed       '起点(0,0)，终点(10,0)，画红线
  Pic1.Line (0,0)-(0,10)              '起点(0,0)，终点(0,10)，画线，颜色是 Pic1 的 ForeColor
  Pic1.CurrentX = 5                   '改变 Pic1 的当前水平坐标
  Pic1.CurrentY = 5                   '改变 Pic1 的当前垂直坐标
  Pic1.Print "图片框"                  '在坐标(5,5)处开始显示“图片框”三个字
End Sub
```

3. 画圆与椭圆方法 Circle

Circle 方法可画出圆形、椭圆、圆弧和扇形等各种形状。

格式：`[容器控件名.]Circle [Step] (x,y),Radius ,[Color],[Start],[End],[Aspect]`

说明：

（1）(x，y)：*x*、*y* 分别为绘制圆的圆心或椭圆中心的水平与垂直坐标。

（2）Radius：圆半径或椭圆的长轴半径。

（3）Color：指定图形颜色的长整型数。如果省略，则使用容器控件的 ForeColor 属性值。

（4）Start：用于设置画圆弧时的起始弧度。如果是负数，则需要画出起始点到圆心的连线。

End：用于设置画圆弧时的结束弧度。如果是负数，则需要画出终点到圆心的连线。

① Start 与 End 都是弧度值，角度转换成弧度的公式：角度*π/180。

② 绘制圆弧时从起始角开始以逆时针旋转到终止角，若 Start 的绝对值大于 End 的绝对值，则绘制的圆弧角度大于 180°。

③ 若 Start 和 End 都为负数，则画出扇形。

（5）Aspect：画椭圆时用于指定垂直与水平半径之比。由于 Radius 是指椭圆的长轴半径，因而，当 Aspect < 1 时，Radius 指的是水平半径，若 Aspect≥1 时，Radius 指的是垂直半径。

【例 6-15】 在窗体上画圆、椭圆、圆弧和扇形。运行界面如图 6-26 所示。

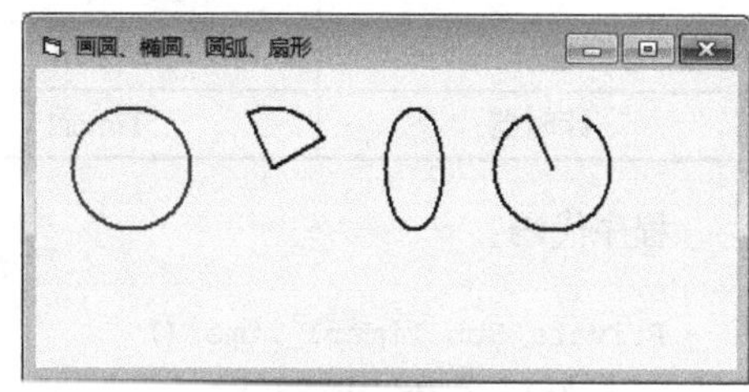

图 6-26　运行界面

设计界面：在窗体上无需建立任何控件。在属性窗口设置各主要控件的属性，如表 6-19 所示。

表 6-19　窗体及控件属性

	控 件 名	属 性 名	属 性 值
窗体	Form1	Caption	画圆、椭圆、圆弧、扇形

程序代码：

```
Private Sub Form_Load()
  Form1.DrawWidth = 2                   '设置窗体上绘图时，线条粗细为 2 像素
  Form1.ForeColor = RGB(0,0,0)          '设置窗体上绘图时，线条的默认颜色为黑色
End Sub

Private Sub Form_Click()                '单击窗体，开始绘图
  Scale (0,0)-(600,600)                 '改变窗体的坐标系，窗体左上角为原点，右下角坐标(600,600)
                                        '原点向右为 x 正轴，原点向下为 y 正轴，x 轴和 y 轴均为 600 个单位
  Circle (80,200),50, vbRed             '以绝对坐标(80,200)为圆心，50 为半径画一个红圆
  Circle (200,200),50, ,-0.5,-2         '以绝对坐标(200,200)为圆心，50 为半径画一个扇形，黑色线
  Circle (320,200),50, , , ,2
                    '以绝对坐标(320,200)为圆心，垂直半径为 50，水平半径为 25 画一个椭圆，黑色线
  Circle (440,200),50, ,-2,1            '以绝对坐标(440,200)为圆心，半径为 50，画一个大于 180° 的圆弧
                            '且画出起始点到圆心的连线，黑色线。以上语句中所有分隔符“,”均不能省略
End Sub
```

【例 6-16】 编程实现一个逐渐自动变大的圆，圆的颜色可以随机变化。运行界面如图 6-27 所示。若去掉程序代码中的 Cls 方法，则运行界面如图 6-28 所示。

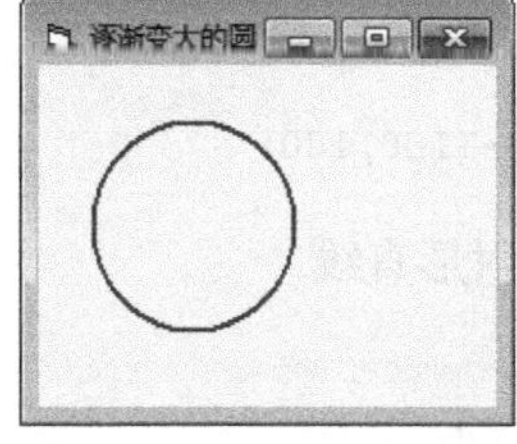

图 6-27　运行界面（有 Cls）

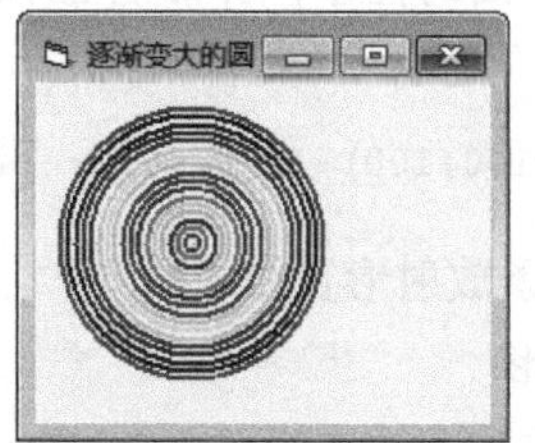

图 6-28　运行界面（无 Cls）

设计界面：在窗体上建立一个计时器控件 Timer1。在属性窗口设置各主要控件的属性，如表 6-20 所示。

表 6-20　　　　窗体及控件属性

	控 件 名	属 性 名	属 性 值
窗体	Form1	Caption	逐渐变大的圆
计时器	Timer1	Interval	1000

程序代码：

```
Private Sub Timer1_Timer()
   Static r As Integer
   Cls                                                  '清除窗体上上一次画的圆
   Circle (1000,1000),r,RGB(Rnd*256,Rnd*256,Rnd*256)   '画圆，半径逐渐变大，颜色随机
   r = r + 50
   If r > 1000 Then r=0
End Sub
```

习　　题

一、选择题

1. 定时器的 Interval 属性以（　　）为单位，用来指定 Timer 事件之间的时间间隔。
   [A]分　　[B]秒　　[C]毫秒　　[D]微秒
2. 以下控件中不属于容器的是（　　）。
   [A] Image　　[B]Picture　　[C] Form　　[D]Frame
3. 要获得当前驱动器，应使用驱动器列表框的哪个属性（　　）。
   [A]Path　　[B]Drive　　[C]Dir　　[D]Patten
4. 单击滚动条的滚动箭头时，产生的事件是（　　）。
   [A]Click　　[B]Scroll　　[C] Move　　[D] Change
5. 让复选框 Check1 选中的命令是（　　）。
   [A]Check1.Value=0　　[B]Check1.Value=1
   [C]Check1.Value=True　　[D]Check1.Value=False
6. 下列可调整图片框的大小以适合图片的属性是（　　）。
   [A]Stretch　　[B]Autosize　　[C]Picture　　[D]Align
7. 运行下面的程序，屏幕上显示的是（　　）。

```
Cls
Line(100,100)-(200,50) : Line-(150,150) : Line-(100,100)
```

   [A]三条放射形直线　　[B]四条放射形直线
   [C]矩形　　[D]三角形
8. 在修改列表框内容时，AddItem 方法的作用是（　　）。
   [A]清除列表框中的全部内容　　[B]删除列表中指定的内容

[C]在列表框中添加一个项目　　[D]在列表框中插入一行文本

9. 让单选按钮 Option1 选中的命令是（　　）。

[A]Option1.Value=0　　[B]Option1.Value=1

[C]Option1.Value=True　　[D]Option1.Value=False

10. 加载指定的图片到图片框中的函数是（　　）。

[A]CurrentY　　[B]Picture　　[C]CurrentX　　[D]LoadPicture

二、填空题

1. 当单选按钮的________属性为 False 时，表示该单选按钮处于未选中状态。
2. 当用户单击滚动条的空白处时，滑块移动的增量值由________属性决定。
3. 列表框 ListBox 中项目的序号从 0 开始到________结束。
4. 文件列表框的 FileName 属性________（包含/不包含）路径。
5. 设置计时器事件之间的时间间隔要通过计时器的________属性。
6. 在文件列表中，设置要显示的文件类型，通过________属性。
7. 滚动条控件主要支持两个事件，它们是 Scroll 和________事件。
8. 图像框的 Stretch 属性设置为________时，图形将适应图像框的大小。
9. 清除图片框的文字或图形信息的语句________。
10. 文件列表框的 Path 与目录列表框的 Path 都表示________。

三、判断题

1. 清除 list1 列表框对象内容的语句是 List1.cls。（　　）

2. 在盘驱动器列表框 Drive1 的 Change 事件过程中，代码 Dir1.Path=Drive1.Drive 的作用是：当 Drive1 的驱动器改变时，Dir1 的目录列表随不同驱动器做相应的改变。（　　）

3. 目录列表框中的列表项不可以通过 AddItem 方法进行添加。（　　）

4. 计时器（Timer）控件的 Interval 属性的单位是毫秒，即若将此属性值设为 10，则每 0.01 秒产生一次 Timer 事件。（　　）

5. 图片框的 Move 方法不仅可以移动图片框，而且还可以改变该图片框的大小，同时也会改变该图片框有关属性的值。（　　）

6. Image 控件使用的资源比 Picture 控件使用得多。（　　）

7. 对象的可见性用 Enabled 属性设置，可用性用 Visible 属性设置。（　　）

8. 命令 Picture 1.Circle(500,800),800 能够在图片框 Picture 1 中画出的图形是圆心在（500,800）的一个圆。（　　）

9. 使用 Print 方法只能在窗体中输出，不能在图片框中输出。（　　）

10. 在同一窗体中建立几组相互独立的单选按钮时，就要用框架将每一组单选按钮框起来。（　　）

第7章 Visual Basic 高级控件

7.1 高级控件简介

VB 中的控件分为两种，即标准控件和 ActiveX 控件（即高级控件）。标准控件是工具箱中的“常驻”控件，而高级控件是（Windows 中扩展名为.ocx 的文件）根据编程需要后添加到工具箱中的。

要在工具箱中添加高级控件，选择“工程”→“部件”菜单项，打开“部件”对话框，在“控件”选项卡中，选择“Microsoft Windows Common Control 6.0”，如图 7-1 所示。这样在工具箱中就会出现高级控件，如图 7-2 所示。

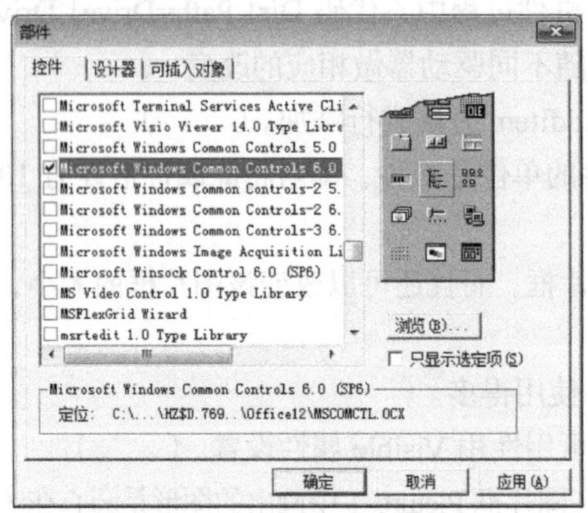

图 7-1　添加高级控件

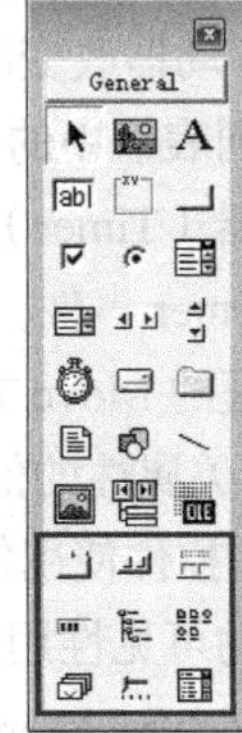

图 7-2　添加高级控件的工具箱

7.2 通用对话框控件

VB 提供了“文件打开”“文件保存”“文件打印”“颜色设置”“字体设置”和“帮助”6 项功能的通用对话框（CommonDialog）控件。

首先添加通用对话框控件到工具箱：选择“工程”→“部件”菜单项，打开“部件”对话框，在控件列表框中选择“Microsoft Common Dialog Contral 6.0（SP6）”，如图 7-3 所示。然后在工具箱中选择“CommonDialog”控件添加到窗体中。

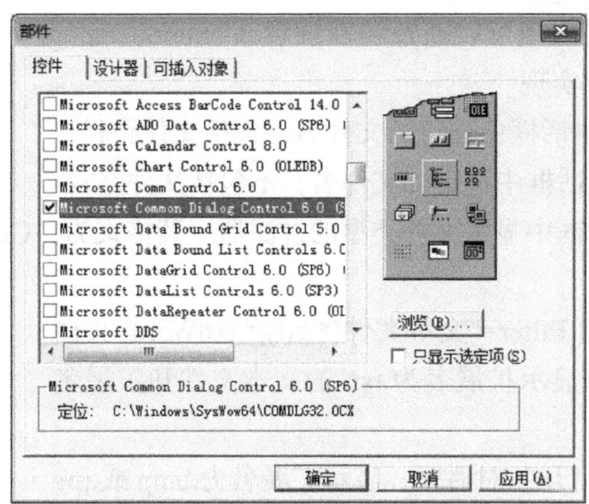

图 7-3 添加 CommonDialog 控件

利用通用对话框 CommonDialog 控件的 Action 属性或方法都可打开对应的对话框。其 Action 属性及方法如表 7-1 所示。

表 7-1 CommonDialog 控件的 Action 属性及方法

Action 属性	方 法	说 明
1	ShowOpen	显示文件打开对话框
2	ShowSave	显示另存为对话框
3	ShowColor	显示颜色对话框
4	ShowFont	显示字体对话框
5	ShowPrinter	显示打印机对话框
6	ShowHelp	显示帮助对话框

7.2.1 文件打开对话框

通用对话框 CommonDialog 控件中的“文件打开”对话框，可以选择驱动器、文件夹、文件类型和文件名，用来打开指定的文件，如图 7-4 所示。

图 7-4 “文件打开”对话框

“文件打开”对话框的调用可以通过属性设置 CommonDialog1.Action=1，也可以通过方法 CommonDialog1.ShowOpen 实现。

FileName 属性：返回对话框中选定的文件名，包括文件路径。

FileTitle 属性：返回对话框中选定的文件名，不包括文件路径。

Filter 属性：设置对话框中显示文件类型的过滤器。其格式为：CommonDialog1.Filter="文件类型描述|类型通配符"。

例如，CommonDialog1.Filter="文本文件(*.txt)|*.txt|Word 文档(*.doc)|*.doc"，经过滤后只显示扩展名为.txt 的文本文件和扩展名为.doc 的 Word 文档。

【例 7-1】调用“文件打开”对话框，显示扩展名为.bmp 或.jpg 的图片文件，选择文件名后，在图像框中显示图片，程序运行界面如图 7-5 所示。

图 7-5 例 7-1 运行界面

设计界面：在窗体上建立 1 个图像框、2 个命令按钮。在属性窗口设置各主要控件的属性，如表 7-2 所示。

表 7-2 窗体及控件属性

	控 件 名	属 性 名	属 性 值
窗体	Form1	Caption	显示图片
图像框	Image1	Stretch	True
命令按钮	Command1	Caption	载入图片
	Command2	Caption	卸载图片

程序代码：

```
Private Sub Command1_Click()  '载入图片
   CommonDialog1.Filter = "位图文件(*.bmp)|*.bmp|JPEG 文件(*.jpg)|*.jpg"  '设置过滤器
   CommonDialog1.ShowOpen       '弹出"文件打开"对话框，等价于 CommonDialog1.Action=1
   Image1.Picture = LoadPicture(CommonDialog1.FileName)     '为图像框装载图片
End Sub
Private Sub Command2_Click()  '卸载图片
   Image1.Picture = Nothing     '或 LoadPicture()
End Sub
```

7.2.2 另存为对话框

通用对话框 CommonDialog 控件中的“另存为”对话框，用来将文件保存到指定的目录，如图 7-6 所示。

“另存为”对话框的调用可以通过属性设置 CommonDialog1. Action=2，也可以通过方法 CommonDialog1. ShowSave 实现。选定文件后可用 FileName 属性获取选定文件的名称，保存类型由 Filter 属性来设置。

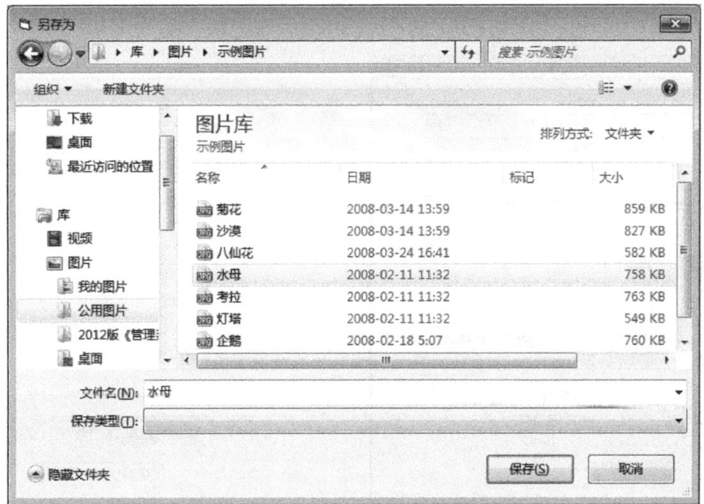

图 7-6　“另存为”对话框

7.2.3　颜色对话框

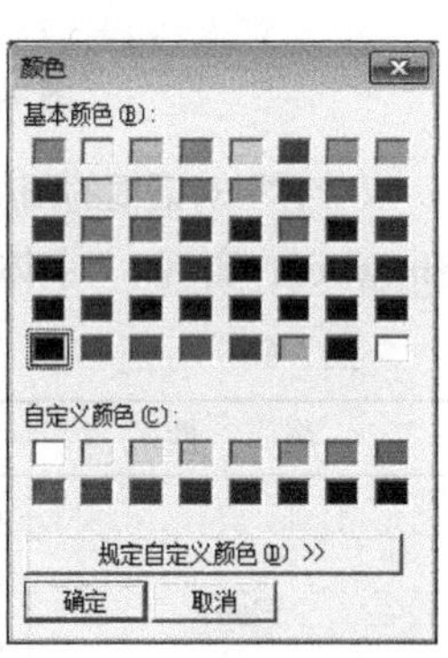

图 7-7　“颜色”对话框

通用对话框 CommonDialog 控件中的“颜色”对话框，可以在调色板中选择颜色来设置某个对象，如图 7-7 所示。

“颜色”对话框的调用可以通过属性设置 CommonDialog1. Action=3，也可以通过方法 CommonDialog1. ShowColor 实现。“颜色”对话框有两个重要属性：Color 属性和 Flags 属性。其中 Color 属性返回或设置在“颜色”对话框中选定的颜色。“颜色”对话框的 Flags 属性有 4 种可能值，各属性值可以相加，如表 7-3 所示。

表 7-3　“颜色”对话框的 Flags 属性

Flags 属性值	说　明
CdlCCRGBInit-1	用 Color 属性设置的颜色在初次显示对话框时显示出来
CdlCCFullOpen-2（默认）	全部对话框，包括自定义颜色
CdlCCPreventFullOpen-4	自定义颜色无效
CdlCCShowHelpButton-8	显示帮助

【例 7-2】单击窗体，显示“颜色”对话框，将窗体的背景颜色设置成选定的颜色。

程序代码：

```
Private Sub Form_Click()
   CommonDialog1.Color = vbRed                    '设置初始颜色
   CommonDialog1.Flags = 1 + 4 + 8                '设置 Flags 属性
   CommonDialog1.ShowColor                        '显示"颜色"对话框
   Form1.BackColor = CommonDialog1.Color          '用选定的颜色设置窗体背景色
End Sub
```

7.2.4　字体对话框

通用对话框 CommonDialog 控件中的“字体”对话框，可设置字体大小、颜色、各种样式等，如图 7-8 所示。

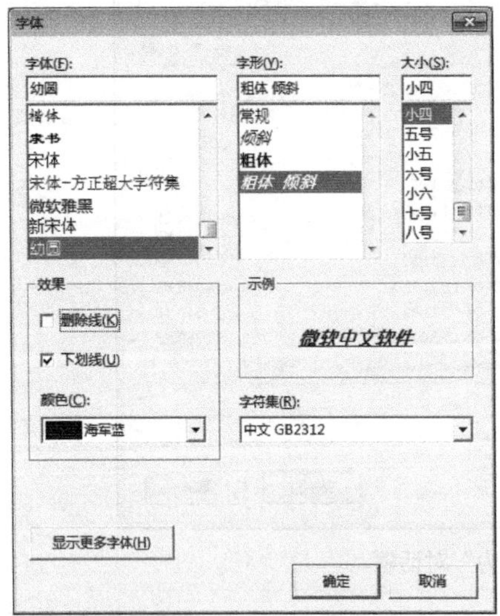

图 7-8 “字体”对话框

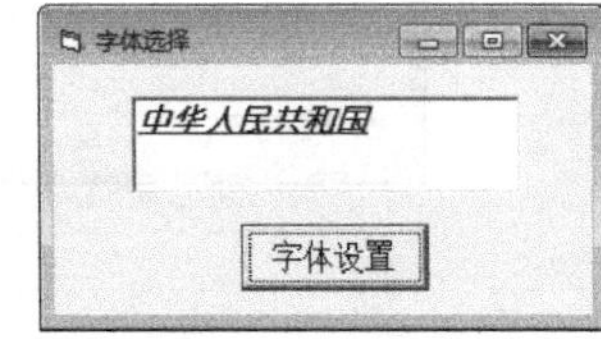

图 7-9 “字体”对话框应用实例

“字体”对话框的调用可以通过属性设置 CommonDialog1.Action=4，也可以通过方法 CommonDialog1. ShowFont 实现。“字体”对话框的属性如表 7-4 所示。

表 7-4　“字体”对话框属性

属　性	作　用
Flags	cdlCFScreenFonts-1：只显示屏幕字体 cdlCFPrinterFonts-2：只显示打印机字体 cdlCFBoth-3：两种字体都显示 cdlCFEffects-256：全部对话框，包括“颜色”“删除线”“下画线”等样式
Color	返回选定的字体颜色
FontBold	是否选定“粗体”
FontItalic	是否选定“斜体”
FontStrikethru	是否选定“删除线”
FontUnderline	是否选定“下画线”
FontName	返回选定的字体名称
FontSize	返回选定的字体大小

【例 7-3】设计窗体如图 7-9 所示，调用“字体”对话框，设置文本框的字体属性。

程序代码：

```
Private Sub Command1_Click()
   CommonDialog1.Flags = 1 Or 256                      '只显示屏幕字体，显示全部对话框
   CommonDialog1.ShowFont                              '显示“字体”对话框
   Text1.Font.Name = CommonDialog1.FontName            '设置字体
   Text1.Font.Size = CommonDialog1.FontSize            '设置字号
   Text1.Font.Bold = CommonDialog1.FontBold            '设置是否粗体
   Text1.Font.Italic = CommonDialog1.FontItalic        '设置是否斜体
   Text1.Font.Underline = CommonDialog1.FontUnderline  '设置是否加下画线
```

```
    Text1.FontStrikethru = CommonDialog1.FontStrikethru      '设置是否加删除线
    Text1.ForeColor = CommonDialog1.Color                    '设置颜色
End sub
```

7.2.5 打印机对话框

通用对话框 CommonDialog 控件中的“打印机”对话框，可以设置打印相关的参数，再通过编写打印命令来实现打印功能，如图 7-10 所示。

“打印机”对话框的调用可以通过属性设置 CommonDialog1. Action=5，也可以通过方法 CommonDialog1. ShowPrinter 实现。

【例 7-4】 设计窗体如图 7-11 所示，调用“打印机”对话框，打印文本框的内容。

代码如下：

```
Private Sub Command1_Click()
    CommonDialog1.ShowPrinter              '显示“打印”对话框
    For i = 1 To CommonDialog1.Copies      '循环实现多份打印
        Printer.Print Text1.Text           '打印文本框 Text1 中的文字
    Next i
End Sub
```

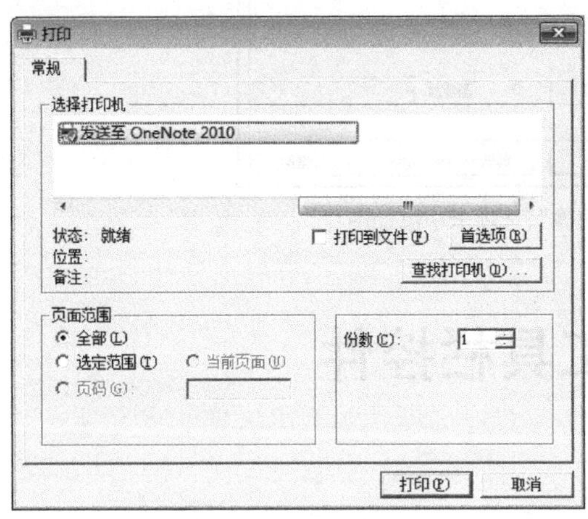

图 7-10　“打印”对话框

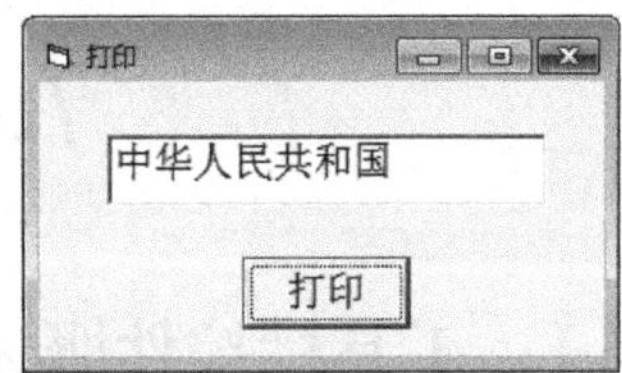

图 7-11　“打印机”对话框应用

7.2.6 帮助对话框

通用对话框 CommonDialog 控件中的“帮助”对话框，用来显示帮助文件。

“帮助”对话框的调用可以通过属性设置 CommonDialog1. Action=6，也可以通过方法 CommonDialog1. ShowHelp 实现。”帮助”对话框的重要属性如下。

① HelpCommand：返回或设置所需要的联机 Help 帮助类型，可以设置为 9。

② HelpFile：指定 Help 文件的路径以及文件名称。找到帮助文件，并显示其内容。

【例 7-5】 设计一个“帮助”命令按钮，显示指定的帮助文件。

代码如下：

```
Private Sub Command1_Click()
    CommonDialog1.HelpCommand = 9                  '设置帮助类型
```

```
    CommonDialog1.HelpFile = "dialer.hlp"      '设置要显示的帮助文件
    CommonDialog1.ShowHelp                     '打开帮助对话框
End Sub
```

7.3 图像列表控件

图像列表（ImageList）控件提供了一个图像集合，用于存储其他控件中使用的图像。

在图像列表 ImageList 控件中建立图像集合的步骤：在窗体中添加 ImageList 控件；用鼠标右键单击窗体中的 ImageList 控件；在快捷菜单中选择“属性”命令项，打开“属性”页对话框；选择图像选项卡，单击“插入图片”按钮，选择图像文件（.ico）；在关键字栏中输入关键字（Key），关键字是图像唯一标识符，索引（Index）为图像的唯一序号，一般由系统自动设置，其他控件将使用索引（Index）或关键字（Key）来引用所需的图像，如图 7-12 所示。

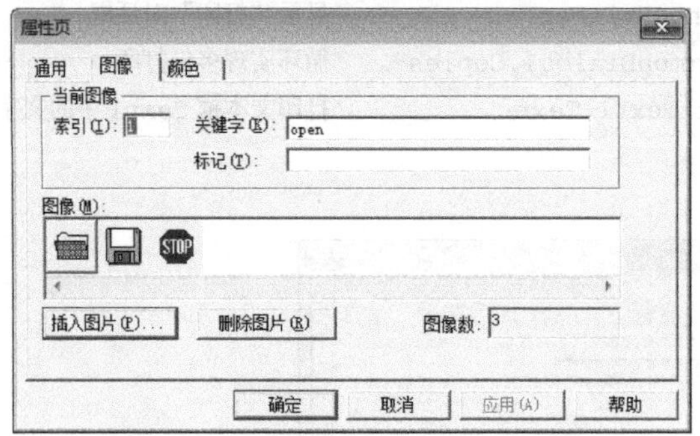

图 7-12　在”图像”选项卡中添加图片

7.4 工具栏控件

7.4.1 工具栏控件概述

工具栏（ToolBar）是标准 Windows 窗口界面的组成部分。利用工具栏控件可以将常用命令建成工具栏按钮，并设计相应的图像、文字提示，在窗体中的工具栏通常设计在菜单栏的下方。一般工具栏控件 ToolBar 需要与图像列表控件 ImageList 配合使用，工具栏按钮图像由图像列表 ImageList 控件提供。

7.4.2 工具栏控件的属性

（1）ToolBar 控件的属性页

在窗体中添加工具栏 ToolBar 控件，右键单击弹出快捷菜单，选择属性，打开“属性页”对话框。对话框包括通用、按钮与图片 3 个选项卡。

“通用”选项卡用于设置工具栏的样式、外观、鼠标指针、按钮宽度、图像列表等。

“按钮”选项卡用于按钮插入、删除、索引、标题、样式、关键字、图像索引号等设置。

“图片“选项卡用于设置鼠标在工具栏区域时，变成图形化的鼠标所需要的图片。

（2）ToolBar 控件的常用属性

① ImageList（图像列表）属性：用于设置与工具栏 ToolBar 相关联的 ImageList 控件。属性设置后，将由关联 ImageList 控件向 ToolBar 控件提供按钮图像。

② 工具栏 Style（工具栏样式）属性：该属性用于设置工具栏的样式。0-tbrStandard 表示标准样式，1-tbrFlat 表示平面样式。

③ Index（索引）属性：索引是工具栏中按钮的唯一序号，从 1 开始自动编号。

④ Caption（标题）属性：用于显示按钮标题内容。

⑤ Key（关键字）属性：每一个按钮的唯一标识名。

⑥ Value（值）属性：设置按钮的初始状态。0-tbrUnpress 为保持原状，1-tbrPressed 为按下状态。

⑦ 按钮 Style（按钮样式）属性：可以选择按钮的 6 种样式。

⑧ Image（图像）属性：输入 ImageList 控件中图像的索引号或关键字，用于设置按钮上显示的图像。

7.4.3　工具栏控件的常用事件

ToolBar 控件常用事件为 ButtonClick 事件 。工具栏由多个按钮组成，当单击工具栏时共用一个 ButtonClick()事件过程，在事件过程中使用按钮的关键字（Button.Key）或索引号（Buton.Index）作为识别条件，采用多路分支结构，执行相应的处理程序。

【例 7-6】在窗体中添加工具栏，设计“打开”“保存”“退出”按钮。程序运行界面如图 7-13 所示。

图 7-13　工具栏应用实例

设计界面：在窗体上建立 1 个工具栏 Toolbar1、1 个图像列表 ImageList1 和 1 个公共对话框 CommonDialog1 控件。ImageList1 控件的属性页对话框如图 7-14 所示。Toolbar1 控件的属性页对话框如图 7-15 所示。

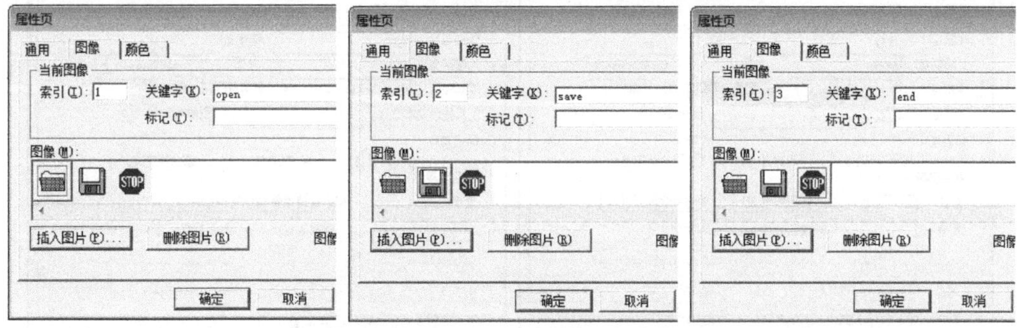

图 7-14　ImageList1 控件的属性页对话框

代码如下：

```
Private Sub Toolbar1_ButtonClick(ByVal Button As MSComctlLib.Button)
  Select Case Button.Index          '按照按钮索引号实现多分支结构
    Case 1
      CommonDialog1.ShcowOpen       '弹出"打开"对话框
    Case 2
      CommonDialog1.ShowSave        '弹出"另存为"对话框
    Case 3
```

```
        End
    End Select
End Sub
```

或者：

```
Private Sub Toolbar1_ButtonClick(ByVal Button As MSComctlLib.Button)
    Select Case Button.Key              '按照按钮关键字实现多分支结构
      Case "open"
        CommonDialog1.ShowOpen          '弹出"打开"对话框
      Case "save"
        CommonDialog1.ShowSave          '弹出"另存为"对话框
      Case "end"
        End
    End Select
End Sub
```

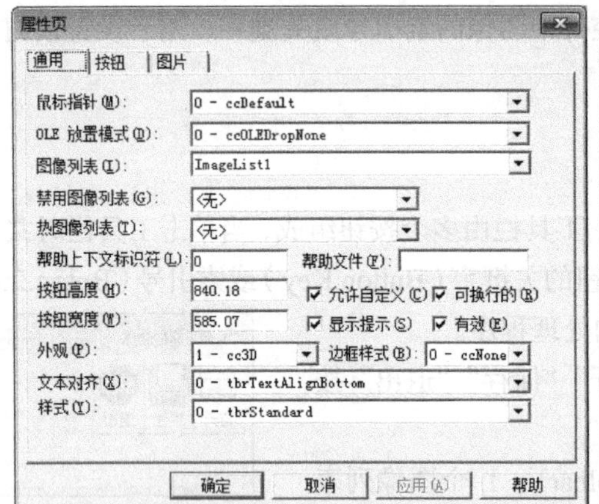

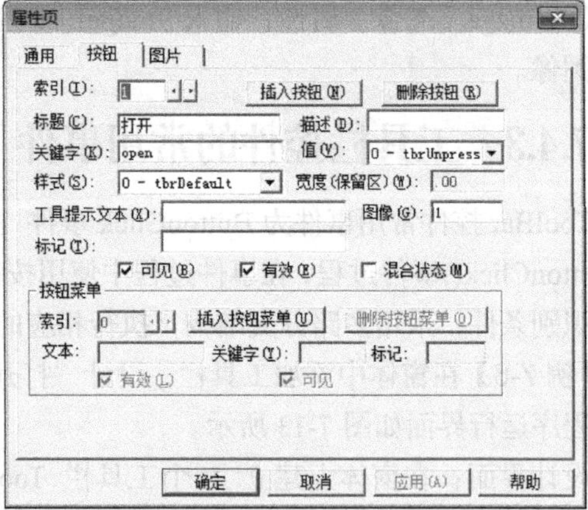

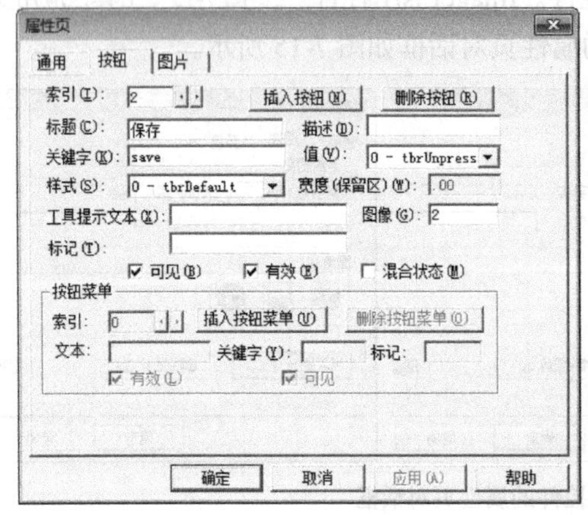

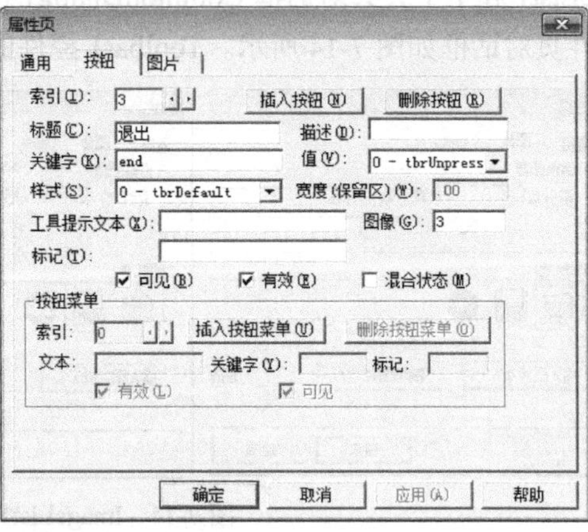

图 7-15　Toolbar1 控件的属性页对话框

7.5　状态栏控件

7.5.1　状态栏控件概述

状态栏（StatusBar）用于 Windows 窗体底部状态信息的显示，如当前光标位置、日期、时间、操作对象等。VB 应用程序窗体中的状态栏是通过 StatusBar 控件设计的。状态栏 StatusBar 控件由 Panel（窗格）对象组成，最多能被分成 16 个 Panel 对象，每一个 Panel 对象可以包含文本或图片。

7.5.2　状态栏控件的属性

从工具箱添加 StatusBar 控件到窗体底部，鼠标右键单击弹出快捷菜单，选择“属性”，打开“属性页”对话框。该对话框由通用、窗格、字体、图片 4 个选项卡组成，其中最重要的是“窗格”选项卡（Panel）。

（1）Index（索引）属性：索引属性是表示窗格的唯一序号，由系统自动设置。

（2）Text（文本）属性：文本用于设置窗格显示的内容。在多窗格里显示文本，代码显示的方式为：StatusBar1.Panels(x).Text = "显示内容"　，　x 为窗格索引号。

（3）Key（关键字）属性：用于每一个窗格的唯一标识。

（4）Alignment（对齐）属性：可以设置窗格中的文本左对齐、居中、右对齐。

（5）Style（样式）属性：决定了状态栏窗格的显示方式，共有 7 种。例如，显示文本与位图、系统日期和时间、相关按键的状态等。

【例 7-7】在窗体中设计状态栏，其中包含 5 个窗格，分别显示图片、鼠标在窗体中的坐标、文本、系统日期和时间，如图 7-16 所示。

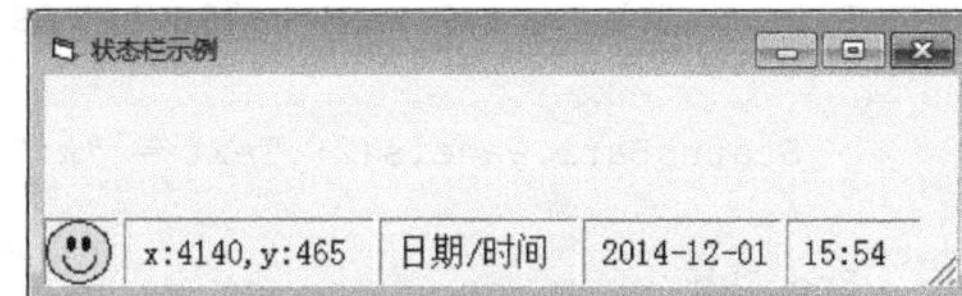

图 7-16　状态栏应用实例

设计界面：在窗体上建立 1 个状态栏 Statusbar1 控件。Statusbar1 控件的属性页对话框如图 7-17 所示。

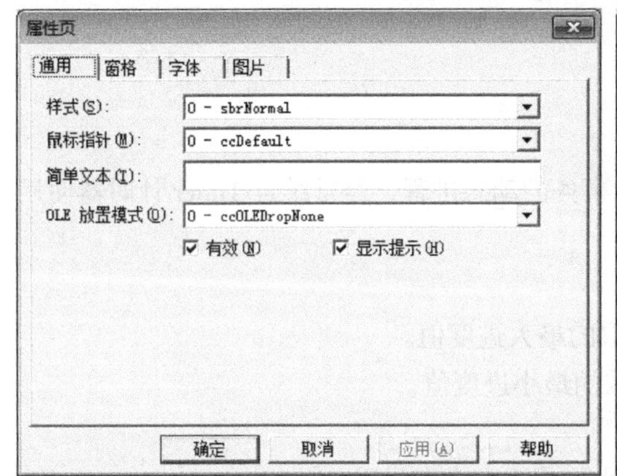

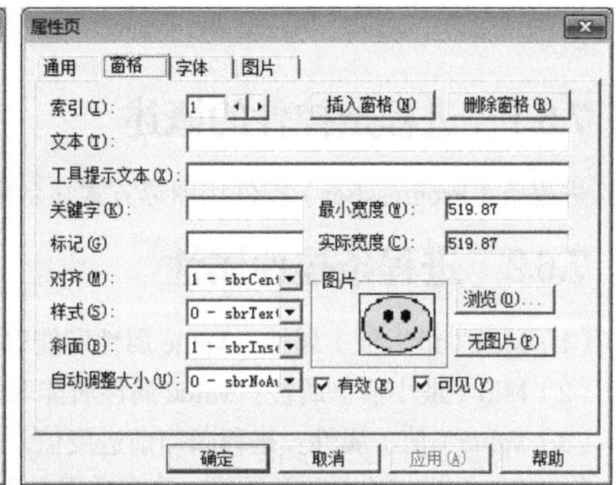

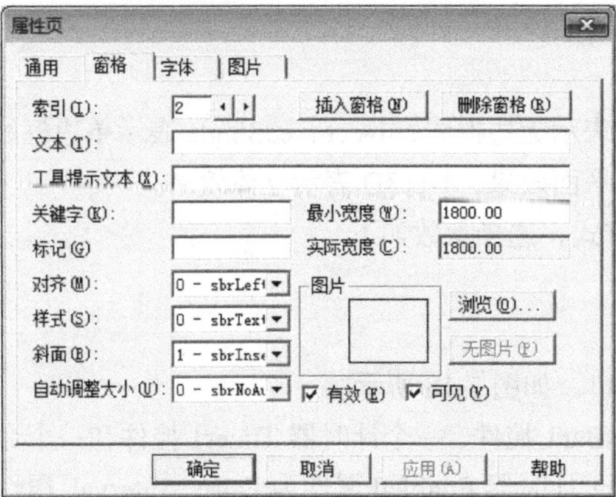

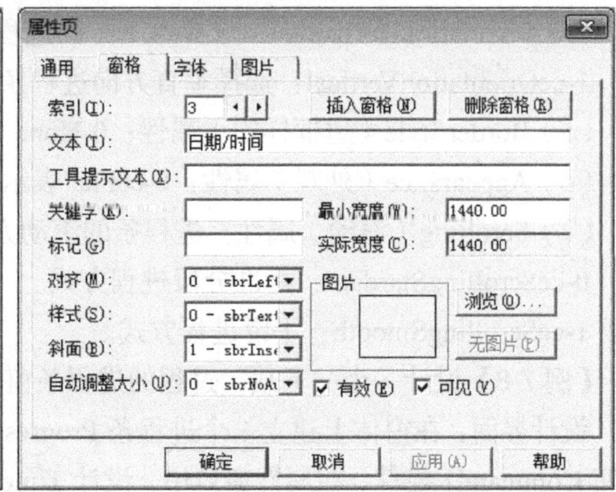

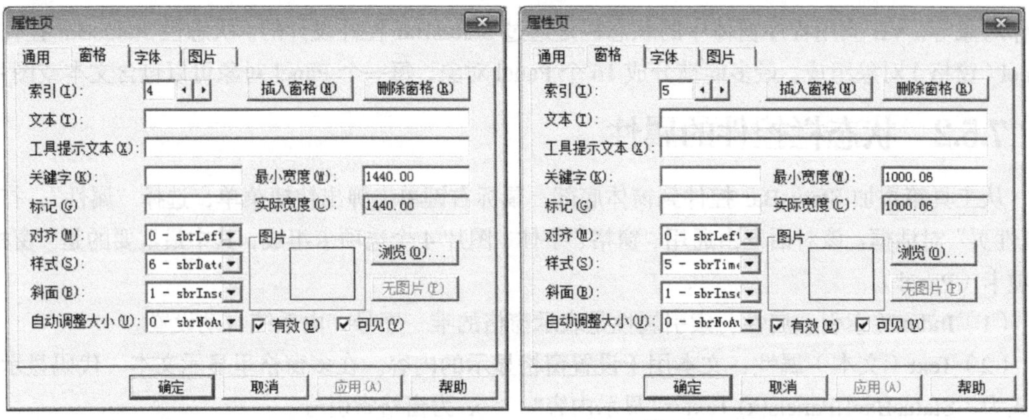

图 7-17　状态栏 Statusbar1 控件的属性页

代码如下：

```
Private Sub Form_MouseMove(Button As Integer, Shift As Integer, X As Single, Y As Single)
                                              '当鼠标在窗体上移动时，该事件被触发
  StatusBar1.Panels(2).Text = "x:" & X & ",y:" & Y
                                              '将鼠标在窗体中的光标(x, y)赋给状态栏的第 2 个窗格
End Sub
```

7.6　进程条控件

7.6.1　进程条控件的概述

进程条（ProgressBar）控件用图形方式显示事务的动态进程，经常结合 Timer 计时器使用。

7.6.2　进程条控件属性

（1）Max（最大值）属性：Value 属性所能取的最大进度值。

（2）Min（最小值）属性：Value 属性所能取的最小进度值。

（3）Value（值）属性：进程条当前进度值。

（4）Orientation（方向）属性：选择进程条水平或垂直方向显示。

0-ccOrientationHorizontal：选择水平方向进程条。

1-ccOrientationVertical：选择垂直方向进程条。

（5）BorderStyle（边框样式）属性：0-None 表示无边框线，1-ccFixedSingle 表示单边框线。

（6）Appearance（外观）属性：0-ccFlat 表示平面效果，1-cc3D 表示立体效果。

（7）Scrolling（滚动）属性：进程条的滚动方式，选择参数如下。

0-ccScrollingStardard：标准分段进程方式。

1-ccScrollingSmooth：平滑进程方式。

【例 7-8】设计一个“下载”过程的进程条窗口，如图 7-18 所示。

设计界面：在窗体上建立 1 个进程条 ProgressBar1 控件、一个计时器 Timer1 控件和一个命令按钮 Command1 控件。在属性窗口中，设计 Timer1 计时器 Enabled 属性为 False，Interval 属性为

100；进程条 ProgressBar1 的 Max 属性为 100，Min 属性为 0。

图 7-18 进度条控件应用示例

程序代码：

```
Private Sub Command1_Click()                          '"开始下载"命令按钮
  Timer1.Enabled = True                               '启动计时器
End Sub
Private Sub Timer1_Timer()
  If ProgressBar1.Value < ProgressBar1.Max Then
    ProgressBar1.Value = ProgressBar1.Value + 5 '若进程条的值不超过最大值 Max，则值加 5
  Else
   MsgBox "下载完成! "                                '否则显示消息框，提示下载完成
   Timer1.Enabled = False                             '并关闭计时器
  End If
End Sub
```

7.7 树视图控件

7.7.1 树视图控件概述

树视图（TreeView）控件用于显示各个对象的层级结构，每个对象称为 Node 结点，由一个文本标签和位图组成。每个结点又可能包含若干个子结点，可以通过控制某个结点来展开显示或者折叠隐藏它的子结点。Nodes 称为树视图中结点的集合。树视图显示信息的分级结构与 Windows 操作系统中显示的目录和文件的树形结构一样。树视图 TreeView 控件中的各项信息都与相应的Node结点相关联。

7.7.2 树视图控件的属性

（1）Style（样式）属性：返回或设置 Node 结点之间显示的线样式，属性选项如表 7-5 所示。

表 7-5 TreeView 控件的显示样式

属性值	属 性 常 量	含 义
0	tvwTextOnly	仅显示根结点的文本，不显示树形线及子结点
1	tvwPictureText	仅显示根结点的文本与位图，不显示树形线及子结点
2	tvwPlusMinusText	仅显示根结点带"+"、"–"的文本，不显示树形线及子结点
3	tvwPlusPictureText	仅显示根结点带+、–的文本与位图，不显示树形线及子结点
4	tvwTreeLinesText	显示树形线及根结点文本
5	tvwTreeLinesPictureText	显示树形线及根结点文本与位图
6	tvwTreeLinesPlusPictureText	显示树形线、"+"、"–"及父子结点文本
7	tvwTreeLinesPlusMinusPictureText	显示树形线、"+"、"–"及父子结点文本与位图

（2）CheckBoxes（复选框）属性：取 True 时，每个 Node 结点前出现一个复选框，否则没有。

（3）Appearance（外观）属性：设置空间是否以 3D 效果显示。

7.7.3 树视图控件的常用方法

（1）Add 方法：为 TreeView 控件添加结点

格式：`TreeView1.nodes.Add(Relative,Relationship,Key,Text)`

说明：

①Relative 参数：可选项，Node 结点的索引号或键值，根结点此项为空。

②Relationship 参数：可选项，Node 结点的相对位置。其 5 种取值含义如表 7-6 所示。

表 7-6　Relationship 参数值及含义

属性值	属 性 常 量	含　义
0	tvwFirst	该结点和在 Relative 中被命名的结点位于同一层，并位于所有同层结点之前
1	tvwLast	该结点和在 Relative 中被命名的结点位于同一层，并位于所有同层结点之后
2	tvwNext	（默认）下一个结点。该结点位于在 Relative 中被命名的结点之后
3	tvwPrevious	前一个结点。该结点位于在 Relative 中被命名的结点之前
4	tvwChild	子结点。该结点将成为在 Relative 中被命名的结点的子结点

③ Key：可选项，Node 结点关键字（唯一标识符），表示结点的名称，用于检索 Node 结点。

④ Text：必选项，树视图中 Node 结点的显示文本。

例如，添加"计算机系"下的一个班级子结点格式。

```
TreeView1.Nodes.Add("计算机系", 4, "Class1", "计算机 01 班")
```

其中，"计算机系"代表上级结点的名称；4 表示该新增结点将成为结点"计算机系"的子结点；"Class1"代表当前结点的名称；"计算机 01 班"为该新增结点显示的文本标题。

（2）Clear 方法：用于删除 TreeView 控件的所有 Node 结点

例如：`TreeView1.Nodes.Clear`　清除树视图中所有结点。

7.7.4 树视图控件的常用事件

NodeClick 事件：在一个 Node 结点对象被单击时，NodeClick 事件便被触发。

【例 7-9】使用树视图 TreeView 控件设计如图 7-19 所示窗体。单击结点"计算机 1441 班"时，显示消息框，如图 7-20 所示。

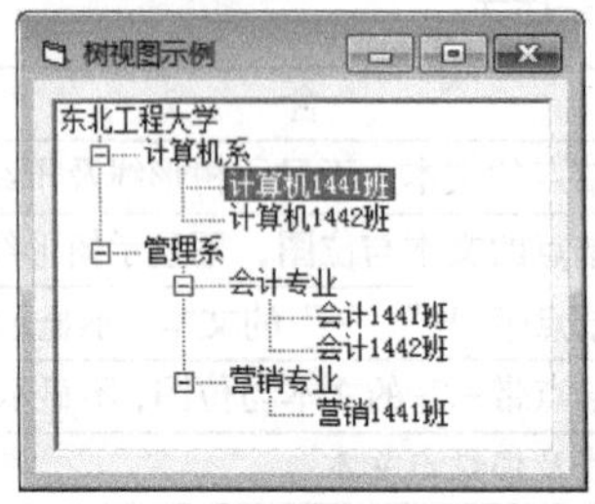

图 7-19　树视图控件示例

图 7-20　单击结点"计算机 1441 班"

设计界面：在窗体上建立 1 个树视图 TreeView1 控件。在属性窗口中更名为 TVW1。

程序代码：

```
Private Sub Form_Load()
   Dim Nod As Node             '声明一个结点变量 Nod
   Set Nod= TVW1.Nodes.Add(, 0, "dbgcdx", "东北工程大学")   '添加根结点
   Set Nod= TVW1.Nodes.Add("dbgcdx", 4, "jsj", "计算机系") '添加根结点的子结点 "计算机系"
   Set Nod= TVW1.Nodes.Add("jsj", 4, "jsj_bj01", "计算机 1441 班")
   Set Nod= TVW1.Nodes.Add("jsj", 4, "jsj_bj02", "计算机 1442 班")
   Set Nod= TVW1.Nodes.Add("dbgcdx", 4, "gl", "管理系")    '添加根结点的子结点 "管理系"
   Set Nod= TVW1.Nodes.Add("gl", 4, "kj", "会计专业")
   Set Nod= TVW1.Nodes.Add("kj", 4, "kj_bj01", "会计 1441 班")
   Set Nod= TVW1.Nodes.Add("kj", 4, "kj_bj02", "会计 1442 班")
   Set Nod= TVW1.Nodes.Add("gl", 4, "yx", "营销专业")
   Set Nod= TVW1.Nodes.Add("yx", 4, "yx_bj01", "营销 1441 班")
End Sub
Private Sub TVW1_NodeClick(ByVal Node As MSComctlLib.Node)  '结点单击事件
   Select Case Node.Text
      Case "计算机 1441 班"                                '单击结点"计算机 1441 班"
         MsgBox "计算机 1441 班欢迎你! ", vbOKOnly, "欢迎"    '用消息框显示欢迎信息
      Case "管理系"
         MsgBox "管理系欢迎你! ", vbOKOnly, "欢迎"
   End Select
End Sub
```

7.8 列表视图控件

7.8.1 列表视图控件概述

ListView 控件用于显示由若干项目组成的列表视图。可以利用该控件属性来安排项目的行列、列头、标题、图标和文本。ListView 控件可以使用 4 种不同的视图显示项目，分别是大（标准）图标、小图标、列表、报表。该控件能够用来制作像 Windows 中的“控制面板”那样的用户界面。

7.8.2 列表视图控件属性

（1）View 属性：设置或返回控件的视图类型值。

0-LvwIcon：大图标（标准）类型；1-LvwSmallIcon：小图标类型；2-LvwList：列表类型；3-LvwReport：报表类型。

（2）Arrange 属性：设置或返回控件的图标排列方式。

0-LvwNone：不排列；1-LvwAutoLeft：自动左对齐；2-LvwAutoTop：自动顶对齐。

（3）Icons 属性：在图标视图时，指定图标与 ImageList 中图像的绑定。

（4）SmallIcons、ColumnHeaderIcons 属性：在列表视图时，指定图标与 ImageList 中图像的绑定。

（5）Picture、PictureAlignment 属性：分别指定 ListView 控件的背景图片和布局方式。

（6）ListItems（Index）属性：ListView 控件中列表项的集合。Index 用于指定列表项集合中的一个对象，可以把这个对象看作对一行的引用。

（7）ColumnHeaders（Index）属性：是 ListView 控件中列标头的集合。

（8）TextBackgroud 属性：决定 Text 的背景是透明还是 ListView 的背景色，值为 0-lvwTransparent 表示透明，值为 1-lvw 表示不透明（用 ListView 的背景）。

7.8.3 列表视图控件常用方法

（1）ListItems 的 Add 方法

格式：`ListItems.add(index,key,text,icon,smallicon)`

功能：向 ListItems 添加一列表项。

说明：Index 表示插入列表项的编号。Key 表示关键字。Text 表示插入列表项的文本。Icon 表示当为图标视图时，要求显示的图标。Smallicon 表示当为小图标视图时，要求显示的图标。

（2）ListItems 的 Clear 方法

格式：`ListItems.Clear`

功能：清除 ListItems 集合中所有的列表项。

（3）ListItems 的 Remove 方法

格式：`ListItems.Remove(ListView1.SelectedItem.Index)`

功能：清除选定行。

【例 7-10】使用 ListView 控件制作一个像 Windows 中的“控制面板”那样的用户界面，如图 7-21 所示。

图 7-21 ListView 控件示例

设计界面：在窗体上建立 1 个树视图 ListView1 控件。

程序代码：

```
Private Sub Form_Load()
   Dim itmx As ListItem
   Set itmx = ListView1.ListItems.Add(, "calc", "计算器", 1)      '添加一个列表项"计算器"
   Set itmx = ListView1.ListItems.Add(, "brush", "画笔", 2)       '添加一个列表项"画笔"
End Sub
Private Sub ListView1_Click()
   Select Case ListView1.SelectedItem.Key
      Case "calc "
         Shell App.Path & "\calc.exe"          '若单击列表项"计算器"，则执行计算器应用程序
      Case "brush"
         Shell App.Path & "\mspaint.exe"       '若单击列表项"画笔"，则执行画笔应用程序
   End Select
End Sub
```

7.9 选项卡控件

7.9.1 选项卡控件概述

选项卡（TabStrip）控件用于制作选项卡式对话框，可以将若干控件进行分组操作。由于选项

卡不是容器控件，故应用时需要先结合容器控件（如框架）使用，再将其他控件放入容器控件中，最后通过程序代码将选项卡和容器控件组合在一起。

7.9.2　选项卡控件属性

在窗体添加选项卡，用快捷菜单打开“属性页”，可以设置选项卡的样式、布局、字体、图片等属性，如图 7-22 所示。

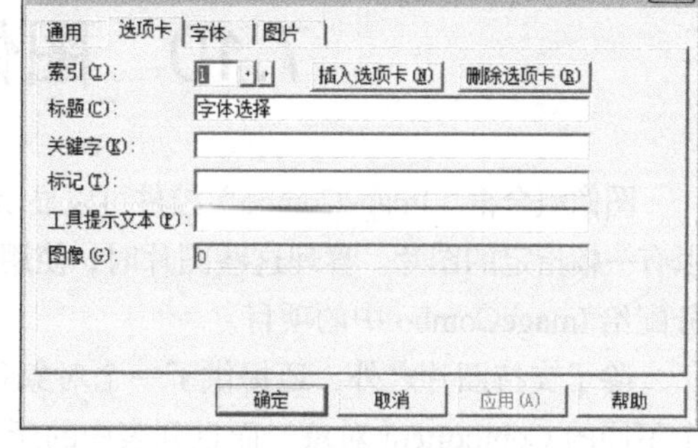

图 7-22　选项卡属性页

选项卡的内部区域位置、大小及索引号属性如下。

TabStrip1.ClientLeft：选项卡的内部左间距。

TabStrip1.ClientTop：选项卡的内部上间距。

TabStrip1.ClientWidth：选项卡的内部宽度。

TabStrip1.ClientHeight：选项卡的内部高度。

TabStrip1.SelectedItem.Index：用户所选中的选项卡的索引值。

在不同选项卡中，设置不同框架作为容器，在框架中添加其他控件。通过框架的移动方法 Move 和激活方法 Zorder（0：激活框架；1：不激活），将框架添加到选项卡中。

【例 7-11】在窗体中设计选项卡 TabStrip1，包括两个选项卡：字体选择和字号选择。然后设计两个框架 Frame1 和 Frame2，并在框架中添加相应的控件。界面设计如图 7-23 所示，运行结果如图 7-24 所示。

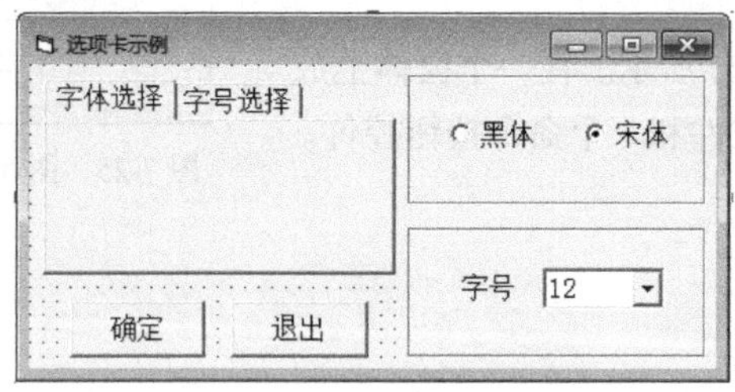

图 7-23　例 7-11 设计界面

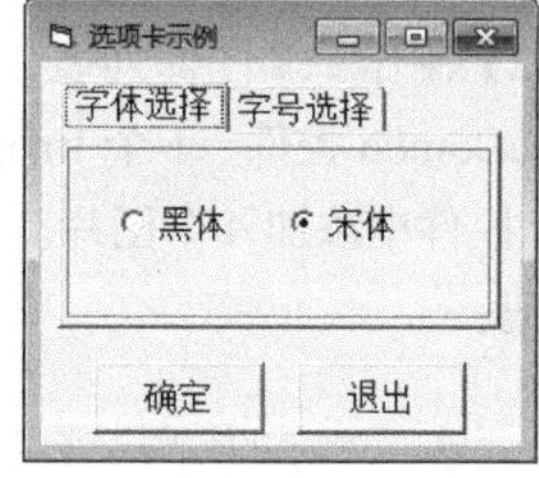

图 7-24　例 7-11 运行界面

程序代码：

```
Private Sub Form_Load()     '在窗体装载事件中将两个框架移动到选项卡内部的相应位置
   Frame1.Move TabStrip1.ClientLeft, TabStrip1.ClientTop, _
             TabStrip1.ClientWidth, TabStrip1.ClientHeight
   Frame2.Move TabStrip1.ClientLeft, TabStrip1.ClientTop, _
             TabStrip1.ClientWidth, TabStrip1.ClientHeight
End Sub
Private Sub TabStrip1_Click()
   If TabStrip1.SelectedItem.Index = 1 Then Frame1.ZOrder 0
                                          '若单击了“字体选择”选项卡，则激活第一个框架
   If TabStrip1.SelectedItem.Index = 2 Then Frame2.ZOrder 0
                                          '若单击了“字体选择”选项卡，则激活第二个框架
End Sub
Private Sub Command1_Click()              '单击确定按钮后，设置窗体的字体和字号
```

```
    If Option1.Value Then Form1.FontName = "黑体" Else Form1.FontName = "宋体"
    Form1.FontSize = Combo1.Text
End Sub
Private Sub Command2_Click()
    End
End Sub
```

7.10 图像组合框控件

图像组合框（ImageCombo）控件可以显示包含图片的项目列表。控件列表部分中的每一项都可以有一幅指定的图片。管理这些图片时，使用 ImageList 图像列表控件，通过索引或关键值将图片分配给 ImageCombo 中的项目。

除了支持图片之外，还提供了一个对象和基于集合的列表控件。控件列表部分的每一项是一个不同的ComboItem 对象，而且列表中的所有项组合起来构成 ComboItems 集合，这就使它会容易的一项一项指定诸如标记文本、ToolTip 文本、关键字值以及缩进等级等属性。ImageCombo 控件也支持多级缩进，显示有不同的缩进层次的结构关系。

如果要向 ImageCombo 控件中添加新的项目，需要使用 Add 方法在其 ComboItems 集合中创建一个新的 ComboItem 对象。可以为 Add 方法提供可选的参数来指定新项目的各种属性，其中包括 Index 和 Key 值、使用的图片以及缩进层次。Add 方法返回对新创建的 ComboItem 对象的引用。

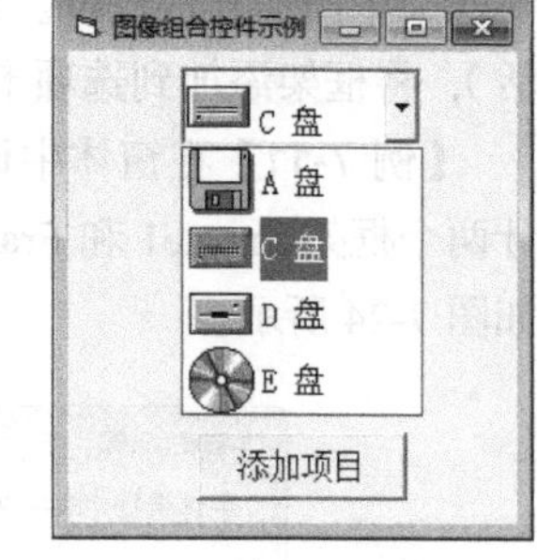

图 7-25　图像组合框示例

【例 7-12】制作一个图像列表，如图 7-25 所示。在一个窗体上放置 1 个 ImageCombo 控件、1 个 ImageList 控件和 1 个命令按钮控件。向 ImageList 控件中添加 4 个图片。

程序代码：

```
Private Sub Command1_Click()
    Dim cbi As ComboItem
    ImageCombo1.ComboItems.Clear
    Set ImageCombo1.ImageList = ImageList1      '将两个控件关联
    '添加项目,其中 index 索引号, text 显示文本, image 为 ImageList1 中图片的关键字
    Set cbi = ImageCombo1.ComboItems.Add(Index:=1, Text:="A 盘", Image:="disk1")
    Set cbi = ImageCombo1.ComboItems.Add(Index:=2, Text:="C 盘", Image:="disk2")
    Set cbi = ImageCombo1.ComboItems.Add(Index:=3, Text:="D 盘", Image:="disk3")
    Set cbi = ImageCombo1.ComboItems.Add(Index:=4, Text:="E 盘", Image:="disk4")
End Sub
```

7.11 滑 块 控 件

滑块（Slider）控件由刻度和“滑块”构成。“滑块”的位置由用户通过鼠标或键盘的左右箭

头键来控制。标尺刻度可设置从最小值到最大值的取值范围。

Slider 滑块控件属性如下。

（1）Max：设置标尺刻度的最大值。

（2）Min：设置标尺刻度的最小值。

（3）Orientation：设置标尺方向，0—水平，1—垂直。

（4）SmallChange：按键盘左右箭头键时，滑块移动的标尺刻度。

（5）LargeChange：用鼠标单击滑块左右区域时，滑块移动的标尺刻度。

（6）TickStyle：标尺刻度类型。

（7）Value：滑块当前刻度值。

【例 7-13】制作一个窗体，通过文本框显示当前滑块的刻度值。在属性窗口中，设置滑块 Slider1 的 Min 属性：0，Max 属性：20，运行结果如图 7-26 所示。

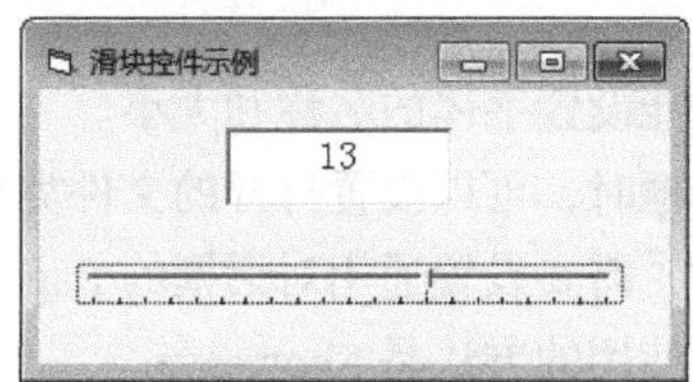

图 7-26　滑块控件示例

事件代码如下：

```
Private Sub Slider1_Change()    '滑块值改变后，该事件被触发
  Text1.Text = Slider1.Value    '将滑块当前值显示在文本框中
End Sub
```

习　　题

一、选择题

1. 在 VB 6.0 中要将通用对话框添加到工具箱中，应在“工程”菜单中选择“部件”命令项，在打开“部件”对话框的“控件”选项卡中，应选择（　　）。

   [A]Microsoft Windows Common Control 6.0　　[B]Microsoft CommonDialogcontrol 6.0

   [C]Microsoft FlexGrid Control 6.0　　[D]Microsoft Multimedia Control 6.0

2. 调用“字体”对话框，使用的方法是（　　）。

   [A]Showopen　　[B]Showsave

   [C]Showfont　　[D]Showcolor

3. 调用“颜色”对话框，使用的方法是 Showcolor，与其对应的 Action 属性值是（　　）。

   [A]1　　[B]2

   [C]3　　[D]4

4. 调用“打开文件”对话框，返回对话框中所选定驱动器、目录和文件名的属性是（　　）。

   [A]Filename　　[B]FileTitle

   [C]Filter　　[D]Name

5. 调用“颜色”对话框，设置窗体的背景色，其正确的语句是（　　）。

[A]Form1.BackColor = CommonDialog1.Color

[B]CommonDialog1.Color = Form1.BackColor

[C]Form1.BackColor = CommonDialog1.ShowColor

[D] Form1.BackColor =Color

二、填空题

1. 调用“打印”对话框，使用的方法________。
2. 在通用对话框 Commondialog1 中，打开“颜色”对话框，返回选定的颜色表示为________。
3. 调用“打开文件”对话框，只返回选定文件名的属性是________。
4. 调用“帮助”对话框，使用的方法是________。
5. 调用“字体”对话框，其 Action 属性设置为________。

三、判断题

1. 调用“字体”对话框，只能设置字体的名称和大小。（　　）
2. 在调用“打开文件”对话框时，可以设置打开的文件类型。（　　）
3. 在调用“字体”对话框时，需要设置通用对话框的 flags 属性。（　　）
4. 调用“另存为”对话框，使用的方法是 Showsave。（　　）
5. 调用通用对话框，需要在“工程-部件”中选择 Microsoft Windows Common Control 6.0 控件。（　　）

第 8 章 菜单

菜单是 VB 应用程序的一个重要组成部分，是 Windows 应用程序普遍使用的一种交互方式，是用户进行各种操作的重要工具。大多数应用程序都有菜单，几乎所有的功能都可以通过程序窗口中的菜单来完成。VB 中菜单分为下拉式菜单与弹出式菜单两种，这两种菜单都需要在“菜单编辑器”下进行设计。

8.1 下拉式菜单

8.1.1 下拉式菜单的组成

下拉式菜单的组成如图 8-1 所示。

（1）下拉式菜单由主菜单、主菜单项、子菜单等组成。

（2）子菜单可分为一级子菜单、二级子菜单等，最多可有五级子菜单。

（3）每级子菜单由菜单项、快捷键、分隔条、子菜单提示符等组成。

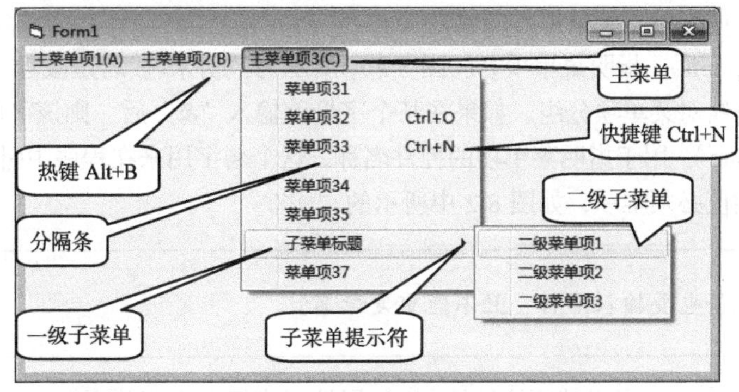

图 8-1　下拉式菜单的组成

① 菜单项：所有子菜单的基本元素就是菜单项，每个菜单项代表一条命令或子菜单标题。

② 分隔条：分隔条为一条横线，用于在子菜单中区分不同功能的菜单项组，使菜单项功能一目了然，并且方便操作。

③ 快捷键：为每个最底层的菜单项设置快捷键后，可以通过快捷键直接执行相应的命令。

④ 热键：也称为快速访问键，需与<Alt>键同时使用。

⑤ 子菜单提示符：如果某个菜单项后有子菜单，则在此菜单项的右边出现一个向右指示的小三角，称为子菜单提示符。

8.1.2 菜单编辑器

1. 菜单编辑器的启动

打开菜单编辑器的方法有以下几种。

（1）执行“工具 | 菜单编辑器“菜单项命令。

（2）单击工具栏中的“菜单编辑器“按钮。

（3）用鼠标右键单击窗体，在弹出的快捷菜单中选择“菜单编辑器“菜单项。

（4）按组合键 Ctrl+E。

打开后的菜单编辑器如图 8-2 所示。

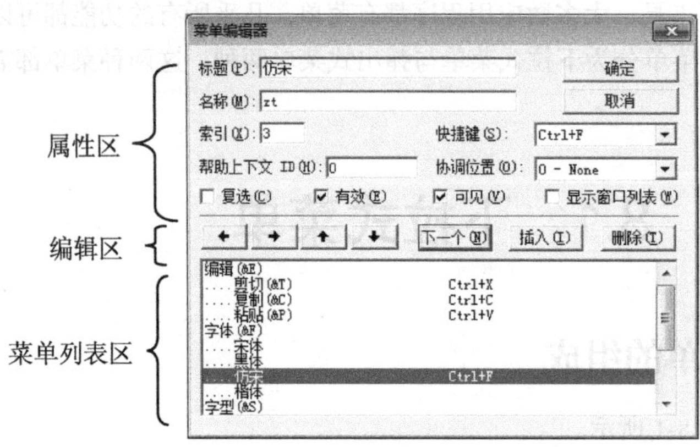

图 8-2 菜单编辑器

2. 菜单编辑器的组成

菜单编辑器窗口分为上中下 3 部分：属性区、编辑区和菜单列表区。

（1）属性区：用来设置菜单控件的属性

① 标题（Caption）：指明菜单项名。图 8-2 中所示为“仿宋”。若是减号“－”，将显示一条分隔线，常用分隔线对菜单项分组。如果在某个字母前输入“&”后，则该字母将成为热键。

② 名称（Name）：用于指明菜单项的控件名称，这个名字用来在程序中引用该菜单项。所有菜单项的名称属性值必须唯一，如图 8-2 中所示的“zt”。

分隔符也要输入名称，且不能重复命名。

③ 索引（Index）：相当于其他控件的 Index 属性，当把多个菜单项定义为控件数组时，索引是控件数组的下标，控件数组中的各菜单项具有相同的 Name 属性值，而且是同一个菜单中的相邻菜单项。索引可以不从 0 开始，也可以不连续，但必须按升序排列。

④ 快捷键（Shortcut Key）：用于选择菜单项的快捷键，用鼠标单击列表框的下拉按钮，在列表框中可选择不同的快捷键。

⑤ 复选（Checked）：若某菜单项的复选框被选中，则该菜单项左边加上检查标记“√”，表示该菜单项被选中，处于活动状态，其 Checked 属性值为 True。

⑥ 有效（Enabled）：该属性值为 False（未选中）时，对应的菜单项灰色显示，表示当前不可用。相当于其他控件的 Enabled 属性。

⑦ 可见（Visible）：决定菜单项是否可见。菜单项的可见框被选中（值为 True），则该菜单项可见，否则不可见。

⑧ 帮助上下文 ID（HelpContextID）：用户可以输入一个数字作为帮助文本的标识符，从而根据该数字在帮助文件中查找适当的联机帮助主题。

（2）编辑区：包括 7 个控制按钮

① “←”与“→”按钮：用于选择菜单项在菜单中的层次位置。单击“→”按钮将菜单项向右移，产生缩进符号（……），编入下一级子菜单。单击“←”按钮将菜单项向左移，删除缩进符号（……），编入上一级子菜单。

② “↑”和“↓”按钮：用于改变菜单项在主菜单与子菜单中的顺序位置。

③ 下一个（Next）按钮：当用户将一个菜单项的各属性设置完后，单击“下一个”按键可新建一个菜单项或进入下一个菜单项。

④ 插入（Insert）按钮：用于在选定菜单项前插入一个新的菜单项。

⑤ 删除（Delete）按钮：用于删除指定菜单项。

（3）菜单列表区

用来显示已经输入的菜单项，包括菜单项标题、级别和快捷键等。如果一个菜单项相对于上一个菜单项向右缩进，表示它是上一个菜单项的子菜单。向右缩进相同的菜单项属于同一个子菜单。没有缩进的菜单项是主菜单项，将显示在菜单栏中。可以在此区域选择要修改的菜单项，用“←”“→”“↑”和“↓”按钮可以调整菜单项的顺序和缩进层次级别。

【例 8-1】 利用下拉式菜单设计一个简易文本编辑器。程序运行界面如图 8-3 所示。

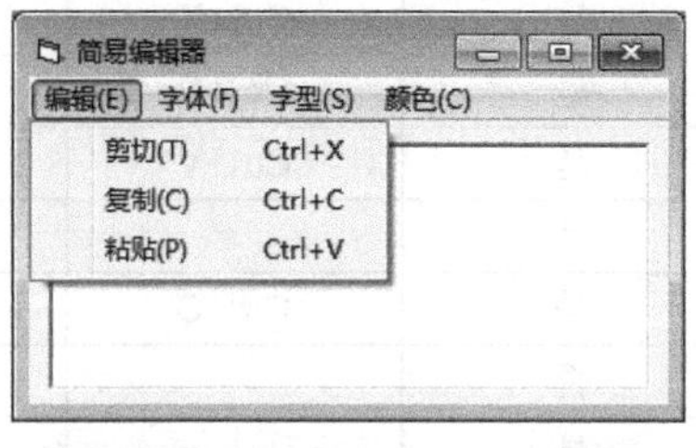

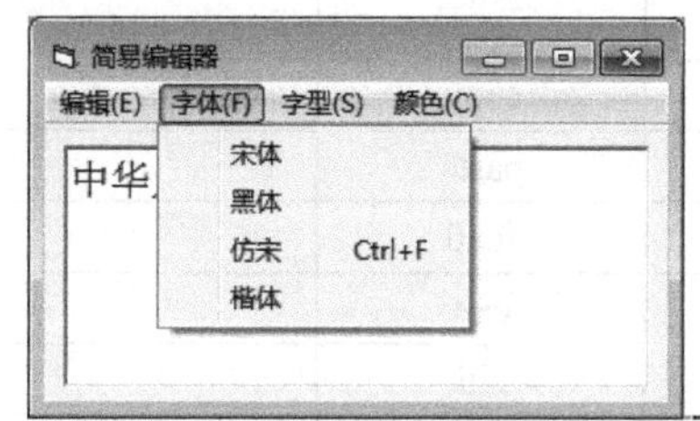

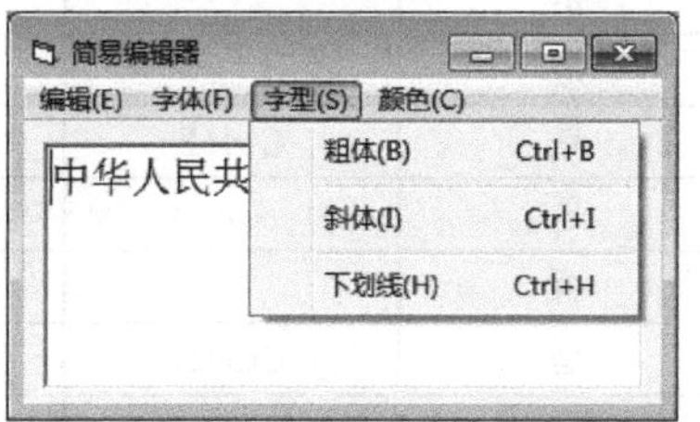

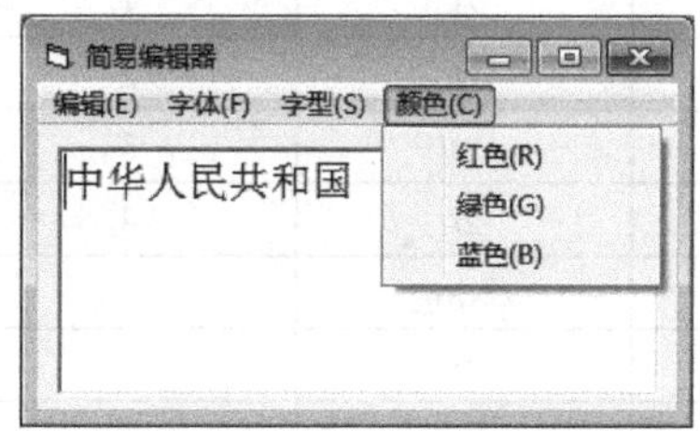

图 8-3　例 8-1 运行界面

加载 RichTextBox 控件：执行“工程→部件……”菜单命令，弹出“部件”对话框，如图 8-4 所示。选中“Microsoft Rich Textbox Control 6.0（SP6）”，单击“确定”按钮，RichTextBox 控件即可添加到工具箱上。

设计界面：在窗体上建立 1 个菜单、1 个 RichTextBox 控件。在属性窗口设置各主要控件的属性，如表 8-1 所示。

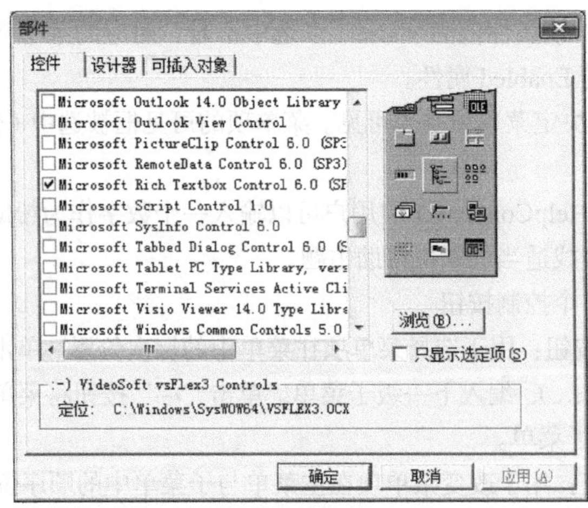

图 8-4 “部件”对话框

表 8-1 窗体及控件属性

	控 件 名	属 性 名	属 性 值
窗体	Form1	Caption	简易编辑器
RichTextBox 控件	RichTextBox1	Name	RTB1

简易文本编辑器的菜单结构如表 8-2 所示。

表 8-2 简易文本编辑器的菜单结构

标题	名称	索引	缩进	快捷键	可见
编辑（&E）	bj		否		√
剪切（&T）	cut		是	Ctrl+X	√
复制（&C）	copy		是	Ctrl+C	√
粘贴（&P）	paste		是	Ctrl+V	√
-	fgx0		是		√
退出（&Q）	exit		是	Ctrl+Q	√
字体（&F）	ziti		否		√
宋体	zt	1	是		√
黑体	zt	2	是		√
仿宋	zt	3	是	Ctrl+F	√
楷体	zt	4	是		√
字型（&S）	zixing		否		√
粗体（&B）	ct		是	Ctrl+B	√
-	fgx1		是		√
斜体（&I）	xt		是	Ctrl+I	√
-	fgx2		是		√
下画线（&H）	xhx		是	Ctrl+H	√
颜色（&C）	yanse		否		√
红色（&R）	Color	1	是		√
绿色（&G）	Color	2	是		√
蓝色（&B）	Color	3	是		√

说明：字体和颜色均使用了控件数组。

程序代码：

```
Private Sub cut_Click()
  Clipboard.SetText RTB1.SelText
                                        '将文本框中选中的文本存入剪贴板中，Clipboard 是剪贴板对象
  RTB1.SelText = ""                     '将文本框中选中的文本删除
End Sub
Private Sub copy_Click()
  Clipboard.SetText RTB1.SelText        '将文本框中选中的文本存入剪贴板中
End Sub
Private Sub paste_Click()
  RTB1.SelText = Clipboard.GetText      '用剪贴板中内容替换文本框中选中的文本
End Sub

Private Sub exit_Click()
  End
End Sub

Private Sub zt_Click(Index As Integer)
  RTB1.SelFontName = zt(Index).Caption  '设置选中文本的字体
End Sub

Private Sub ct_Click()
  RTB1.SelBold = True                   '设置选中文本为粗体
End Sub

Private Sub xt_Click()
  RTB1.SelItalic = True                 '设置选中文本为斜体
End Sub

Private Sub xhx_Click()
  RTB1.SelUnderline = True              '给选中文本加下画线
End Sub
Private Sub color_Click(Index As Integer)
 Select Case Index
   Case 1
     RTB1.SelColor = vbRed              '设置选中文本颜色为红色
   Case 2
     RTB1.SelColor = vbGreen            '设置选中文本颜色为绿色
   Case 3
     RTB1.SelColor = vbBlue             '设置选中文本颜色为蓝色
 End Select
End Sub
```

8.2　弹出式菜单

弹出式菜单是指在对象上单击鼠标右键之后弹出的菜单，弹出式菜单也称为快捷菜单。根据

用户单击鼠标右键的位置动态显示。它除了不显示主菜单项的标题以外，弹出式菜单的每个菜单项都可以有自己的子菜单。

建立弹出式菜单分 3 步进行。

（1）用菜单编辑器建立主菜单及其子菜单，并把各菜单项所对应的程序代码编写好。方法与下拉式菜单相同。

（2）把主菜单项的 Visible（可见性）属性设置为 False。可以在菜单编辑器中属性区将该主菜单项的“可见”前面的“√”去掉。

（3）编辑需要弹出快捷菜单的对象的 MouseDown 事件过程（当按下鼠标任意键时，将触发该事件）。使用 PopupMenu 方法显示弹出式菜单。

1. PopupMenu 方法

格式：[对象名.]PopupMenu <菜单名> [,flags][,x][,y][,boldcommand]

（1）对象名表示要弹出快捷菜单的对象名称。一般为窗体，默认为当前窗体。

（2）菜单名是要弹出的主菜单项名称。

（3）flags 为可选参数，用于设定菜单弹出的位置和行为，位置常量和行为常量分别如表 8-3 和表 8-4 所示。若同时指定这两个常量，则每组中选取一个值，然后两值相加。例如，8+2 表示弹出式菜单的右上角位于 *x* 坐标处，单击左键或右键都会执行菜单项。

表 8-3　Flags 参数中的位置常量

参 数 值	值	说 明
vbPopupMenuLeftAlign	0	弹出式菜单的左上角位于 *x*（默认值）
vbPopupMenuCenterAlign	4	弹出式菜单的中心位于 *x*
vbPopupMenuRightAlign	8	弹出式菜单的右上角位于 *x*

表 8-4　Flags 参数中的行为常量

参 数 值	值	说 明
VbPopupMenuLeftButton	0	仅当单击左键时执行菜单项（默认值）
vbPopupMenuRightButton	2	单击左键或右键都可以执行菜单项

（4）x 和 y 两个参数用于指定显示弹出式菜单的位置。默认使用鼠标的坐标。

（5）boldcommand 用于指定弹出式菜单中需要以粗体显示的菜单项名称。

2. 弹出式菜单应用举例

【例 8-2】将上例中下拉式菜单中的第 3 个主菜单项“字型”设置为不可见，以弹出式菜单的方式出现。程序运行界面如图 8-5 所示。

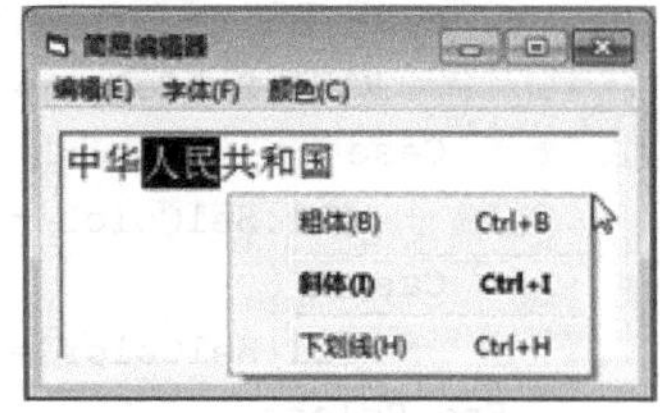

图 8-5　例 8-2 运行界面

在例 8-1 的基础上增加如下程序代码即可。

```
Private Sub Form_Load()
   zixing.Visible = False              '将“字型”主菜单项设置为不可见
End Sub

Private Sub RTB1_MouseDown(Button As Integer, Shift As Integer, x As Single, y As Single)
                           'Button 参数值含义，1：按下了左键；2：按下了右键；4：按下了中间键
```

```
  If Button = 2 Then
    PopupMenu zixing,8+0, , ,xt        '弹出快捷菜单“字型”，其右上角位于鼠标处
                                        '仅当按左键时执行菜单项，且菜单项“斜体”以粗体显示
  End If
End Sub
```

习 题

一、选择题

1. 一个菜单项是不是一个分隔条，由（　　）属性决定。

   [A] Name（名称）　　[B] Caption

   [C] Enabled　　[D] Visible

2. 用户可以通过设置菜单项的（　　）属性值为 False 来使该菜单项不可见。

   [A] Hide　　[B] Checked

   [C] Visible　　[D] Enabled

3. 在用菜单编辑器设计菜单时，必须输入的项有（　　）。

   [A] 快捷键　　[B] 标题

   [C] 索引　　[D] 名称

4. 在下列关于菜单的说法中，错误的是（　　）。

   [A] 每个菜单项是一个控件，与其他控件一样也有自己的属性和事件

   [B] 除了 Click 事件之外，菜单项还能响应其他的事件，如 DblClick 事件

   [C] 在程序执行时，如果菜单项的 Visible 属性为 False，则该菜单项不可见

   [D] 在程序执行时，如果菜单项的 Enabled 属性为 False，则该菜单项变成灰色，不能被用户选择

5. 下列选项中不正确的是（　　）。

   [A] 每个菜单项都是一个对象，所以也有属性和事件

   [B] 菜单项的属性可以在属性窗口中设计

   [C] 每个菜单项都只有一个 Click 事件

   [D] 菜单编辑器中，标题可不输入，而名称必须输入

6. 假定有一个菜单，名为 MenuItem，为了运行时使该菜单项失效，应使用的语句为（　　）。

   [A] MenuItem.Enabled = True

   [B] MenuItem.Enabled = False

   [C] MenuItem.Visible = True

   [D] MenuItem.Visible = False

7. 用键盘的光标键选中某一菜单项，并按回车将触发菜单的（　　）事件。

   [A] KeyPress　　[B] KeyDown

   [C] Click　　[D] KeyUp

8. 设计下拉式菜单时，顶级菜单的可见性通常设置成（　　）。

   [A] 可见　　[B] 不可见

   [C] 与弹出式菜单相同　　[D] 没有可见性设置这项

二、填空题

1. 如果建立菜单时在标题文本框中输入一个________，那么显示时形成一个分隔线。

2. 在 Visual Basic 的菜单设计中，可以建立________菜单和________菜单。

3. 可以通过________菜单中的________命令退出 Visual Basic。

4. 如果把菜单项的________属性设置为 True，则该菜单项成为一个选定项。

5. 菜单的热键指使用________键和菜单项标题中的一个字符来打开菜单，新建热键的方法是在菜单标题的某个字符前加上一个________符号，则菜单中这一字符自动加上________，表示该字符是热键字符。

6. 不论是在窗口顶部菜单条上显示的菜单，还是隐藏的菜单，都可以用________方法把它们作为弹出菜单在程序运行期间显示出来。

7. 快捷键 Ctrl+O 的功能相当于执行________菜单中的________命令，或者相当于单击工具栏上的________按钮。

8. 当进入 VB 集成环境后，发现没有显示“工具箱”窗口，应选择________菜单的________选项，使“工具箱”窗口显示。

三、判断题

1. VB 支持弹出菜单，所谓“弹出菜单”是指单击鼠标后打开的菜单。(　　)

2. 用 VB 6.0 仅能开发具有窗口菜单的应用程序，开发的应用中不能支持弹出式菜单。(　　)

3. 菜单每一菜单项都是控件，可以通过点击菜单项或通过光标选择并按回车键，以触发 Click 事件。(　　)

4. 用鼠标选中某菜单控件时，触发 Click 事件；而用键盘选中该菜单控件时，触发 KeyPress 事件。(　　)

5. "菜单编辑器"中至少要填"名称"和"标题"这两个框，才能正确完成菜单栏的设计。(　　)

6. 定义菜单项时，可以不设置分隔线的菜单项控件名称。(　　)

7. 如果一个菜单项的 Visible 属性为 False，则它的子菜单也不会显示。(　　)

8. 在 VB 6.0 中，如果要增加工具箱中的控件，应执行 VB"文件"菜单中的命令。(　　)

9. 设计菜单中每一个菜单项分别是一个控件，每个控件都有自己的名字。(　　)

10. 在 VB 6.0 中，如果要使窗体上的多个控件具有相同的尺寸，在选择了这些控件之后，应执行 VB"格式"菜单中的命令。(　　)

第 9 章 文件操作

9.1 文件的基本概念

1. Visual Basic 文件的概念

文件是存储在计算机存储器中信息的集合，是程序、数据和文档的统称。程序运行时从文件中读取数据，并把处理结果存放到文件中。例如，用 Word、Excel 等编辑制作的文档、表格等都是文件，将文件存放在磁盘中就成为磁盘文件。每个文件具有唯一的文件标识，即文件名。

文件路径由盘符和文件夹名构成，文件名由主文件名和扩展名构成。

例如，D:\MyData\Score.DAT，表示文件 Score.DAT 存放在 D 盘的 MyData 文件夹中，文件的扩展名为.DAT。

在学生的档案中需要存储每个同学的学号、姓名、班级、性别、家庭住址等，可以用表 9-1 所示方式表示文件。

表 9-1　　文件结构举例

学　号	姓　名	性　别	班　级	家 庭 住 址
0201021	王强	男	管理 1	山东济南
0203102	王娟	女	会计 3	山东青岛
……				

每行对应一个同学的信息，构成一条记录，多条记录组成文件。

2. 文件的访问类型

在 VB 中，有 3 种文件访问的类型。

（1）顺序文件：普通的纯文本文件。可以用记事本查看内容。读写操作只能按顺序从头到尾依次进行，不能直接定位到想要处理的数据。不能同时进行读写操作。

（2）随机文件：以固定长度的记录为单位进行存储，且每条记录有一个记录号，对文件中记录的读或写可根据记录号直接进行，即可以按任意顺序访问记录。随机文件打开后既可读又可写。不能用记事本查看，只能通过程序访问其数据。

（3）二进制文件：与随机文件类似，区别在于记录长度不固定，以字节为单位进行访问。

9.2 顺序文件的存取

9.2.1 顺序文件的打开与关闭

1. 打开文件

格式：Open <文件名> For <打开方式> As [#]<文件号>

说明：

（1）文件名：是一个字符串，表示要打开的文件名称，包括所在路径。

（2）打开方式：指打开文件的输入、输出方式，可以取 Input、Output、Append 3 种之一。

① Input：为读操作打开文件，可以读取文件中的数据。要打开的文件必须存在。

② Output：为写操作打开文件，可以向文件中写入数据。要打开的文件如果不存在，将创建该文件；如果已经存在，将覆盖该文件，文件的旧数据将被删除。

③ Append：向文件中追加数据。如果要打开的文件不存在，Append 方式与 Output 方式相同。如果文件存在，将打开该文件，并将文件指针定位到文件的尾部，所添加的数据将存放到原来数据的后面，原来的数据将被保留下来。

（3）文件号：是一个整数，介于 1～511。用 Open 语句打开文件时，必须为被打开的文件分配一个有效的文件号，以后对文件的读、写操作等都是通过文件号进行的。

例如：

```
Open "D:\MyData\Test.TXT" For Input As #1      '以读方式打开 Test.TXT 文件，文件号为 1
Open "Test1.TXT" For Output As #2     '以写方式打开当前文件夹中的文件 Test1.TXT，文件号为 2。
Open "Test2.TXT" For Append As 10     '以追加方式打开文件 Test2.TXT，文件号为 10
```

2. 关闭文件

格式：Close [[#] 文件号] [,[#] 文件号]

说明：文件号为 Open 语句中的文件号，如果指定了文件号，则关闭所指定的文件；如果省略了文件号，则关闭所有打开的文件。

例如：
```
Close #1, #2        ' 关闭打开的#1 和#2 文件
Close               ' 关闭所有打开的文件
```

9.2.2 写（输出）顺序文件

1. Print #语句

格式：Print #文件号，[表达式列表]

功能：将数据写入顺序文件。

说明：使用方法与 Print 方法一样。表达式列表由以逗号、分号分隔的各种表达式组成。分号表示紧凑格式，逗号表示标准格式。

例 1：以下两条语句的输出结果如图 9-1 所示。

```
Print #1, "001"; "张三"; 92; 87
Print #1, "001"; "李四"; 85; 94
```

例 2：以下两条语句的输出结果如图 9-2 所示。

```
Print #1, "001", "张三", 92, 87
Print #1, "001", "李四", 85, 94
```

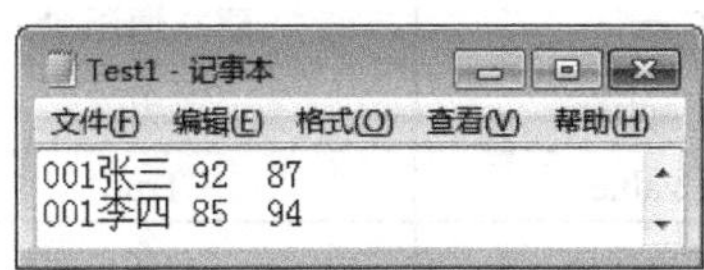

图 9-1　紧凑格式存储

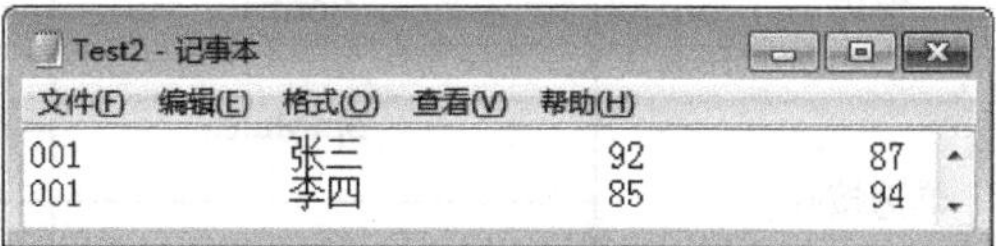

图 9-2　标准格式存储

2. Write #语句

Write #语句用来将数据写入文件。

格式：`Write #文件号, [表达式列表]`

功能：将数据写入顺序文件。

说明：Write #语句的用法和 Print #语句相似，不同点如下。

（1）输出的数据采用紧凑格式存放，数据项之间自动用逗号分开。

（2）输出的字符串自动用双引号括起来。

例 3：以下两条语句的输出结果如图 9-3 所示。

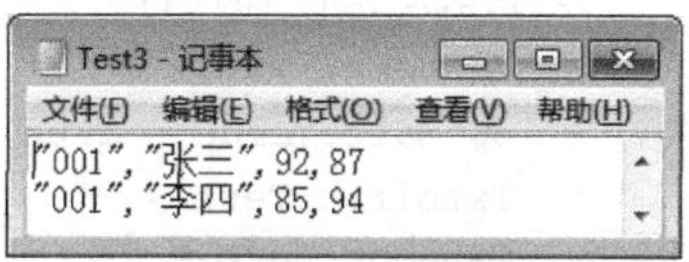

图 9-3　Write#结果

```
Write #1, "001"; "张三"; 92; 87      ' 各表达式之间用逗号和用分号分隔，效果一样
Write #1, "001"; "李四"; 85; 94
```

3. 与文件操作相关概念和几个函数

（1）文件指针：文件打开后，系统会自动生成一个文件指针（隐含），文件的读写就是从这个指针的位置开始的。若文件以 Append 方式打开，则文件指针指向文件尾，否则指向文件首。当文件经过一次读或写操作后，文件指针会自动移到下一个读或写操作的位置。

（2）Lof 函数：返回指定文件的字节数，即文件长度。如果返回 0 值，则表示空文件。

（3）Loc 函数：对于随机文件，返回最近从文件读取或写入文件的记录号；对于二进制文件，返回最近读取或写入的字节位置。

（4）Eof 函数：用来测试文件指针是否指向文件末尾，如果指向文件末尾，则 Eof 函数返回 True（-1），否则返回 False（0）。

【例 9-1】建立一个顺序文件存储通讯录。程序运行界面如图 9-4 所示。

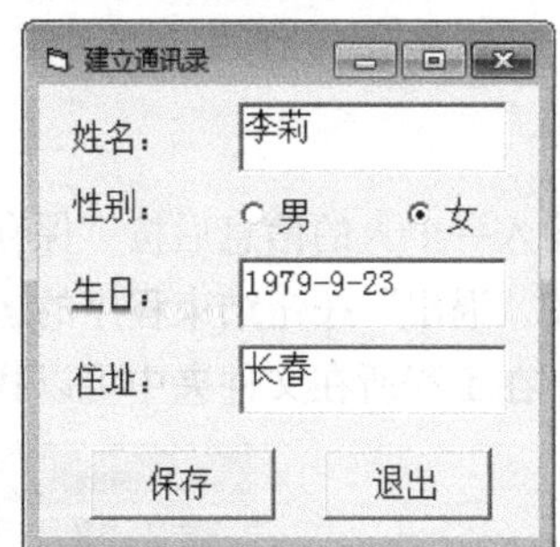

图 9-4　例 9-1 运行界面

设计界面：在窗体上建立 3 个文本框、2 个单选按钮、4 个标签、2 个命令按钮。在属性窗口

设置各主要控件的属性，如表 9-2 所示。

表 9-2　　　　　　　　　　　　窗体及控件属性

	控　件　名	属　性　名	属　性　值
窗体	Form1	Caption	建立通讯录
单选按钮	optMale	Caption	男
		Value	True
	optFemale	Caption	女
		Value	False
命令按钮	cmdSave	Caption	保存
	cmdExit	Caption	退出

说明：姓名、生日和地址的值分别来自文本框 Txtname、Txtbirth 和 Txtaddr。

程序代码：

```
Private Sub Init()          '刚开始或保存完一个通讯录后，调用该子过程进行初始化
   Txtname.Text = ""
   optMale.Value = True     '让 optMale（男）被选中，则 optFemale（女）一定变为未选中
   Txtbirth.Text = ""
   Txtaddr.Text = ""
End Sub
Private Sub Form_Load()
   Init                                  '初始化
   Open "txl.txt" For Output As #1       '打开文件
End Sub
Private Sub cmdSave_Click()
   Dim sSex As String
   If Not IsDate(Txtbirth.Text) Then     '判断输入的日期是否正确
      MsgBox "生日非法！请输入：年-月-日"
      Txtbirth.SetFocus
      Exit Sub
   End If
   If optMale.Value = True Then sSex = "男" Else sSex = "女"
   Write #1, Txtname.Text, sSex, CDate(Txtbirth.Text), Txtaddr.Text   '写文件
   Init                                  '初始化
End Sub
Private Sub cmdExit_Click()
   Close #1                              '关闭文件
   End
End Sub
```

运行程序，输入一个人的信息后按“保存”按钮将数据存入文件，再输入另一个人的信息，如此反复；最后按“退出”按钮结束程序的运行。

程序运行后，在工程所在文件夹中可以找到 tx1.txt 文件，文件的内容如图 9-5 所示。

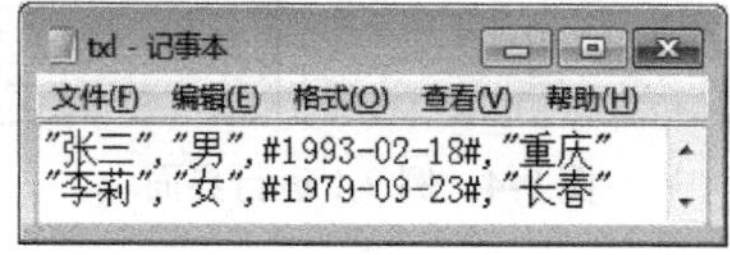

图 9-5　例 9-1 结果文件

9.2.3　读（输入）顺序文件

从顺序文件中读取数据可以使用 Input #语句和 Line Input #语句。

1. Input #语句

格式：`Input #文件号,[变量名表]`

功能：从指定的顺序文件中读取数据，并把数据分别赋给“变量名表”中的变量。

说明：

（1）常用于读取用 Write#语句生成的顺序文件中的数据。

（2）读取数据时，Input #语句忽略空格、制表符、回车换行符和逗号。数值型数据和字符串可以直接读入并赋给相应的变量，双引号被看做字符串的定界符（不是必需的），也将被忽略；括在两个“#”号间的标准日期时间可以直接转化为时间日期；“True”和“False”可以转化为逻辑值。

（3）在读取数据时，如果已到达文件末尾，继续读会被终止并产生一个错误；为了避免出错，常在读操作前用 Eof 函数检测是否已经到达文件末尾。

【例 9-2】读取并显示输出上例建立的通讯录。程序运行界面如图 9-6 所示。

图 9-6　例 9-2 运行界面

建立一个标准 EXE 工程，在窗体 Form1 中添加一个命令按钮，Caption 属性值改为“读文件”。为该命令按钮的单击事件过程编程。

程序代码：

```
Private Sub Command1_Click()
   Dim sName$, sSex$, dBirth As Date, sAddr$
   Open "txl.txt" For Input As #1               '以读方式打开顺序文件
   While Not EOF(1)                             '如果文件指针未到文件尾，继续循环
      Input #1, sName, sSex, dBirth, sAddr      '从文件指针位置开始读取数据到指定的变量
      Print sName, sSex, dBirth, sAddr          '打印输出刚刚读出来的数据
   Wend
   Close #1                                     '循环结束，所有数据读取打印完毕，关闭文件
End Sub
```

2. Line Input #语句

格式：`Line Input #文件号,<字符串型变量名>`

功能：从顺序文件中读取一整行字符并赋给后面的变量。

（1）“字符串型变量名”是一个字符串型的简单变量名或数组元素名。

（2）Line Input #以行为单位读取信息，每行对应一个字符串。文件中的行以回车换行符作为结束符。行中的所有字符均不经转换地赋给变量。利用 Line Input #语句可以实现文本文件的复制。

9.3 随机文件的存取

9.3.1 随机文件的打开与关闭

1. 随机文件的打开

格式：`Open 文件名 [For Random] As [#]文件号 [Len=记录长度]`

说明：

（1）文件名、文件号的使用与顺序文件相同。

（2）For Random：表示以随机方式打开文件，打开后既可读又可写。要打开的文件可以存在，也可以不存在。For Random 是默认打开方式。

（3）记录长度：是一个整型表达式，表示随机文件的记录长度（字节数）。随机文件中每条记录长度是固定的。记录长度可以用 Len 函数计算。

2. 随机文件的关闭

和顺序文件关闭方法相同。

9.3.2 写（输出）随机文件

格式：`Put #文件号,[记录号],变量名`

功能：把变量值写入指定的随机文件，位置由记录号指明。如果省略了记录号（逗号不能省略），则写入最近一次执行 Get #语句或 Put #语句后的记录，即当前记录（文件指针所指向的记录）。

说明：变量一般为自定义数据类型。

【例 9-3】建立随机文件存储通信录。参见【例 9-1】。程序运行界面如图 9-4 所示。

界面设计与【例 9-1】相同。

程序代码：

```
Private Type Person                   '自定义数据类型
   Name As String * 10                '自定义数据类型中共 4 个成员（元素），均为定长字符串型
   Sex As String * 2                  '该类型的变量所占内存为：42 字节
   Birth As String * 10
   Addr As String * 20
End Type
Dim iRec As Integer                   '定义窗体级变量 iRec，用于存储记录号
Private Sub Init()                    '刚开始或保存完一个通信录后，调用该子过程进行初始化
   Txtname.Text = ""
   optMale.Value = True               '让 optMale（男）被选中，则 optFemale（女）一定变为未选中
   Txtbirth.Text = ""
   Txtaddr.Text = ""
End Sub
Private Sub Form_Load()
   Dim p As Person                    '定义 Person 类型的局部变量 p
   Init                               '初始化
   iRec = 1
   Open "tx1.dat" For Random As #1 Len = Len(p)  '打开随机文件，Len(p)的值为 42
```

```
End Sub
Private Sub cmdSave_Click()
    Dim p As Person                                 '定义 Person 类型的变量 p
    Dim sSex As String
    p.Name = Txtname.Text                           '访问变量 p 的成员 Name
    If optMale.Value = True Then p.Sex = "男" Else p.Sex = "女"
    If Not IsDate(Txtbirth.Text) Then               '判断输入的日期是否正确
        MsgBox "生日非法！请输入：年-月-日"
        Txtbirth.SetFocus
        Exit Sub
    Else
        p.Birth = Txtbirth.Text
    End If
    p.Addr = Txtaddr.Text
    Put #1, iRec, p                     '写文件
    iRec = iRec + 1                     '下一记录
    Init                                '初始化
End Sub
Private Sub cmdExit_Click()
    Close #1                            '关闭文件
    End
End Sub
```

9.3.3　读（输入）随机文件

格式：Get #文件号,[记录号],<变量名>

功能：对随机文件中记录号所指定的记录进行读取处理，并赋给指定变量。

说明：变量一般为自定义数据类型。若省略记录号，则将当前记录读出。

【例 9-4】读取上例所建通信录中的任意一条记录。程序运行界面如图 9-7 所示。

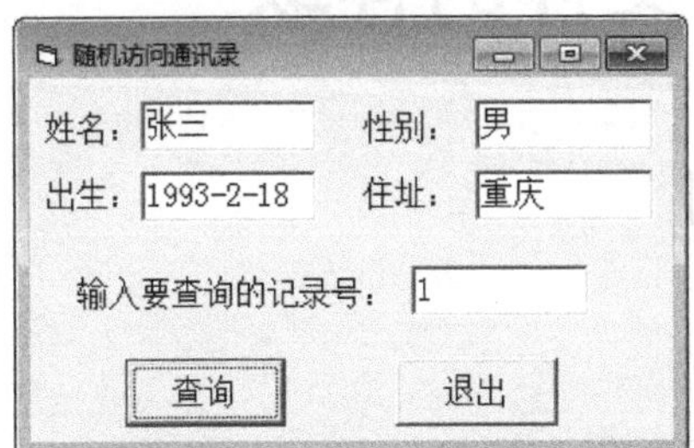

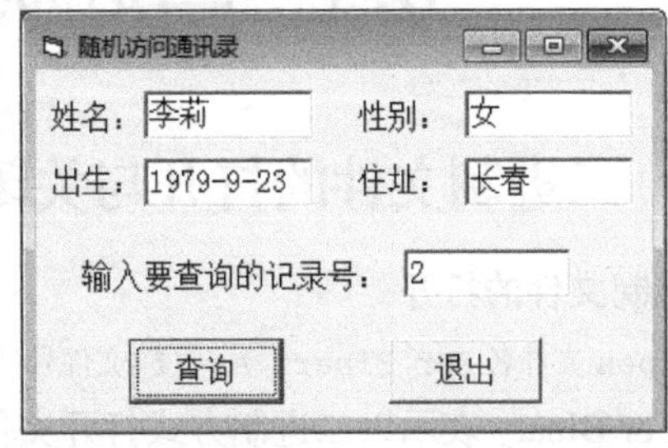

图 9-7　按记录号读取随机文件

设计界面：在窗体上建立 5 个文本框、5 个标签、2 个命令按钮。在属性窗口设置各主要控件的属性，如表 9-3 所示。

表 9-3　窗体及控件属性

	控 件 名	属 性 名	属 性 值
窗体	Form1	Caption	随机访问通讯录
命令按钮	CmdFind	Caption	查询
	CmdExit	Caption	退出

说明：5 个文本框的 Text 属性均置空（""），其中 Text1 用于接收用户输入的要查询的记录号，Text2、Text3、Text4 和 Text5 分别用于显示读出的姓名、性别、出生日期和住址。

程序代码：

```
Private Type Person                     '自定义数据类型
   Name As String * 10
   Sex As String * 2
   Birth As String * 10
   Addr As String * 20
End Type
Dim p As Person                         '定义变量 p，数据类型为 Person
Private Sub CmdExit_Click()
   Close 1                              '关闭随机文件
   End
End Sub
Private Sub CmdFind_Click()
   Get #1, Val(Text1.Text), p           '读出指定记录到变量 p 中
   Text2.Text = p.Name                  '用 4 个文本框分别显示变量 p 的 4 个成员的值
   Text3.Text = p.Sex
   Text4.Text = p.Birth
   Text5.Text = p.Addr
End Sub
Private Sub Form_Load()
   Open "tx1.dat" For Random As 1 Len = Len(p)    '打开随机文件 tx1.dat
End Sub
```

运行程序，输入一个记录号后按“查询”按钮将查到数据显示在 4 个文本框中，再输入另一个记录号，如此反复；最后按“退出”按钮结束程序的运行。

9.4 二进制文件的存取

9.4.1 二进制文件的打开与关闭

1. 二进制文件的打开

格式：`Open 文件名 For Binary As [#]文件号`

功能：For Binary 表示以二进制方式打开文件。

2. 文件的关闭

与顺序文件的关闭相同。

9.4.2 读/写二进制文件

使用文件时，二进制方式提供了最大的灵活性。任何类型的文件都可以用二进制方式打开和读写。用二进制方式存储数据可以最大限度地减少对存储空间的占用，加快数据的读写速度。

二进制文件的读写同样使用 Get #语句和 Put #语句，不同之处在于，二进制方式可以将文件指针定位到文件的任意字节位置；文件以二进制方式存取时，所存取的数据的长度取决于 Get #语句或 Put #语句中变量的长度；打开二进制文件的 Open 语句中不需要指定记录长度，即使指定

了也会被忽略。

9.5　磁盘文件操作语句和函数

9.5.1　常用的文件操作语句

1. ChDrive 语句

格式：ChDrive　驱动器号（盘符）

功能：改变当前驱动器。

例如：ChDrive "D" 、ChDrive "D:\" 、ChDrive "Dasd" 都是将当前驱动器设为 D 盘。

2. ChDir

格式：ChDir 路径

功能：改变当前目录。但不会改变默认驱动器位置。

例如：ChDir "D:\TMP"

如果默认的驱动器是 C，则上面的语句将会改变驱动器 D 上的默认目录，但是 C 仍然是默认的驱动器。

3. Kill 语句

格式：Kill 文件名

功能：删除文件。文件名中可以使用通配符“*”和“?”。

例如：

```
Kill  "*.TXT "                '删除所有的文本文件
Kill  "C:\Mydir\Abc.dat"
```

4. MkDir 语句

格式：MkDir 路径

功能：创建一个新的目录。

例如：MkDir "D:\Mydir\ABC"

5. RmDir 语句

格式：RmDir 路径

功能：删除一个存在的目录。只能删除空目录。

例如：RmDir "D:\Mydir\ABC"

6. 复制文件——FileCopy 语句

格式：FileCopy　源文件,目标文件

功能：复制一个文件。

例如：FileCopy "D:\Mydir\Test.doc"""c:\MyTest.doc"

注意

FileCopy 语句不能复制一个已打开的文件。

7. Name 语句

格式：Name 旧文件名　As　新文件名

功能：重新命名一个文件或目录。

例如：Name "D:\Mydir\Test.doc" As "d:\MyTest.doc"

① Name 具有移动文件的功能。

② 不能使用通配符“*”和“?”，不能对一个已打开的文件上使用 Name 语句。

9.5.2 常用的文件操作函数

1. CurDir 函数

格式：CurDir ([驱动器号])

功能：利用 CurDir 函数可以返回指定驱动器的当前目录。

说明：如果没有指定驱动器，则会返回当前驱动器的当前目录。

例如：str=CurDir ("C:")　　'获得 C 盘当前目录路径，并赋值给变量 Str

2. GetAttr 函数

格式：GetAttr（文件名或目录名）

功能：返回代表一个文件、目录或文件夹的属性的整型值。

3. FileDateTime 函数

格式：FileDateTime（文件名或目录名）

功能：返回指定文件或目录被创建或最后修改的日期和时间。

4. FileLen 函数

格式：FileLen（文件名）

功能：返回指定文件的长度（字节数）。

5. Shell 函数

格式：Shell（应用程序名）

功能：调用执行指定的应用程序。

例如：Shell("calc.exe")　　'调用执行 Windows 自带的计算器

习　　题

一、选择题

1. 在文件列表框中设定"文件列表"中显示文件类型应修改该控件的（　　）属性。

   [A] Pattern　　[B] Path　　[C] Filename　　[D] Name

2. 以下叙述中错误的是（　　）。

   [A] 打开一个工程文件时，系统自动装入与该工程有关的窗体、标准模块等文件

   [B] 保存 VB 程序时，应分别保存窗体文件及工程文件

   [C] VB 应用程序只能以解释方式执行

   [D] 事件可以由用户引发，也可以由系统引发

3. 以下叙述中错误的是（　　）。

   [A] 在工程资源管理器窗口中只能包含一个工程文件及属于该工程的其他文件

[B] 以.BAS 为扩展名的文件是标准模块文件

[C] 窗体文件包含该窗体及其控件的属性

[D] 一个工程中可以含有多个标准模块文件

4. 应用程序设计完成后，应将程序保存，保存的过程是（ ）。

[A] 只保存窗体文件即可

[B] 只保存工程文件即可

[C] 先保存工程文件之后保存窗体文件

[D] 先保存窗体文件（或标准模块文件）之后还要保存工程文件

5. 一个工程必须包含的文件的类型是（ ）。

[A] *.vbp*.frm *.frx　　[B] *.vbp*.cls *.bas

[C] *.bas*.ocx *.res　　[D] *.frm *.cls*.bas

二、填空题

1. 按文件号为 1 建立一个顺序文件 SEQNEW.DAT 用于写入数据，语句为________。
2. 一个工程可以包括多种类型的文件，其中扩展名为.frm 的文件表示________文件。
3. 一个工程可以包括多种类型的文件，其中扩展名为.bas 的文件表示________文件。
4. 一个工程可以包括多种类型的文件，其中扩展名为.vbp 的文件表示________文件。
5. 为了在运行时把图形文件 picfile.jpg 装入图片框 Picture1 所使用的语句________。
6. 文件按照存取方式及其组成结构可以分为顺序文件和________。
7. 根据访问模式文件分成顺序文件、随机文件________ 。

三、判断题

1. 若要新建一个磁盘上的顺序文件，可用 OUTPUT、APPEND 方式打开文件。（ ）
2. 用 Append 打开文件，如果指定文件和路径不存在，则会自动创建指定文件及路径。（ ）
3. Print #语句的作用是将数据从文件中读出并显示在窗体上。（ ）
4. 通过 Open 语句打开一个文件，操作完成后，必须用 Close 语句将其关闭。（ ）
5. 利用 Open 语句打开文件时，若省去 For[模式]，默认的模式是 Random。（ ）
6. Open 语句中的文件号，必须是当前未被使用的、最小的作为文件号的整数值。（ ）

四、程序填空题

1. 功能：命令按钮单击一次后，窗体上输出结果为：

```
36   25   16   9
Private Sub Command1_Click()
    Dim xx(6) As Integer
    Dim k%
    Open App.Path & "\a1.dat" For Output As #1
    For I = 1 To 6
      '**********SPACE**********
      j = 【?】
      Print #1, j
    Next I
    Close #1
    Open App.Path & "\a1.dat" For Input As #2
    k = 0
    Do While Not EOF(2)
    '**********SPACE**********
      k = 【?】
```

```
    Input #2, xx(k)
  Loop
  Close #2
  '**********SPACE**********
  For I = k To k / 2 Step【?】
    Form1.Print xx(I)
  Next I
End Sub
```

2. 功能：将顺序文本文件“MYFILE.TXT”的内容一个字符一个字符地读入文本框 txtTest 中。

```
Private Sub Form_Click()
  Dim InputData As String * 1
  txtTest.Text = ""
  '**********SPACE**********
  Open App.Path & "\MYFILE.TXT" For 【?】 As #1
  '**********SPACE**********
  Do While 【?】 EOF(1)
    Input #1, InputData
    '**********SPACE**********
    txtTest.Text = txtTest.Text + 【?】
  Loop
  Close #1
End Sub
```

3. 功能：本程序执行后，最终在窗体上打印数字 7。

```
Private Sub Command1_Click()
  Dim a As String
  '**********SPACE**********
  Open App.Path & "\abc.bat" For 【?】 As #1
  n = 8
  For I = 1 To n
    Print #1, I + 1
  Next I
  Close #1
  '**********SPACE**********
  Open App.Path & "\abc.bat" For 【?】 As #1
  For I = 1 To n
    Input #1, a
    If I Mod 5 = 0 Then
  '**********SPACE**********
    Print CInt(a) + 【?】
    End If
  Next I
  Close #1
End Sub
```

五、程序改错题

1. 统计顺序文件 text.txt 中的空格、字母、数字和其他字符个数。

```
Option Explicit
Private Sub Command1_Click()
```

```
    Dim s As String, C As String
    Dim I As Integer, L As Integer, spac As Integer, character As Integer
    Dim digit As Integer, other As Integer
   '**********FOUND**********
   Open App.Path & "\text.txt" For Output As #1
   '**********FOUND**********
   Do Until EOF(0)
      Line Input #1, s
      L = Len(s)
   For I = 1 To L
      C = Mid(s, I, 1)
      If C >= "a" And C <= "z" Or C >= "A" And C <= "Z" Then
         character = character + 1
      ElseIf C = " " Then
         spac = spac + 1
         '**********FOUND**********
      ElseIf C >= "0" And C < "9" Then
         digit = digit + 1
      Else
       other = other + 1
    End If
   Next I
   Loop
   Close #1
   Print "字符个数为: "; character; "数字个数为: "; digit
   Print "空格个数为: "; spac; "其他个数为: "; other
End Sub
```

2. 题目：本程序求3～100之间的所有素数（质数）并统计个数；同时将这些素数从小到大依次写入顺序文件C：\dataout.txt；素数的个数显示在窗体Form1上。

```
Option Explicit
Private Sub Command1_Click()
   Dim Count As Integer, Flag As Boolean
   Dim t1 As Integer, t2 As Integer
   '**********FOUND**********
   Open "dataout.txt" For Input As #1
   Count = 0
   For t1 = 3 To 100
      Flag = True
      For t2 = 2 To Int(Sqr(t1))
         If t1 Mod t2 = 0 Then Flag = False
      Next t2
      '**********FOUND**********
      If Flag = False Then
         Count = Count + 1
         '**********FOUND**********
         Write #1, t2
      End If
   Next t1
   Form1.Print "素数个数"; Count
Close #1
End Sub
```

六、程序设计题

1. 有一根长度为200m的钢材，要将它截取为两种规格的短料，两种规格的长度分别为a m、

b m，每种至少两段。编写函数 fun，函数的功能是：求出分割成两种规格后剩余残料 r 最少的值，并显示。例如，a 为 31、b 为 41 时，则显示“15”，要求使用 For 语句来实现。

```
Private Function fun(a As Integer, b As Integer) As String
'**********Program**********

'********** End **********
End Function
Private Sub Form_Load()
   Show
   Print fun(51, 61)
   NJIT_VB
End Sub
Private Sub NJIT_VB()
   Dim i As Integer
   Dim a(10) As String
   Dim fIn As Integer
   Dim fOut As Integer
   fIn = FreeFile
   Open App.Path & "\in.dat" For Input As #fIn
   fOut = FreeFile
   Open App.Path & "\out.dat" For Output As #fOut
   For i = 1 To 10 Step 2
      Line Input #fIn, a(i)
      Line Input #fIn, a(i + 1)
      Print #fOut, fun(Val(a(i)), Val(a(i + 1)))
   Next
   Close #fIn
   Close #fOut
End Sub
```

2. 已知：猴子吃一堆桃子，每天吃桃子总数的一半多一个，到第 n 天时，桃子只剩一个。编写函数 fun，函数的功能是：求出开始桃子的数量并显示。例如，n 为 7 时，则显示“190”；要求使用 Do Until…Loop 语句来实现。

```
Private Function fun(n As Long) As String
'**********Program**********

'********** End **********
End Function
Private Sub Form_Load()
   Show
   Print fun(7)
   NJIT_VB
End Sub
Private Sub NJIT_VB()
   Dim i As Integer
   Dim a(10) As String
   Dim fIn As Integer
   Dim fOut As Integer
   fIn = FreeFile
   Open App.Path & "\in.dat" For Input As #fIn
   fOut = FreeFile
   Open App.Path & "\out.dat" For Output As #fOut
```

```
    For i = 1 To 10 Step 1
        Line Input #fIn, a(i)
        Print #fOut, fun(Val(a(i)))
    Next
    Close #fIn
    Close #fOut
End Sub
```

第10章 数据库应用程序设计

10.1 数据库的基本知识

现在，几乎所有的商业应用都要使用数据库进行数据的存储和访问。所以，用 VB 开发应用软件时，就离不开对数据库的支持。VB 具有强大的数据库功能，通过它可以方便地实现对数据库的访问和操作。

在使用 VB 6.0 开发数据库应用程序之前，首先简单了解一下关于数据库的几个基本概念。

10.1.1 数据库的相关概念

1. 数据库（DataBase）

数据是描述事物的符号记录。数据有多种类型，包括数字、文字、图形、图像、声音、视频、动画等。

信息是现实世界事物的存在方式或运动状态的反映。或认为，信息是一种已经被加工为特定形式的数据。数据是信息的载体和具体表现形式。

数据库是以一定的组织方式存放于计算机外存储器中相互关联的数据集合，它是数据库系统的核心和管理对象，其数据是集成的、共享的以及冗余最小的。

以前，人们将手工数据存放在文件柜里或存放在电子文件中，现在人们借助计算机技术，将大量的数据科学地保存在数据库中，以便可以方便有效地利用信息资源。

2. 数据库管理系统（DBMS）

对数据库进行管理的软件，一般具有建库、编辑、修改、增删库中数据等维护数据库的功能；具有检索、排序、统计等使用数据库的功能；具有友好的交互输入/输出能力；具有方便、高效的数据库编程语言；允许多个用户同时访问数据库；提供数据的独立性、安全性和完整性等保障。

目前在微机和小型机上常用的数据库管理系统有以下几种：Access、Visual FoxPro、SQL Server 和 Oracle 等。

3. 数据库应用程序

数据库应用程序是指针对用户实际需要而开发的各种基于数据库操作的应用程序。数据库应用程序可以使用数据库管理系统提供的操作命令直接开发，也可以使用 VB 等支持数据库操作的前台开发工具进行开发。常见的数据库应用程序包括办公自动化系统（OA）、管理信息系统（MIS）、企业资源计划系统（ERP）等。

4. 表（Table）

一个关系型数据库中可以包含若干张相互关联的表。表是一个二维的，由行和列构成的数据集合。其中表中的行称为记录（Record），表中的列称为字段（Field）。

如表 10-1 所示，是一张简单的学生档案信息表（student），表中共有 5 个字段：学号、姓名、性别、年龄、籍贯。表中共有 6 条记录，每位学生一条记录，学号设为主键。

表 10-1　学生档案信息表

学　号	姓　名	性　别	年　龄	籍　贯
1001	张三	男	20	吉林
1002	李四	女	21	辽宁
1003	王五	男	19	北京
1004	赵六	男	21	吉林
1005	张成	男	20	北京
1006	王英	女	21	吉林

5. 联系

在数据库中，联系是建立在两个表之间的链接，以表的形式表示其间的连接，使数据的处理和表达有更大的灵活性。有 3 种联系，即一对一联系、一对多联系和多对多联系。

6. 索引

索引是建立在表上的单独的物理数据库结构，基于索引的查询使数据获取更为快捷。索引是表中的一个或多个字段，索引可以是唯一的，也可以是不唯一的，主要是看这些字段是否允许重复。主索引是表中的一列和多列的组合，作为表中记录的唯一标识。外部索引是相关联的表的一列或多列的组合，通过这种方式来建立多个表之间的联系。

10.1.2　数据库的查询

关系型数据库的存储方式大大地节省了存储空间，根据实际需要，数据库中除了基本表（Table）外，还存在一些虚表，即查询（也称为视图）。

查询是按照某种规则和条件从一个或几个基本表筛选得到的一个数据子集。真正数据仍然在基本表中，查询中存储的只是筛选条件，所以把查询称为虚表。

查询是通过结构化查询语言 SQL（Structured Query Language）完成的。

SQL 语言是关系型数据库的一个标准。目前主流的数据库管理系统和前台开发工具都支持 SQL 语言这一标准。

下面举几个例子来了解 SQL 语言的基本用法。

【例 10-1】查询 student 表中张成同学的姓名和年龄。

```
SELECT 姓名,年龄
FROM student
WHERE 姓名='张成'
```

【例 10-2】查询 student 表中吉林省年龄大于 20 岁的同学的所有信息。

```
SELECT *
FROM student
WHERE 籍贯='吉林' and 年龄>20
```

【例 10-3】向 student 表中插入一条新记录。学号、姓名、性别、年龄、籍贯分别是 1007、赵伟、男、22、吉林。

```
INSERT INTO student(学号,姓名,性别,年龄,籍贯)
VALUES('1007','赵伟','男',22,'吉林')
```

【例 10-4】将 student 表中每个同学的年龄增加 1 岁。

```
UPDATE student
SET 年龄=年龄+1
```

【例 10-5】删除 student 表中北京的同学档案信息。

```
DELETE FROM student
WHERE 籍贯='北京'
```

10.2 数据库的创建和管理

数据库的创建方法主要有两种：一是使用某种数据库管理系统（DBMS）平台，如 Access；二是使用 VB 6.0 提供的可视化数据管理器（VISDATA.EXE）。

Access 在“大学计算机基础”课中已经讲过，所以，本节主要介绍可视化数据管理器。

使用 VB 6.0 提供的可视化数据管理器可以方便的进行数据库的创建和管理。在 VB 6.0 主窗口中，选择“外接程序”菜单下的“可视化数据管理器”命令，即可打开可视化数据管理器，如图 10-1 所示。

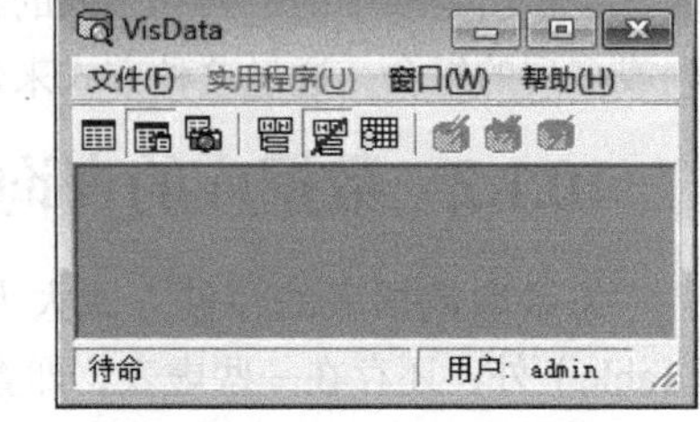

图 10-1 可视化数据管理器

1. 新建 Access 数据库

使用 VB 6.0 提供的可视化数据管理器可以方便地创建多种格式的数据库，下面以“学生档案”数据库为例介绍创建 Access 数据库的步骤。

（1）在可视化数据管理器窗口中选择“文件”菜单下的“新建”命令，在“新建”子菜单中再选择“Microsoft Access”下的“Version 7.0 MDB”子命令，即可创建 Access 数据库，如图 10-2 所示。

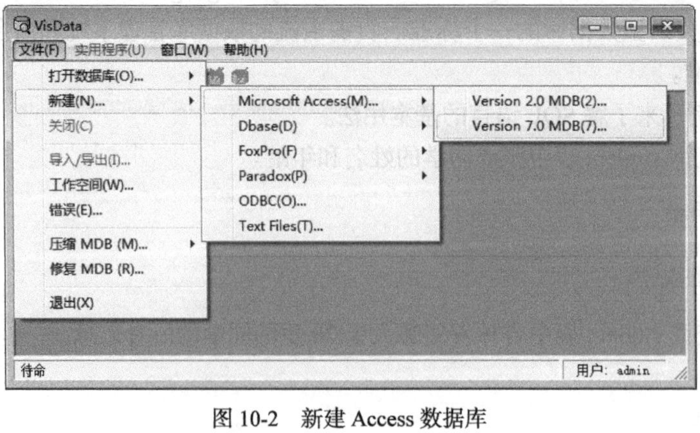

图 10-2 新建 Access 数据库

（2）在“选择要创建的 Microsoft Access 数据库”对话框中，选择保存位置后，输入文件名即可新建一个 Access 格式的数据库。

（3）新建数据库后，在可视化数据管理器界面中将会出现“数据库窗口”和“SQL 语句”两个子窗口，如图 10-3 所示。

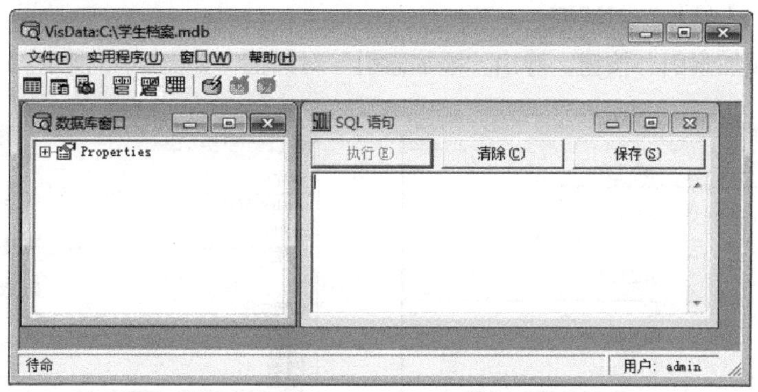

图 10-3 新建数据库“学生档案”后的界面

2. 创建基本表结构

为了简单起见，假设“学生档案”数据库中只有一个基本表“student”。该表的字段结构如表 10-2 所示。

表 10-2 student 表结构

字 段 名	数 据 类 型	字 段 大 小	说 明
学号	Text（文本）	4	主键、必要的
姓名	Text（文本）	8	必要的
性别	Text（文本）	2	可为空
年龄	Integer（整型）	2	可为空
籍贯	Text（文本）	10	可为空

（1）在“数据库窗口”中单击鼠标右键，从快捷菜单中选择“新建表”命令，打开“表结构”对话框，如图 10-4 所示。

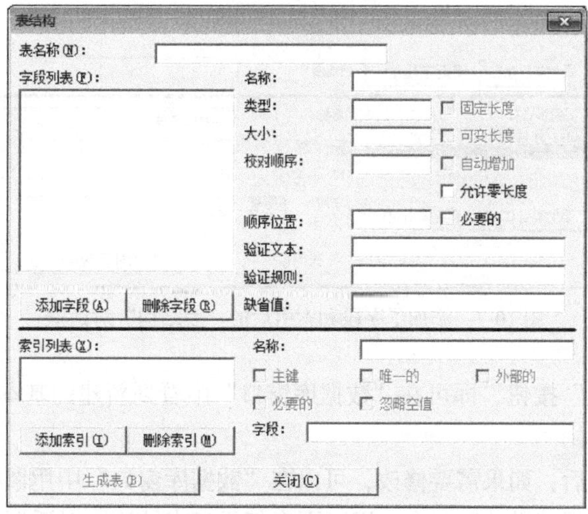

图 10-4 “表结构”对话框

（2）输入基本表的名称 student，单击“添加字段”按钮，弹出“添加字段”对话框，如图 10-5 所示。

（3）在“添加字段”对话框中输入字段名，并选择数据类型及大小等字段属性。单击“确定”按钮后，对话框将被清空，可以继续添加表中的其他字段。表中所有字段添加完毕后，单击“关闭”按钮，返回“表结构”对话框。

（4）单击“添加索引”按钮，弹出“添加索引”对话框，如图 10-6 所示。

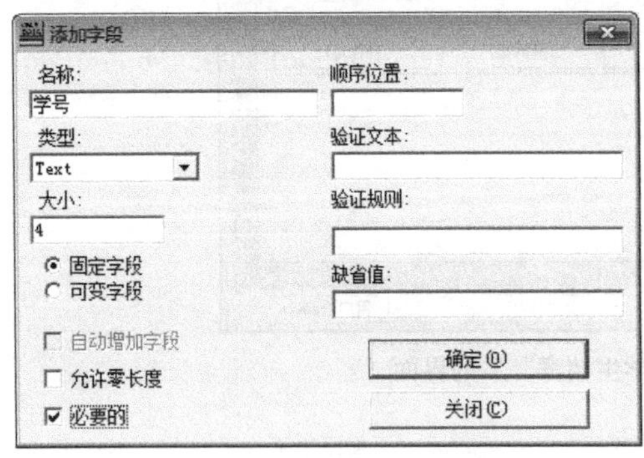

图 10-5 “添加字段”对话框

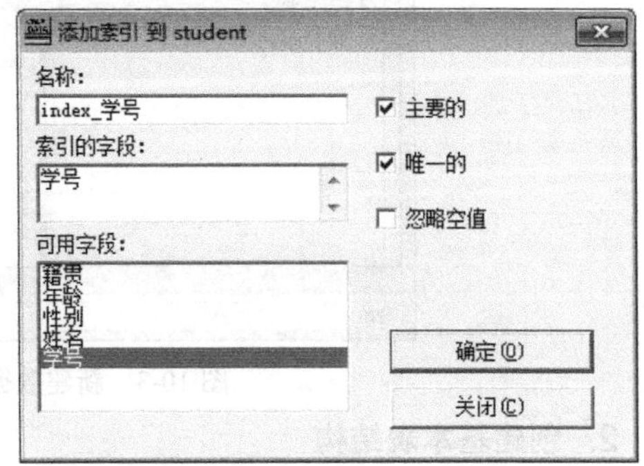

图 10-6 “添加索引”对话框

（5）在“添加索引”对话框中选择“可用字段”列表框中欲索引的字段（本例中选择“学号”字段），然后输入索引名称（本例为：index_学号），选中“主要的”和“唯一的”两个复选框，即可为该表创建主键（本例为：学号），单击“确定”按钮，返回“表结构”对话框，如图 10-7 所示。

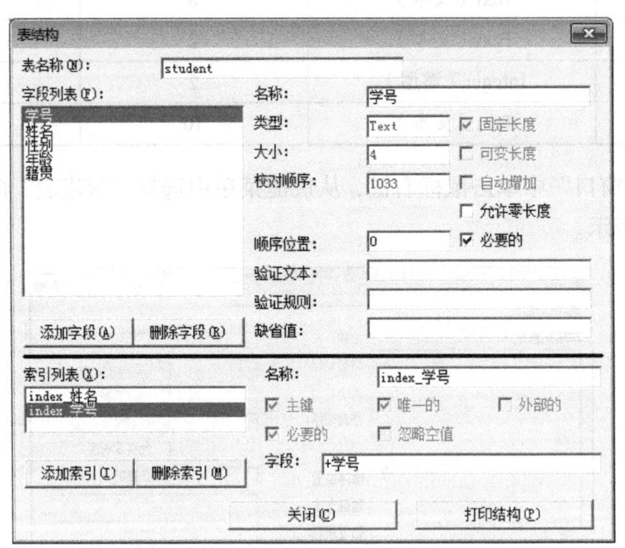

图 10-7 添加了字段和索引后的“表结构”对话框

（6）单击“生成表”按钮，即可在“数据库窗口”中看到新建的基本表 student，如图 10-8 所示。

注：基本表创建好后，如果需要修改，可以在“数据库窗口”中用鼠标右键单击基本表名，在弹出的快捷菜单中选择“设计”命令，即可再次打开“表结构”对话框。

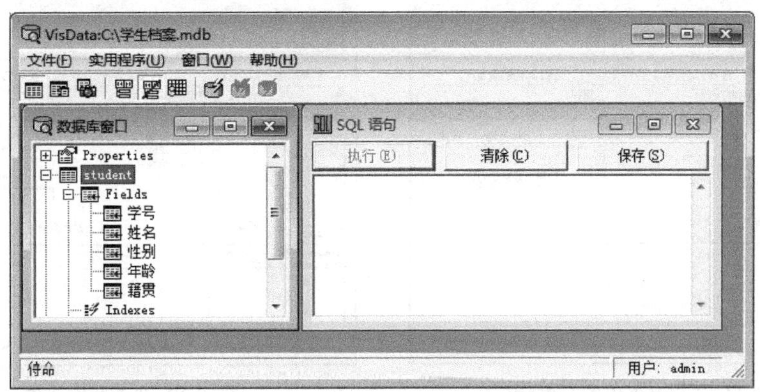

图 10-8　创建好的基本表 student 结构

3. 向基本表中添加数据

（1）在“数据库窗口”中双击基本表的名字，将会弹出数据记录窗口，如图 10-9 所示。

（2）在数据记录窗口中，单击“添加”按钮，将弹出空记录窗口。输入数据后，单击“更新”按钮，新记录将被添加入基本表，如图 10-10 所示。

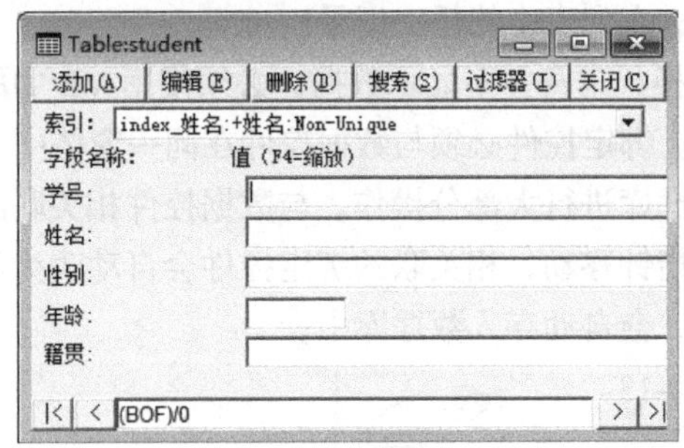

图 10-9　数据记录窗口

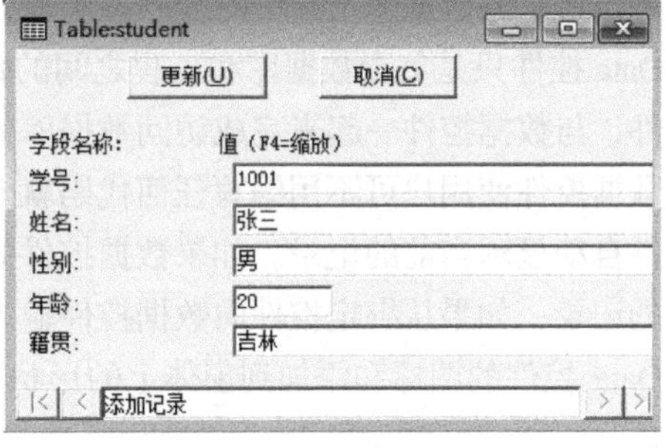

图 10-10　添加记录窗口

注：在图 10-9 所示的窗口中，还可以进行数据的编辑、删除、查找、排序、移动等操作。

4. 创建查询

下面创建例 10-2 中的查询，查询名称为“吉林省年龄大于 20 岁的同学”。

（1）在“数据库窗口”中用鼠标右键单击基本表名，从快捷菜单中选择“新建查询”命令，打开“查询生成器”对话框，如图 10-11 所示。

（2）选中基本表 student。在“要显示的字段:”处选中需要显示的字段。本例中全部选中（如果一个字段都没有选中的话，默认显示所有的字段）。

（3）在“字段名称:”处选择“student.籍贯”，“运算符:”选择“=”，“值:”中输入“吉林”。然后单击“将 And 加入条件”按钮。

（4）在“字段名称:”处选择“student.年龄”，“运算符:”选择“>”，“值:”中输入“20”。然后单击“将 And 加入条件”按钮，如图 10-12 所示。单击“保存”按钮，在弹出的对话框中输入查询名称“吉林省年龄大于 20 岁的同学”，单击“确定”按钮。

（5）单击“显示”按钮可以查看相应的 SELECT 语句。单击“运行”按钮可以查看该查询的运行结果。

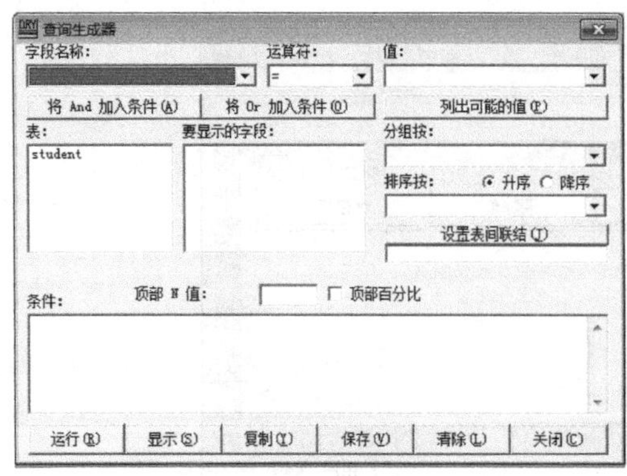

图 10-11 “查询生成器”对话框

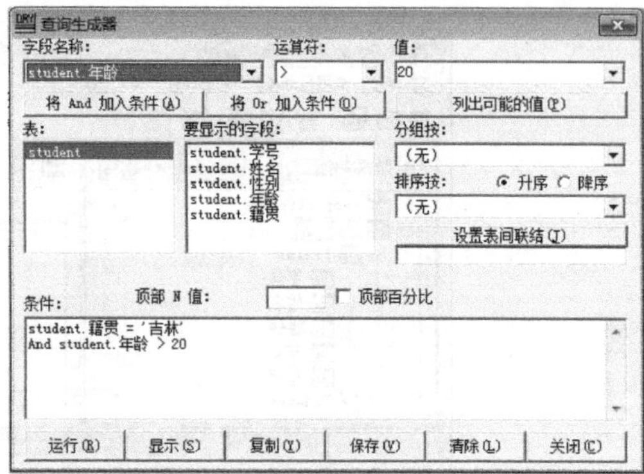

图 10-12 “查询生成器”对话框

10.3 通过 Data 控件访问数据库

Data 控件（数据控件）提供了一种访问数据库中数据的方法。通过设置属性，可以将数据控件与一个指定的数据库及其中的表联系起来，并可进入到表中的任一记录。

Data 控件只是负责数据库和工程之间的数据交换，本身并不显示数据，必须使用 VB 中的绑定控件，与数据控件一起来完成访问数据库的任务。绑定控件必须与数据控件在同一窗体中。

数据控件使用户可不用编写任何代码就能对数据库进行大部分操作。与数据控件相关联的绑定控件自动显示当前的记录。如果数据控件的记录指针移动，相关联的绑定控件会自动改为显示当前的记录；如果从绑定控件向数据控件输入新值，会自动存入数据库中。

Data 控件的图标和添加到窗体上的形状如图 10-13 所示。

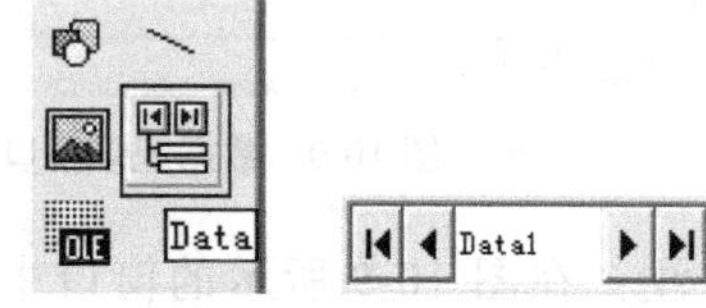

图 10-13 Data 控件图标和添加后的形状

Data 控件添加到窗体上后，提供了 4 个用于在基本表中进行数据浏览的按钮，从左向右分别是：记录指针移动到第一条记录、记录指针移动到上一条记录、记录指针移动到下一条记录、记录指针移动到最后一条记录，记录指针所指向的记录即为当前记录。

VB 6.0 中 Data 控件并不支持 Access 2003 数据库，所以需将其转换为低版本的格式。转换的步骤为：在 Access 2003 中，选择“工具”→“数据库实用工具”→“转换数据库”→“转为 Access 97 文件格式”即可。

10.3.1 Data 控件常用属性、方法、事件

下面介绍 Data 控件的常用属性。

1. Connect 属性

设置所连接的数据库类型，其值是一个字符串，默认值为 Access。

2. DatabaseName 属性

用来创建 Data 控件与数据库之间的联系，并指定要连接的数据库名及其所在路径。可以在属性窗口设置，也可以在程序中用代码设置，例如：

```
Data1.DatabaseName="h:\学生档案.mdb"
```

这种方法指定了要连接数据库的绝对路径。也可以使用相对路径，例如：

```
Data1.DatabaseName=App.path+"\"+"学生档案"
```

使用相对路径有利于应用程序的移植。项目开发时尽量使用相对路径。

3. RecordSource 属性

用于设置数据的来源，可以是表名、查询或 SELECT 语句。可以在属性窗口设置，也可以在程序中用代码设置，例如：

```
Data1.RecordSource="student"
```

4. RecordsetType 属性

用于确定记录集的类型。分为如下 3 种类型。

Table 类型：记录集为表集类型（值为 0 或 dbOpenTable），一个表集记录集代表能用来添加、更新或删除的单个数据库表，具有较好的更新性能。

Dynaset 类型：记录集为动态集类型（值为 1 或 dbOpenDynaset），一个动态记录集，代表一个数据库表或包含从一个或多个表取出的字段的查询结果。可从 Dynaset 类型的记录集中添加、更新或删除记录，并且任何改变都将反映在基本表上。具有较大的操作灵活性。

Snapshot 类型：记录集为快照集类型（值为 2 或 dbOpenSnapshot），一个记录集的静态副本，可用于查找数据或生成报告。一个快照类型的 Recordset 能包含从一个或多个在同一数据库中的表里取出的字段，但字段不能更改，只能显示，具有较好的显示速度。

5. ReadOnly 属性

在对数据库只查看不修改时，通常将 ReadOnly 属性设置为 True，而在运行时根据一定的条件，响应一定的指令后，才将它设置为 False。

6. Exclusive 属性

Exclusive 属性值设置为 True（独占方式）时，则在通过关闭数据库撤销这个设置前，其他任何人不能对数据库访问。这个属性的默认值是 False（共享方式）。

下面介绍 Data 控件的常用方法。

1. Refresh 方法

用于刷新记录集中的数据，以反映当前数据库的内容。

如果在程序运行时设置了 Data 控件的某些属性，如 Connect、RecordSource 或 Exclusive 等属性，则必须在设置完属性后使用 Refresh 方法使之生效。

2. UpdateRecord 方法

把当前的内容保存到数据库中，但不触发 Validate 事件。

3. UpdateControls 方法

将 Data 控件记录集中的当前记录填充到某个数据绑定控件。

下面介绍 Data 控件的常用事件。

1. Reposition 事件

该事件在当前记录指针移动时被触发。

2. Validate 事件

在某一记录成为当前记录之前和使用删除、更新或关闭操作之前触发。

10.3.2 Recordset 对象

Recordset 对象是 Data 控件最重要的对象，可以通过 Data 控件的 Recordset 属性访问。Recordset 对象指向 Data 控件的 RecordSource 属性指定的记录集，该记录集包含满足条件的所有记录。记录集类似数据库中的基本表，由若干行和若干列组成。

下面介绍 Recordset 对象的常用属性。

1. EOF 和 BOF 属性

如果记录指针位于第一条记录之前，则 BOF 的值为 True，否则为 False。

如果记录指针位于最后一条记录之后，则 EOF 的值为 True，否则为 False。

如果 BOF 和 EOF 的属性值同时为 True，则记录集为空。

2. Fields 属性

当前记录的字段集合对象，可以通过 Fields（序号）或 Fields（字段名）来访问当前记录的各字段的值。

例如：Data1.Recordset.Fields（1）与 Data1.Recordset.Fields("姓名")是等价的，都表示基本表 student 中的当前记录的第 2 个字段，即“姓名”字段。

第一个字段的序号为 0，以此类推。

3. Filter 属性

设置或返回 Recordset 对象的数据筛选条件。

4. Sort 属性

设置用于排序的字段。

5. AbsolutePosition 属性

返回或设置 Recordset 对象中记录集当前记录的序号（从 0 开始编号）。

在表中移动指针，最直接的方法就是使用 AbsolutePosition 属性，利用它可以直接将记录指针移动到某一条记录处。语法格式如下：

```
recordset.AbsolutePosition = N
```

其中：recordset 为 Recordset 对象变量，表示一个打开的表。*N* 表示记录指针要指向的记录号，范围是 0～记录总个数-1。

AbsolutePosition 属性只适用于动态集类型和快照类型的表。另外，在指定记录号时是从 0 开始计算的，所以如果想要移动指针到第 *N* 条记录时，在程序中应该置 AbsolutePosition 值为 *N*-1。比如要移动指针到第 3 条记录，就要设置 AbsolutePosition 为 2。

6. RecordCount 属性

返回 Recordset 对象中的记录个数。

在 Recordset 对象刚打开时，该属性不能正确返回记录集中的记录个数，要得到正确的结果，应当在打开记录集后，使用 MoveLast 方法。

7. Bookmark 属性

这是书签属性。和我们在阅读时使用的书签一样，用于标识记录集中的记录，以便在需要时快速的将记录指针指向一个记录。

利用 Bookmark 属性，可以记下当前记录指针所在位置。当指针指向某一条记录时，系统就会产生唯一的标识符，存在 Bookmark 属性中，随着指针位置的变化，Bookmark 中的值也变化。一般我们先将 Bookmark 中的值存在一个变量中，记住这个位置，然后指针移动，当需要时，可以再将变量中的值赋给 Bookmark，这样指针就可以移回原来的位置。

与 AbsolutePosition 属性有一点不同的是：Bookmark 属性的值是 String 或 Variant 类型的。有些表不支持 Bookmark 属性，为了能够确认 Bookmark 属性的存在，可以通过 Bookmarkable 属性的值来进行判断，若 Bookmarkable 值为 True，则可以使用 Bookmark 属性。

8. NoMatch 属性

当使用 Seek 方法或 Find 方法组进行查询后，可以使用该属性作为是否有符合条件的记录的判断依据，如果该属性值为 True，表明没有找到符合条件的记录。

下面介绍 Recordset 对象的常用方法。

1. AddNew 方法

在记录集的最后增加一条新记录。实际上该方法只是清除复制缓冲区允许输入新的记录，但并没有把新记录添加到记录集中。要想真正增加记录，还应当调用 Update 方法。

2. Edit 方法

用于对可更新的当前记录进行编辑。将当前记录放入复制缓冲区，以修改信息，进行编辑记录的操作和 AddNew 方法一样，如果不使用 Update 方法，所有的编辑结果将不会改变数据库表中的记录。

3. Delete 方法

删除记录集中的当前记录。具体操作是首先将记录指针移动到欲删除的记录，然后调用 Delete 方法。一旦使用了该方法，记录就永远消失不可恢复。

使用 Delete 方法后，当前记录立即删除，没有任何提示或警告。删除后，绑定控件仍旧显示该记录的内容，所以必须通过移动记录指针来刷新绑定控件。

4. Update 方法

将修改的内容保存到数据库中。当更改了字段的内容后，只要移动记录指针或调用 Update 方法，即可将所修改的内容存盘。

如果使用 AddNew 和 Edit 方法之后，没有立即使用 Update 方法，而是重新使用 Edit、AddNew 等操作移动了记录指针，复制缓冲区将被清空，原来输入的信息将会全部丢失，不会存入记录集中。

5. CancelUpdate 方法

用于取消 Data 控件的记录集中添加或编辑操作，恢复修改前的状态。

6. Seek 方法

通过一个已经被设置了索引的字段，查找符合条件的记录。该方法只用于对表记录集类型的记录集中的记录查找。

7. Find 方法组

（1）FindFirst 方法：自首记录开始向下（记录号增大的方向）查询匹配的第一个记录。

（2）FindLast 方法：自尾记录开始向上（记录号减小的方向）查询匹配的第一个记录。

（3）FindNext 方法：自当前记录开始向下查询匹配的第一个记录。

（4）FindPrevious 方法：自当前记录开始向上查询匹配的第一个记录。

这些查找方法只适用于动态集类型和快照集类型的记录集，对于表记录集类型则使用另一种方法 Seek 进行查找操作。

8. Move 方法组

该方法组用于移动记录指针。共包含 5 种方法。

（1）MoveFirst 方法：将记录指针移到第一条记录。

（2）MoveLast 方法：将记录指针移到最后一条记录。

（3）MoveNext 方法：将记录指针移到下一条记录。

（4）MovePrevious 方法：将记录指针移到上一条记录。

（5）Move [±n]方法：将记录指针向下（正号）或向上（负号）移过 *n* 条记录。*n* 为自然数。

9. Close 方法

该方法关闭指定的记录集。

10.3.3 数据绑定控件

Data 控件本身并没有显示数据的功能。Data 控件必须与数据绑定控件配合使用，才能显示或操作数据库中的数据。

在 VB 6.0 中，能够和 Data 控件绑定的内部控件包括 TextBox（文本框）、Label（标签）、CheckBox（复选框）、ListBox（列表框）、ComboBox（组合框）、PictureBox（图片框）、Image（图像框）和 OLE 容器等控件。此外，VB 6.0 还提供了大量的 ActiveX 数据绑定控件，如 DataList（数据列表）和 MSFlexGrid（数据网格）等控件。这些外部控件都允许一次显示或操作几条记录。

数据绑定控件的常用属性如下。

1. DataSource 属性

用于设置与该控件绑定的 Data 控件的名称。

2. DataField 属性

用于设置在该控件上显示的数据字段的名称，MSFlexGrid 等表格控件可以显示记录集中的所有字段，所以没有该属性。

10.3.4 数据库应用程序的设计步骤

1. 新建工程文件

在 VB 中创建一个新的工程文件，通常情况下数据库应用程序需要建立一个主窗体和若干个子窗体。在主窗体中设计数据库应用程序主菜单程序，在各个子窗体中完成各项具体数据操作工作。当然，简单的问题也可以不用子窗体。

2. 设置数据控件

在子窗体中放置数据控件，通过属性设置选择连接的数据库类型和数据库，选择连接的数据表。

3. 设置数据绑定控件

在窗体中放置数据绑定控件，通过属性设置选择数据控件要显示与编辑的字段名。

4. 编写事件驱动代码

根据程序设计要求，放置其他各类控件（如命令按钮），编写事件处理过程。

10.3.5　Data 控件用法示例

本小节将通过几个示例来说明 Data 控件和数据绑定控件的用法。在所有示例中，将使用前面创建的数据库“学生档案.mdb”。

【例 10-6】使用数据网格控件 MSFlexGrid 浏览 student 表中的数据。程序运行界面如图 10-14 所示。

1. 加载 MSFlexGrid 控件

在 VB 6.0 主界面中，选择“工程”→“部件……”，弹出“部件”对话框，如图 10-15 所示。

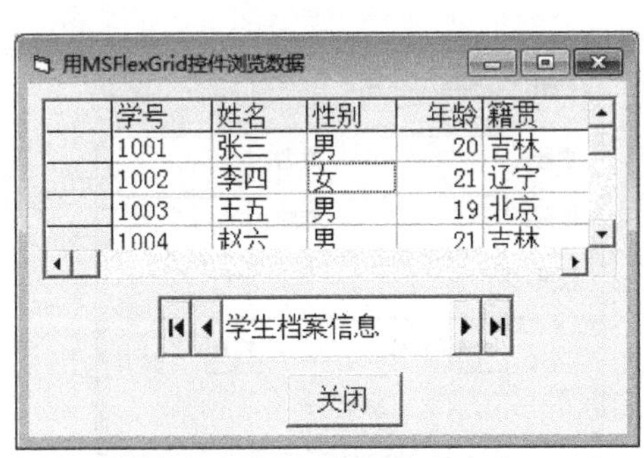

图 10-14　运行界面

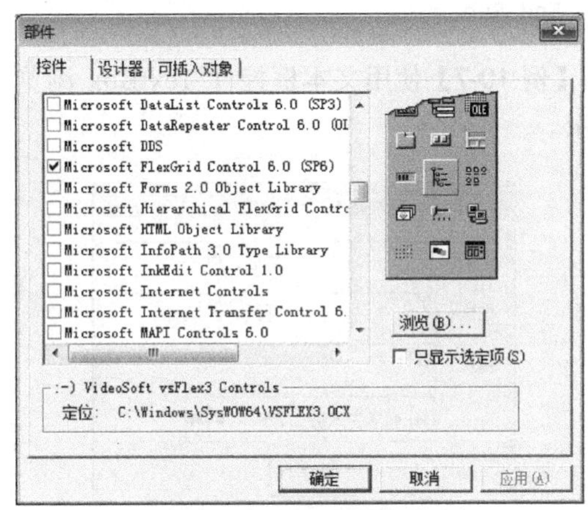

图 10-15　“部件”对话框

选中“Microsoft FlexGrid Control 6.0”，单击“确定”按钮。MSFlexGrid 控件即可加到工具箱上，如图 10-16 所示。

2. 设计程序界面并设置控件属性

程序设计界面如图 10-17 所示。在窗体上添加 1 个 MSFlexGrid 控件、1 个 Data 控件和 1 个命令按钮 CommandButton 控件。在属性窗口设置窗体及各控件的属性，如表 10-3 所示。

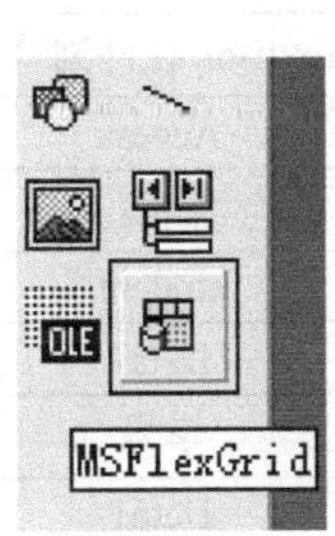

图 10-16　MSFlexGrid 控件的图标

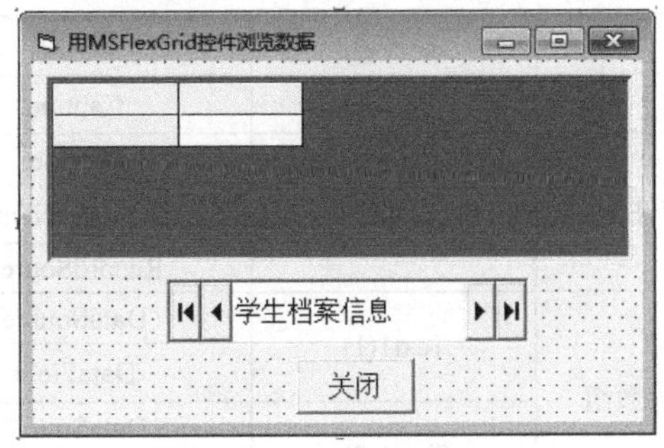

图 10-17　例 10-6 设计界面

表 10-3　　窗体及控件属性

	控件名	属性名	属性值
窗体	Form1	Caption	用 MSFlexGrid 控件浏览数据
数据控件	Data1	Caption	学生档案信息
		Connect	Access
		DatabaseName	学生档案.mdb
		RecordSource	student
数据网格控件	MSFlexGrid1	DataSource	Data1
命令按钮	cmdClose	Caption	关闭

3. 程序代码

进入代码窗口，在相应的 Sub 模块中编写如下代码：

```
Private Sub cmdClose_Click()
   End
End Sub
```

【例 10-7】使用文本框控件 TextBox 浏览 student 表中的数据。程序运行界面如图 10-18 所示。

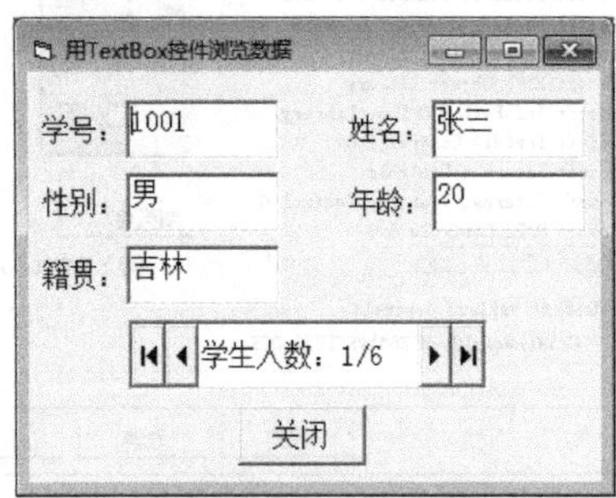

图 10-18　运行界面

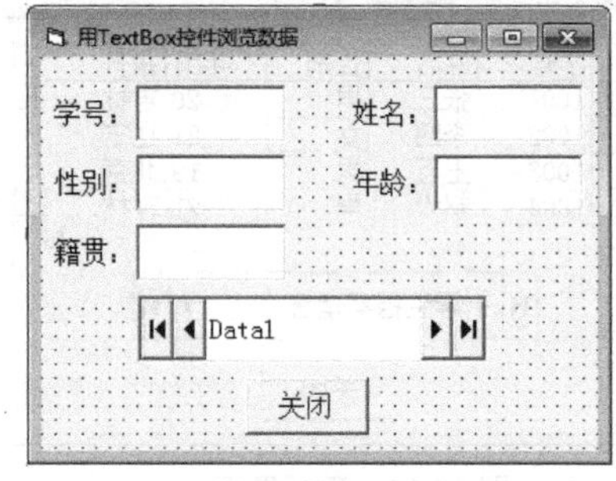

图 10-19　设计界面

1. 设计程序界面并设置控件属性

程序设计界面如图 10-19 所示。在窗体上添加 1 个 Data 控件、5 个 Label 控件、1 个 TextBox 控件数组和 1 个按钮控件 CommandButton。在属性窗口设置窗体及各主要控件的属性，如表 10-4 所示。

表 10-4　　窗体及控件属性

	控件名	属性名	属性值
窗体	Form1	Caption	用 TextBox 控件浏览数据
数据控件	Data1	Connect	Access
		DatabaseName	学生档案.mdb
		RecordSource	student
文本框控件数组	Text1(1)	DataSource	Data1
		DataField	学号
	Text1(2)	DataSource	Data1
		DataField	姓名

续表

	控件名	属性名	属性值
文本框控件数组	Text1(3)	DataSource	Data1
		DataField	性别
	Text1(4)	DataSource	Data1
		DataField	年龄
	Text1(5)	DataSource	Data1
		DataField	籍贯
命令按钮	cmdClose	Caption	关闭

2. 程序代码

进入代码窗口，在相应的 Sub 模块中编写如下代码：

```
Private Sub cmdClose_Click()
  End
End Sub
Private Sub Data1_Reposition()
  With Data1.Recordset
    Data1.Caption = "学生人数: " & .AbsolutePosition + 1 & "/" & .RecordCount
            ' 显示 当前记录/总记录数
  End With
End Sub
Private Sub Form_Initialize()
  If Not (Data1.Recordset.BOF And Data1.Recordset.EOF) Then   '如果记录集不空
    Data1.Recordset.MoveLast   '指向最后一个记录，以便系统统计总记录数 RecordCount
    Data1.Recordset.MoveFirst  '指向第一个记录，以便刚启动窗体时显示第一条记录
  End If
End Sub
Private Sub Form_Load()
  Data1.DatabaseName = App.Path & "\..\学生档案.mdb"
End Sub
```

【例 10-8】简单学生档案信息管理系统。实现对 student 表中数据增加、删除、查找等功能。程序运行界面如图 10-20 所示。

1. 设计程序界面并设置控件属性

程序设计界面如图 10-21 所示。在窗体上添加 1 个 Data 控件、5 个 Label 控件、1 个 TextBox 控件数组和 5 个按钮控件 CommandButton。在属性窗口设置窗体及各主要控件的属性，如表 10-5 所示。

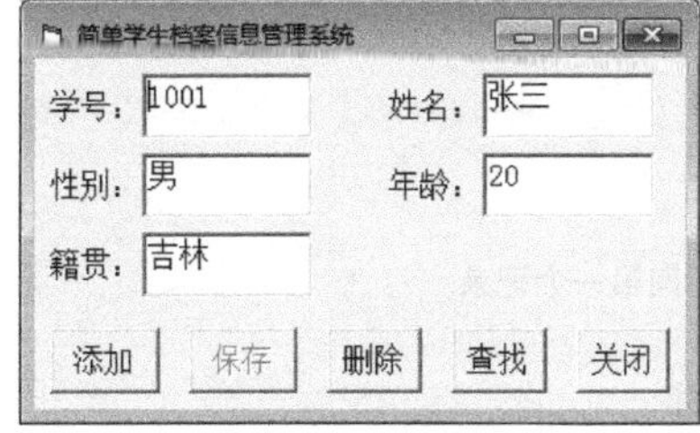

图 10-20　运行界面

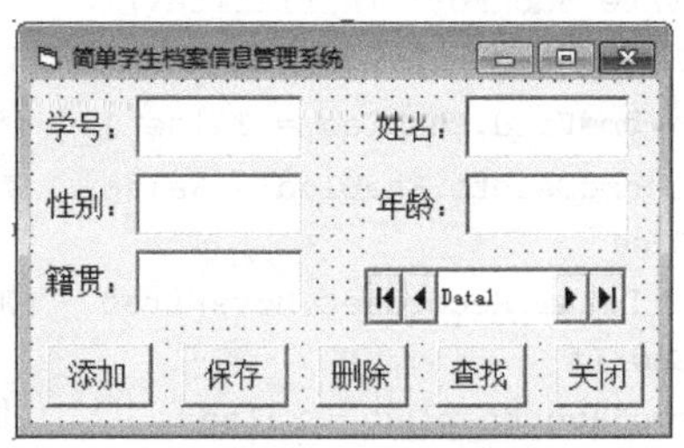

图 10-21　设计界面

表 10-5　　　　窗体及控件属性

	控 件 名	属 性 名	属 性 值
窗体	Form1	Caption	简单学生档案信息管理系统
数据控件	Data1	Connect	Access
		DatabaseName	学生档案.mdb
		RecordSource	student
		RecordsetType	1-Dynaset
		Visible	False
文本框控件数组	Text1（1）	DataSource	Data1
		DataField	学号
		MaxLenth	4
	Text1（2）	DataSource	Data1
		DataField	姓名
		MaxLenth	4
	Text1（3）	DataSource	Data1
		DataField	性别
		MaxLenth	1
	Text1（4）	DataSource	Data1
		DataField	年龄
		MaxLenth	2
	Text1（5）	DataSource	Data1
		DataField	籍贯
		MaxLenth	5
命令按钮	cmdClose	Caption	关闭
	cmdFind	Caption	查找
	cmdAdd	Caption	添加
	cmdDelete	Caption	删除
	cmdSave	Caption	保存

2. 程序代码

（1）初始化

初始化事件中，首先判断记录集是否为空。如为空，则将“查找”和“删除”按钮的 Enabled 属性置为 False，使其不可用。不管为空否，“保存”按钮都将置为不可用。只有当用户单击“添加”按钮时，“保存”按钮才被激活变为可用。代码如下：

```
Private Sub Form_Initialize()
  If Data1.Recordset.EOF And Data1.Recordset.BOF Then  '检测记录集是否为空
    cmdFind.Enabled = False      ' 查找按钮不可用
    cmdDelete.Enabled = False  ' 删除按钮不可用
  Else
    Data1.Recordset.MoveFirst  ' 如果不为空，指向第一个记录
  End If
  cmdSave.Enabled = False       ' 保存按钮不可用
End Sub
```

（2）添加记录

用户单击“添加”按钮时，将“添加”“删除”和“查找”按钮的 Enabled 属性置为 False，即让这 3 个按钮不可用。将“保存”按钮的 Enabled 属性置为 True，变为可用。这样可以防止误操作。代码如下：

```
Private Sub cmdAdd_Click()
   Dim str1$, str2$
   str1 = "输入新的记录"
   str2 = MsgBox(str1, vbOKCancel, "添加记录")
   If str2 = vbOK Then
      Text1(1).SetFocus            ' 将焦点置于第一个文本框中
      Data1.Recordset.AddNew       ' 记录集最后增加一条空记录
      cmdAdd.Enabled = False
      cmdDelete.Enabled = False
      cmdFind.Enabled = False
      cmdSave.Enabled = True
   End If
End Sub
```

通过“Data1.Recordset.AddNew”语句，在记录集最后增加一条空记录。用户输入数据后，单击“保存”按钮，新记录被写入数据库。

（3）“保存”按钮

“保存”按钮是专门用于配合“添加”按钮的。二者一起完成了添加记录的功能。当用户单击“保存”按钮时，首先判断学号和姓名是否为空，因为设计表结构时，二者被设置为必要的，不能为空。判断方法是检验文本框内容是否为空，如为空，则通过消息框提示错误，如图 10-22 所示。

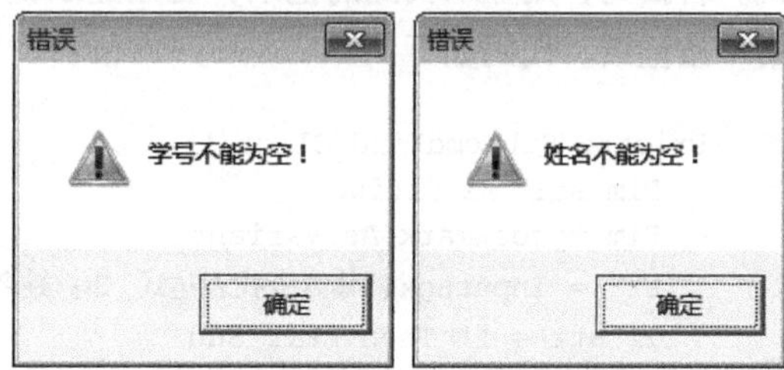

图 10-22　检查输入数据的合法性

通过“Data1.UpdateRecord”语句将新记录保存到了数据库中。此处使用“Data1.Recordset.Update”语句也可完成同样的功能。代码如下：

```
Private Sub cmdSave_Click()
   If Text1(1) = "" Then
      MsgBox "学号不能为空！" , vbExclamation, "错误"
      Text1(1).SetFocus
   ElseIf Text1(2) = "" Then
      MsgBox "姓名不能为空！" , vbExclamation, "错误"
      Text1(2).SetFocus
   Else
      Data1.UpdateRecord  ' 用于保存添加好的记录，用 Data1.Recordset.Update 也可
      Data1.Recordset.MoveLast  ' 显示刚刚增加的记录
      MsgBox "保存成功！"
      cmdAdd.Enabled = True
      cmdSave.Enabled = False
      cmdDelete.Enabled = True
      cmdFind.Enabled = True
   End If
End Sub
```

（4）删除记录

用户单击“删除”按钮时，将弹出“确认删除”消息框，如图 10-23 所示。

在“确认删除”消息框中，如用户选择“是”，则通过“Data1.Recordset.Delete”语句删除当前记录。代码如下：

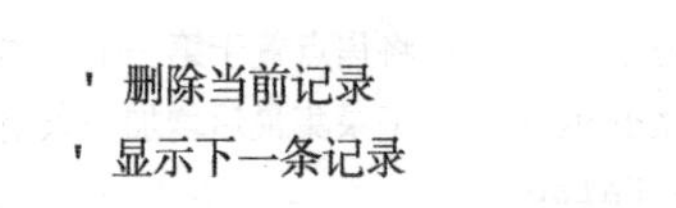

图 10-23 “确认删除”消息框

```
Private Sub cmdDelete_Click()
  Dim str1$, str2$
  str1 = "您确定要删除" & Text1(2).Text & " 的档案信息吗? "
  str2 = MsgBox(str1, vbYesNo+vbQuestion, "确认删除")
  If str2 = vbYes Then
     Data1.Recordset.Delete           ' 删除当前记录
     Data1.Recordset.MoveNext         ' 显示下一条记录
     If Data1.Recordset.EOF Then
        Data1.Recordset.MoveLast   ' 如果到记录集末尾，则显示最后一条记录
     End If
  End If
End Sub
```

（5）查找记录

单击“查找”按钮时，将弹出“查找记录”输入框，如图 10-24 所示。

输入查找条件后，单击“确定”按钮，则通过“Data1.Recordset.FindFirst”语句按照输入的条件进行查找。若找到，则显示找到的记录，否则显示记录集中的第一条记录。代码如下：

图 10-24 “查找记录”输入框

```
Private Sub cmdFind_Click()
  Dim str  As String
  Dim mybookmark As Variant
  str = InputBox("输入查找表达式,如: 姓名='张三'", "查找记录")
  If str = "" Then Exit Sub
  On Error Resume Next
  mybookmark = Data1.Recordset.Bookmark  ' 记住查找前，记录指针位置
  Data1.Recordset.FindFirst str
                     ' 从头开始查找满足条件的第一条记录，若找到就显示找到的记录
  If Data1.Recordset.NoMatch Then
     MsgBox ("对不起，没有发现要查找的姓名")
     Data1.Recordset.Bookmark = mybookmark  ' 若未找到，则显示原先记录
  End If
  cmdAdd.Enabled = True
  cmdDelete.Enabled = True
  cmdFind.Enabled = True
  cmdSave.Enabled = False
End Sub
```

（6）退出系统

单击“关闭”按钮时，将结束本系统的运行。代码如下：

```
Private Sub cmdClose _Click()
  End
End Sub
```

通过上述例子，介绍了使用 Data 控件进行简单信息管理系统开发的过程，读者可以了解用 Data 控件访问数据库表中数据的方法。

10.4　通过 ADODC 控件访问数据库

ADO（ActiveX Data Objects，ActiveX 数据对象）是为 Microsoft 最新、最强大的数据访问范例 OLE DB 而设计的，是基于 OLE DB 之上的技术。OLE DB 是一种底层的编程接口，它支持关系型或非关系型的各种数据源，如各种类型的数据库、电子表格、电子邮件和文本文件等。

ADO 技术广泛应用于各种程序设计语言，包括应用网页编程；是独立于开发工具和开发语言的、简单的、功能强大而且容易使用的数据访问接口；是目前业界最流行的数据库访问技术，具体可以分为 ADODC 控件（ADO 控件）和 ADO 对象两种方式。

本节介绍如何通过 ADODC 控件访问数据库，下一节介绍如何通过 ADO 对象访问数据库。

10.4.1　ADODC 控件简介

ADODC 控件是基于 ADO 数据对象的一种数据源控件，它的使用方法和 Data 控件类似，但其功能要强大很多。

ADODC 控件是 VB 6.0 提供的 ActiveX 外部控件，在使用之前，需要首先将它添加到工具箱中。方法是：选择“工程”→“部件”命令，弹出“部件”对话框。选中“Microsoft ADO Data Control 6.0（OLEDB）”项，单击“确定”按钮，即可将 ADODC 控件添加到工具箱，如图 10-25 所示。

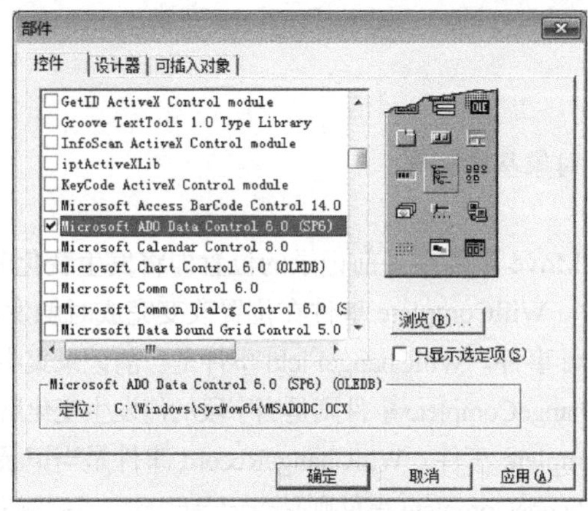

图 10-25　加载 ADODC 控件

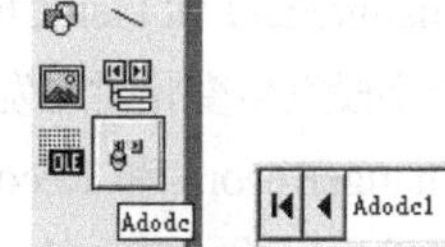

图 10-26　ADODC 控件的图标和添加到窗体上的形状

ADODC 控件的图标和添加到窗体上的形状如图 10-26 所示。

Data 控件添加到窗体上后，提供了 4 个用于在基本表中进行数据浏览的按钮，从左向右分别是：记录指针移动到第一条记录、记录指针移动到上一条记录、记录指针移动到下一条记录、记录指针移动到最后一条记录，记录指针所指向的记录即为当前记录。

1. ADODC 控件的常用属性

（1）ConnectionString 属性：ConnectionString 属性通过连接字符串来选择连接数据库的类型、驱动程序与数据库名称。连接信息参数及参数含义如下。

① Provider：提供数据库类型与驱动程序。

② Data Source：选择数据库名。

③ Persist Security Info：安全信息，主要是设置登录用的账户和口令。

（2）RecordSource 属性：RecordSource 属性用于设置所要连接的记录源，可以是基本表名、查询名或者 SQL 查询语句。

（3）CommandType 属性：CommandType 属性用于指定 RecordSource 属性所连接数据源的类型。可直接在属性窗口中 CommandType 属性框右边的下拉列表中选择需要的类型，其有 4 种可选类型。

① 8-adCmdUnknown（默认）：未知命令类型。

② 1-adCmdText：文本命令类型。可以输入 SQL 语句，用 SQL 语句选择基本表或进行插入、替换与删除操作。

③ 2-adCmdTable：表示该命令是一个表或查询（视图）名称。

④ 4-adCmdStoreProc：表示该命令是一个存储过程名。

经常使用的是 adCmdTable 类型。

（4）UserName 属性和 Password 属性：当访问大型数据库时，需要登录认证，经常会用到这两个属性：用户名和口令。

（5）ConnectionTimeout 属性：该属性设置等待建立一个连接的时间，以秒为单位。如果连接超时，则返回一个错误。

2. ADODC 控件的常用方法

ADODC 控件也有 Recordset 属性，它是一个指向记录集的对象。ADODC 控件的方法主要指 Recordset 对象提供的数据操作方法。常用方法如下。

（1）AddNew、Delele、Update、CancelUpdate 方法。

（2）Move 方法组：MoveFirst、MoveLast、MoveNext、MovePrevious 方法。

（3）Find 方法。

（4）Open、Close 方法。

这些方法的用法与 Data 控件的 Recordset 对象基本相同。

3. ADODC 控件的常用事件

（1）WillMove 和 MoveComplete 事件。WillMove 事件在当前记录的位置即将发生变化时触发，如使用 ADODC 控件上的按钮移动记录位置时。WillComplete 事件在位置改变完成时触发。

（2）WillChangeField 和 FieldChangeComplete 事件。WillChangeField 事件是当前记录集中当前记录的一个或多个字段发生变化时触发。而 FieldChangeComplete 事件则是当字段的值发生变化后触发。

（3）WillChangeRecord 和 RecordChangeComplete 事件。WillChangeRecord 事件是当记录集中的一个或多个记录发生变化前产生的。而 RecordChangeComplete 事件则是当记录已经完成后触发。

10.4.2 数据绑定控件

ADODC 控件本身也没有显示数据的功能。其必须与数据绑定控件配合使用，才能显示或操作数据库中的数据。

在 VB 6.0 中，能够和 ADODC 控件绑定的内部控件包括 TextBox（文本框）、Label（标签）、CheckBox（复选框）、ListBox（列表框）、ComboBox（组合框）、PictureBox（图片框）和 Image（图像框）等控件。此外，VB 6.0 还提供了大量的 ActiveX 数据绑定控件，如 DataList（数据列表）、DataGrid（数据表格）和 DataCombo（数据组合框）等。这些外部控件都允许一次显示或操作几条记录。

数据绑定控件的常用属性如下。

（1）DataSource 属性。用于设置与该控件绑定的 ADODC 控件的名称。即指定该控件要绑定到哪个数据源。

（2）DataField 属性。用于设置在该控件上显示的数据字段的名称，DataGrid 等表格控件可以显示记录集中的所有字段，所以没有该属性。

10.4.3　ADODC 控件用法示例

【例 10-9】使用数据表格控件 DataGrid 浏览 student 表中的数据。程序运行界面如图 10-27 所示。

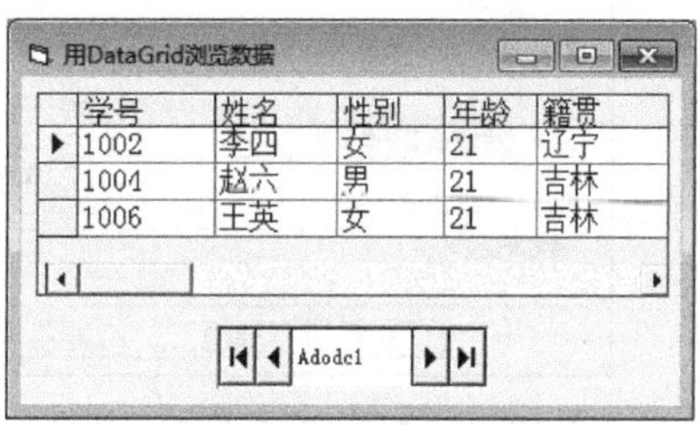

图 10-27　运行界面

1. 加载 DataGrid 控件

在 VB 6.0 主界面中，选择“工程”→“部件……”，弹出“部件”对话框，如图 10-28 所示。选中“Microsoft DataGrid Control 6.0（SP6）（OLEDB）”，单击“确定”按钮。DataGrid 控件即可加到工具箱上，如图 10-29 所示。

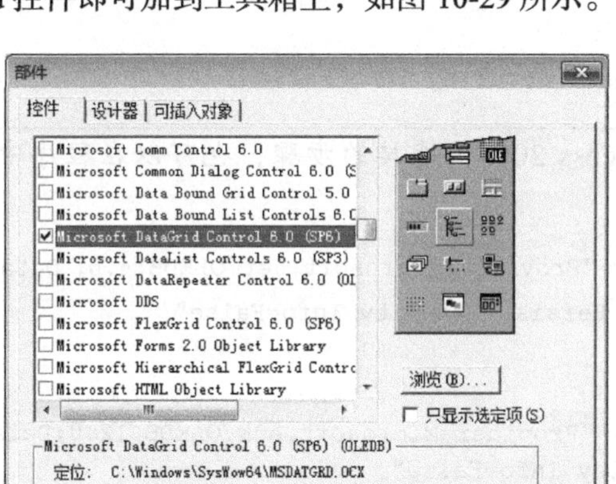

图 10-28　“部件”对话框

图 10-29　DataGrid 控件的图标

2. ADODC 控件属性页的设置

（1）ADODC 控件添加到窗体上以后，默认控件名为 Adodc1。右键单击该控件，在弹出的快捷菜单中选择“ADODC 属性”命令，将弹出 ADODC 控件的“属性页”对话框，如图 10-30 所示。

（2）单击“生成”按钮，进入“数据链接属性”对话框，如图 10-31 所示。通过该对话框可以将 ADODC 控件连接到数据库。

（3）在“提供程序”选项卡中，选择所要连接的数据库类型。若连接 Access 2003 数据库（扩展名为.mdb），则可选择“Microsoft Jet 4.0 OLE DB Provider”选项；若连接 Access 2010 数据库（扩展名为.accdb），则可选择“Microsoft Office 12.0 Access Database Engine OLE DB Provider”选项；若连接 SQL Server 数据库，选择“Microsoft OLE DB Provider for SQL Server”选项；若连接 Oracle 数据库，选择“Microsoft OLE DB Provider for Oracle”选项。单击“下一步”按钮，进入“连接”选项卡，如图 10-32 所示。

（4）在“连接”选项卡中，可以选择所要连接的数据库名称（带路径）、登录账号和口令。单击“测试连接”按钮，可以测试数据库是否连接成功。单击“确定”按钮，则数据库引擎程序、数据库名称、登录账号和口令设置完成，回到如图 10-30 所示的“属性页”对话框。这时在“使用连接字符串”下面的文本框中，出现的文字为：

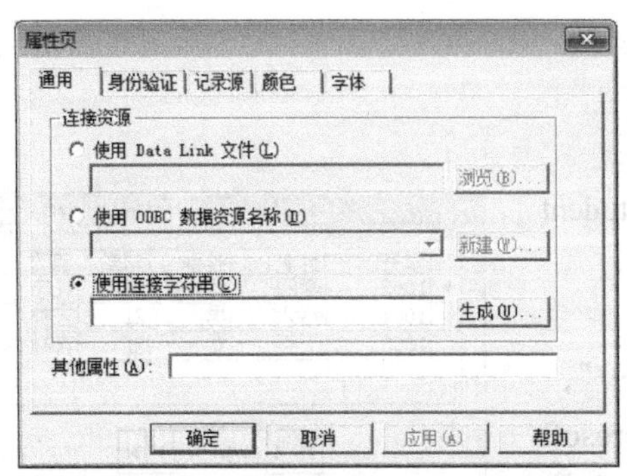

图 10-30　ADODC 控件的“属性页”对话框

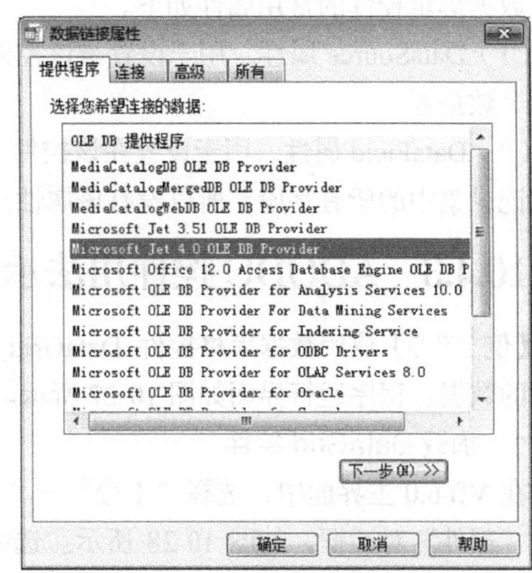

图 10-31　选择连接数据库类型

```
Provider=Microsoft.Jet.OLEDB.4.0;
Data Source=H:\学生档案.mdb; Persist Security Info=False
```

上述建立与数据库（Access 2003）连接的步骤，也可以在程序中用下面代码设置：

```
Adodc1.ConnectionString="Provider=Microsoft.Jet.OLEDB.4.0; Data
Source= H:\学生档案.mdb; Persist Security Info=False"
```

或：（Access 2010）

```
Adodc1.ConnectionString="Provider=Microsoft.ACE.OLEDB.12.0;Data Source= H:\
学生档案.accdb;Persist Security Info=False"
```

（5）单击图 10-30 所示“属性页”对话框中“记录源”选项卡，如图 10-33 所示。在“命令类型”下拉列表框中选择“2-adCmdTable”命令类型，在“表或存储过程名称”下拉列表框中选择基本表或查询作为记录源，本例选择的是基本表 student。

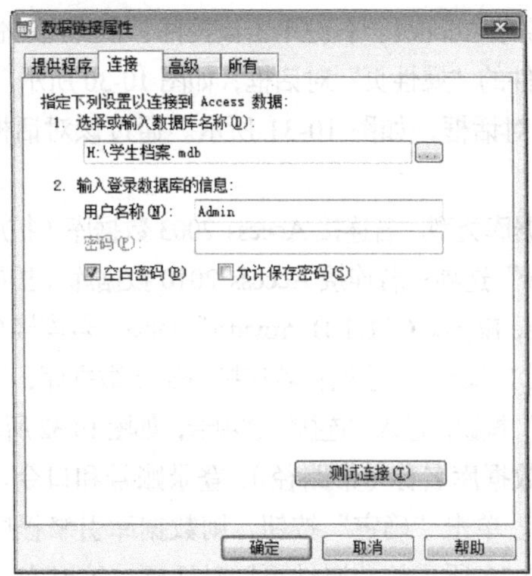

图 10-32　选择所连接数据库名称

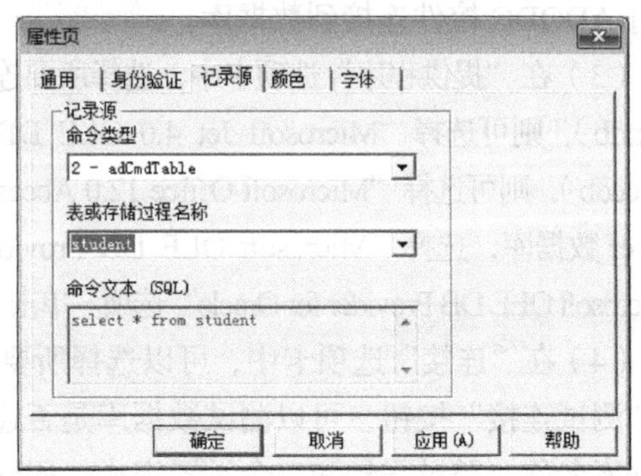

图 10-33　选择基本表 student 作为记录源

说明

该处设置记录源的步骤，也可以在程序中用下面代码完成。

```
Adodc1.CommandType=adCmdTable
Adodc1.RecordSource="student"
```

至此，ADODC 控件的属性设置完成，可以作为数据绑定控件的数据源使用了。

3. 设计程序界面并设置控件属性

程序设计界面如图 10-34 所示。在窗体上添加 1 个 DataGrid 控件和 1 个 ADODC 控件。在属性窗口设置窗体及各控件的属性，如表 10-6 所示。

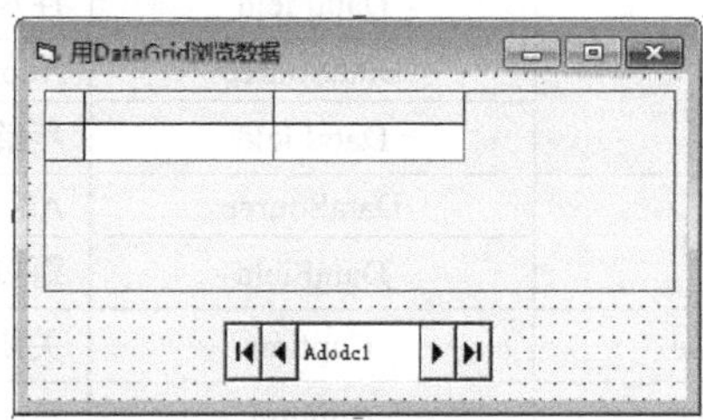

图 10-34　设计界面

表 10-6　　窗体及控件属性

	控 件 名	属 性 名	属 性 值
窗体	Form1	Caption	用 DataGrid 控件浏览数据
数据控件	Adodc1	ConnectString	Provider=Microsoft.Jet.OLEDB.4.0; Data Source=H:\学生档案.mdb; Persist Security Info=False
		CommandType	2-adCmdTable
		RecordSource	student
数据表格控件	DataGrid1	DataSource	Adodc1

4. 程序代码

本例中没有使用任何代码。

【例 10-10】使用文本框控件 TextBox 浏览 student 表中的数据。程序运行界面如图 10-35 所示。

1. 设计程序界面并设置控件属性

程序设计界面如图 10-36 所示。在窗体上添加 1 个 ADODC 控件、6 个 Label 控件、1 个 TextBox 控件数组、1 个 TextBox 控件和 6 个按钮控件 CommandButton。在属性窗口设置窗体及各主要控件的属性，如表 10-7 所示。ADODC 控件的设置同上例。

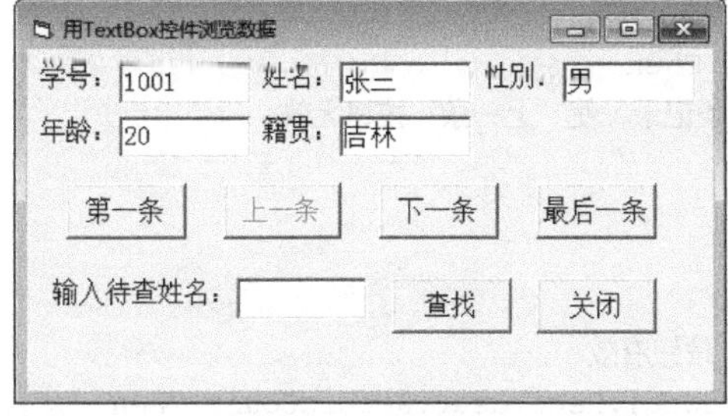

图 10-35　运行界面

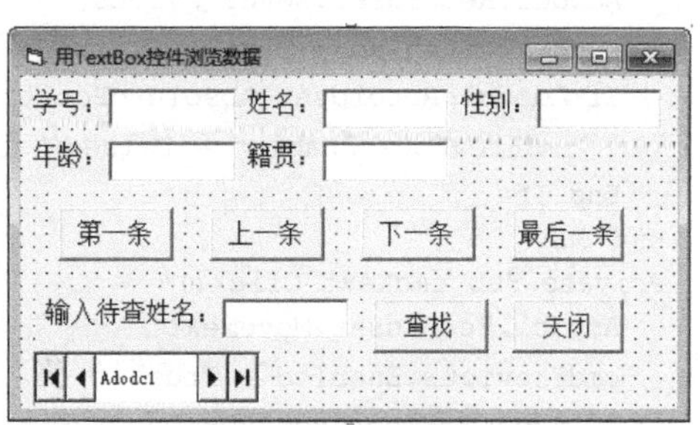

图 10-36　设计界面

表 10-7　　窗体及控件属性

	控 件 名	属 性 名	属 性 值
窗体	Form1	Caption	用 TextBox 控件浏览数据
文本框控件数组	Text1(1)	DataSource	Adodc1
		DataField	学号
	Text1(2)	DataSource	Adodc1
		DataField	姓名
	Text1(3)	DataSource	Adodc1
		DataField	性别
	Text1(4)	DataSource	Adodc1
		DataField	年龄
	Text1(5)	DataSource	Adodc1
		DataField	籍贯
命令按钮	cmdClose	Caption	关闭
	cmdFirst	Caption	第一条
	cmdPrevious	Caption	上一条
	cmdNext	Caption	下一条
	cmdLast	Caption	最后一条
	cmdFind	Caption	查找

2. 程序代码

进入代码窗口，在相应的 Sub 模块中编写如下代码。

```
Private Sub Form_Initialize()
   Dim i As Integer
   For i = 1 To 5                          ' 锁定 5 个文本框，不允许编辑
      Text1(i).Locked = True
   Next i
   cmdPrevious.Enabled = False     '显示第一条记录，使“上一条”按钮无效
End Sub
Private Sub cmdFirst_Click()
   Adodc1.Recordset.MoveFirst
   cmdPrevious.Enabled = False    ' 显示第一条记录，使“上一条”按钮无效
   cmdNext.Enabled = True         ' 显示第一条记录，使“下一条”按钮有效
End Sub
Private Sub cmdPrevious_Click()
   Adodc1.Recordset.MovePrevious
   cmdNext.Enabled = True          ' 使“下一条”按钮有效
   If Adodc1.Recordset.AbsolutePosition = 1 Then
      cmdPrevious.Enabled = False   ' 显示第一条记录，使“上一条”按钮无效
   End If
End Sub
Private Sub cmdNext_Click()
   Adodc1.Recordset.MoveNext
   cmdPrevious.Enabled = True     ' 使“上一条”按钮有效
   If Adodc1.Recordset.AbsolutePosition = Adodc1.Recordset.RecordCount Then
      cmdNext.Enabled = False       ' 显示最后一条记录，使“下一条”按钮无效
```

```
    End If
End Sub
Private Sub cmdLast_Click()
    Adodc1.Recordset.MoveLast
    cmdPrevious.Enabled = True    ' 显示最后一条记录，使“上一条”按钮有效
    cmdNext.Enabled = False       ' 显示最后一条记录，使“下一条”按钮无效
End Sub
Private Sub cmdFind_Click ( )
    Dim str As String
    Dim mybookmark As Variant
    mybookmark = Adodc1.Recordset.Bookmark  ' 记住查找前，记录指针位置
    str = "姓名='" & Text2.Text & "'"
    Adodc1.Recordset.MoveFirst
    Adodc1.Recordset.Find str
    If Adodc1.Recordset.EOF Then
        MsgBox "指定的条件没有匹配的记录", , "信息提示"
        Adodc1.Recordset.Bookmark = mybookmark  ' 若未找到，则显示原先记录
    End If
End Sub
Private Sub cmdClose_Click()
    Unload Me
End Sub
```

【例 10-11】简单学生档案信息管理系统。实现对 student 表中数据增加、修改、删除等功能。程序运行界面如图 10-37 所示。

1. 设计程序界面并设置控件属性

程序设计界面如图 10-38 所示。在窗体上添加 1 个 ADODC 控件、5 个 Label 控件、1 个 TextBox 控件数组和 6 个按钮控件 CommandButton。在属性窗口设置窗体及各主要控件的属性，如表 10-8 所示。ADODC 控件的属性设置同上。

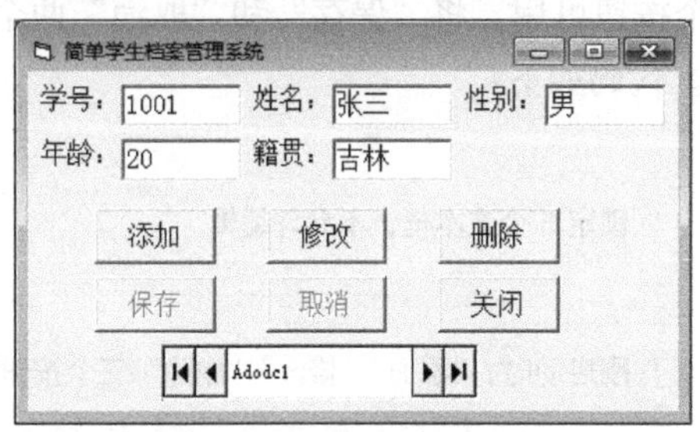

图 10-37　运行界面

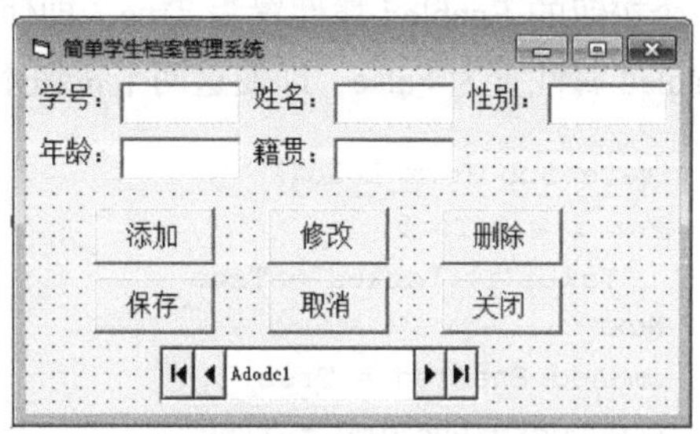

图 10-38　设计界面

表 10-8　　窗体及控件属性

	控 件 名	属 性 名	属 性 值
窗体	Form1	Caption	简单学生档案管理系统
文本框控件数组	Text1(1)	DataSource	Adodc1
		DataField	学号
		MaxLenth	4
	Text1(2)	DataSource	Adodc1
		DataField	姓名
		MaxLenth	4

续表

	控 件 名	属 性 名	属 性 值
文本框控件数组	Text1(3)	DataSource	Adodc1
		DataField	性别
		MaxLenth	1
	Text1(4)	DataSource	Adodc1
		DataField	年龄
		MaxLenth	2
	Text1(5)	DataSource	Adodc1
		DataField	籍贯
		MaxLenth	5
命令按钮	cmdAdd	Caption	添加
	cmdUpdate	Caption	修改
	cmdDelete	Caption	删除
	cmdSave	Caption	保存
	cmdCancel	Caption	取消
	cmdClose	Caption	关闭

2. 程序代码

（1）初始化。

通用段设置了两个后面用到的变量，代码如下：

```
Dim i As Integer
Dim bookmark1 As Variant
```

窗体装载事件中，首先将 5 个文本框锁定，防止用户编辑修改。然后将“添加”“修改”和“删除”3 个按钮的 Enabled 属性置为 True，即使这 3 个按钮可用，将“保存”和“取消”两个按钮的 Enabled 属性置为 False，即使这两个按钮不可用。代码如下：

```
Private Sub Form_Load()
  For i = 1 To 5                                 ' 锁定 5 个文本框，不允许编辑
    Text1(i).Locked = True
  Next i
  cmdAdd.Enabled = True                          ' 刚启动时，“添加”“修改”“删除”三个按钮可用
  cmdUpdate.Enabled = True
  cmdDelete.Enabled = True
  cmdSave.Enabled = False                        ' 刚启动时，“保存”“取消”两个按钮不可用
  cmdCancel.Enabled = False
  If Adodc1.Recordset.RecordCount = 0 Then '如果记录集为空，“修改”“删除”两个按钮不可用
    cmdUpdate.Enabled = False
    cmdDelete.Enabled = fasle
  End If
End Sub
```

（2）添加记录。

单击“添加”按钮时，首先记住增加新记录前记录指针位置，以便将来取消后恢复到此记录处。然后为 5 个文本框解锁，以便用户进行编辑，输入新记录内容。最后使“添加”、“修改”和

"删除" 3 个按钮不可用，使 "保存" 和 "取消" 两个按钮可用。这样可以防止误操作。代码如下：

```
Private Sub cmdAdd_Click()
  bookmark1 = Adodc1.Recordset.Bookmark
                       ' 记住增加前，记录指针位置，以便将来取消后，恢复到此记录
  For i = 1 To 5       ' 为 5 个文本框解锁，以便进行编辑
    Text1(i).Locked = False
  Next i
  Adodc1.Recordset.AddNew    ' 在记录集中增加空白记录
  Text1(1).SetFocus
  cmdAdd.Enabled = False
          ' 单击 "添加" 按钮后，使 "添加" "修改" 和 "删除" 3 个按钮不可用
  cmdUpdate.Enabled = False
  cmdDelete.Enabled = False
  cmdSave.Enabled = True ' 单击 "添加" 按钮后，使 "保存" 和 "取消" 两个按钮可用
  cmdCancel.Enabled = True
End Sub
```

通过 "Adodc1.Recordset.AddNew" 语句，在记录集最后增加一条空记录。用户输入数据后，单击 "保存" 按钮，新记录将被写入数据库。

（3）修改记录。

单击 "修改" 按钮时，首先记住修改前记录指针位置，以便将来取消后恢复显示此记录。然后为 5 个文本框解锁，以便用户对当前记录进行编辑修改。最后使 "添加" "修改" 和 "删除" 3 个按钮不可用，使 "保存" 和 "取消" 两个按钮可用。这样可以防止误操作。代码如下：

```
Private Sub cmdUpdate_Click()
  Adodc1.Refresh
  bookmark1 = Adodc1.Recordset.Bookmark
                       ' 记住修改前，记录指针位置，以便将来取消后，恢复到此记录
  For i = 1 To 5       ' 为 5 个文本框解锁，以便进行编辑
    Text1(i).Locked = False
  Next i
  cmdAdd.Enabled = False
            ' 单击 "修改" 按钮后，使 "添加" "修改" 和 "删除" 3 个按钮不可用
  cmdUpdate.Enabled = False
  cmdDelete.Enabled = False
  cmdSave.Enabled = True ' 单击 "修改" 按钮后，使 "保存" 和 "取消" 两个按钮可用
  cmdCancel.Enabled = True
End Sub
```

（4）"保存" 按钮。

"保存" 按钮是用于配合 "添加" 和 "修改" 按钮的。用于将新增加的记录或修改后数据存盘。当单击 "保存" 按钮时，首先判断学号和姓名是否为空，因为设计表结构时，二者被设置为必要的，不能为空。判断方法是检验文本框内容是否为空，如为空，则通过消息框提示错误，如图 10-39 所示。

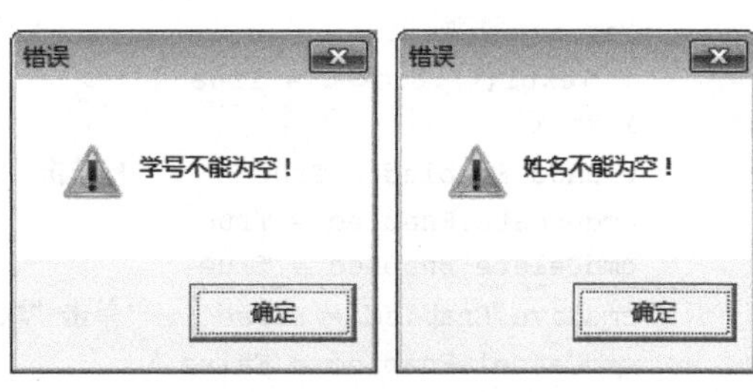

图 10-39　检查输入数据的合法性

然后重新锁定 5 个文本框，以防止用户对当前记录进行编辑修改。最后使“添加”“修改”和“删除”3 个按钮可用，使“保存”和“取消”两个按钮不可用。

通过“Adodc1.Recordset.Update”语句将新记录保存到数据库中。代码如下：

```
Private Sub cmdSave_Click()
  If Len(Text1(1).Text) = 0 Then
    MsgBox "学号不能为空！", vbExclamation, "错误"
    Text1(1).SetFocus
    Exit Sub
  End If
  If Len(Text1(2).Text) = 0 Then
    MsgBox "姓名不能为空！", vbExclamation, "错误"
    Text1(2).SetFocus
    Exit Sub
  End If
  Adodc1.Recordset.Update      ' 保存对记录集当前记录的修改
  For i = 1 To 5               ' 重新锁定 5 个文本框，不允许编辑
    Text1(i).Locked = True
  Next i
  cmdAdd.Enabled = True
               ' 单击“保存”按钮后，使“添加”“修改”和“删除”3 个按钮可用
  cmdUpdate.Enabled = True
  cmdDelete.Enabled = True
  cmdSave.Enabled = False '单击“保存”按钮后,使“保存”和“取消”两个按钮不可用
  cmdCancel.Enabled = False
End Sub
```

（5）“取消”按钮。

“取消”按钮用于配合“添加”和“修改”按钮的。用于取消新增加的记录或取消对当前记录的修改。然后重新锁定 5 个文本框，以防止用户对当前记录进行编辑修改。最后使“添加”“修改”和“删除”3 个按钮可用，使“保存”和“取消”两个按钮不可用。

通过“Adodc1.Recordset. CancelUpdate”语句将取消新增加的记录或取消对当前记录的修改，即刚才所做的增加或修改并未保存到数据库中，并恢复显示添加或修改之前的记录。

代码如下：

```
Private Sub cmdCancel_Click()
  Adodc1.Recordset.CancelUpdate    ' 放弃对记录集当前记录的修改
  Adodc1.Refresh
  Adodc1.Recordset.Bookmark = bookmark1
                                   ' 取消了修改或新增记录，则恢复显示修改或增加前记录
  For i = 1 To 5                   ' 锁定 5 个文本框，不允许编辑
    Text1(i).Locked = True
  Next i
  cmdAdd.Enabled = True         ' 单击“取消”按钮后，使“添加”“修改”和“删除”3 个按钮可用
  cmdUpdate.Enabled = True
  cmdDelete.Enabled = True
  cmdSave.Enabled = False      '单击“取消”按钮后,使“保存”和“取消”两个按钮不可用
  cmdCancel.Enabled = False
  If Adodc1.Recordset.RecordCount = 0 Then  '如果记录集为空，“修改”“删除”两个按钮不可用
    cmdUpdate.Enabled = False
```

```
      cmdDelete.Enabled = fasle
   End If
End Sub
```

（6）删除记录。

单击“删除”按钮时，将弹出“确认删除”消息框，如图 10-40 所示。

在“确认删除”消息框中，如选择“是”，则通过“Adodc1.Recordset.Delete”语句删除当前记录。代码如下：

图 10-40　“确认删除”消息框

```
Private Sub cmdDelete_Click()
   Dim str1$, str2$
   str1 = "您确定要删除" & Text1(2).Text & "的档案信息吗？"
   str2 = MsgBox(str1, vbYesNo + vbQuestion, "确认删除")
   If str2 = vbYes Then
     Adodc1.Recordset.Delete     ' 删除当前记录
     Adodc1.Recordset.MoveNext  ' 显示下一条记录
     If Adodc1.Recordset.EOF Then
        If Adodc1.Recordset.RecordCount = 0 Then  '如果记录集为空，“修改”“删除”不可用
          cmdUpdate.Enabled = False
          cmdDelete.Enabled = fasle
          Exit Sub
        End If
        Adodc1.Recordset.MoveLast  ' 如果到记录集末尾，则显示最后一条记录
     End If
   End If
End Sub
```

（7）退出系统。

单击“关闭”按钮时，将结束本系统的运行。代码如下：

```
Private Sub cmdClose _Click()
   Unload Me
End Sub
```

通过上述例子，介绍了使用 ADODC 控件进行简单信息管理系统的开发过程，读者可以了解用 ADODC 控件访问数据库表中数据的方法。

10.5　通过 ADO 对象访问数据库

10.5.1　ADO 对象简介

ADODC 控件只是将常用的 ADO 功能封装在其中，用户甚至不需编写任何代码或只需编写少量的代码即可完成对数据库的访问，如对基本表中数据的浏览。但 ADODC 控件只适用于初级或中级的数据库应用程序的开发，只能提供有限的访问数据库的功能。要想开发高级、复杂的数据库应用程序，就需要使用 ADO 对象模型。ADO 对象模型是可以全面控制数据库的完整编程接口。

通过 ADO 对象模型进行数据库编程是目前最为流行的一种数据库编程方案。因为通过它可以很容易与各种类型的数据库连接，而且其数据存取功能也是包罗万象，汲取了各种数据库访问

对象的精华。

要想在 VB 6.0 中使用 ADO 对象，需要首先加载 ADODB 类型库。方法是：在 VB 6.0 主窗口中选择“工程”→“引用”命令，在弹出的“引用”对话框中，选中“Microsoft ActiveX Data Objects 2.8 Library”即可，如图 10-41 所示。

加载 ADODB 类型库后，其并不会以图标形式出现在工具箱中。程序员需要以编写代码的方式调用 ADODB 类型库的各种对象，以完成对数据库的各种访问。

ADO 对象模型中包含了一系列对象，ADO 对象就是依靠其几种常用对象的属性和方法来连接数据库，以完成对数据库的各种操作。

在 ADO 对象模型中，包含三大核心对象：Connection 对象、Command 对象和 Recordset 对象。

ADO 对象模型的关系示意图如图 10-42 所示。

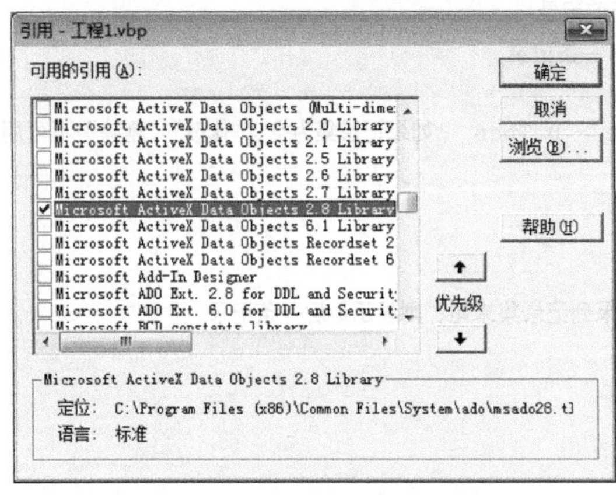

图 10-41 加载 ADODB 类型库

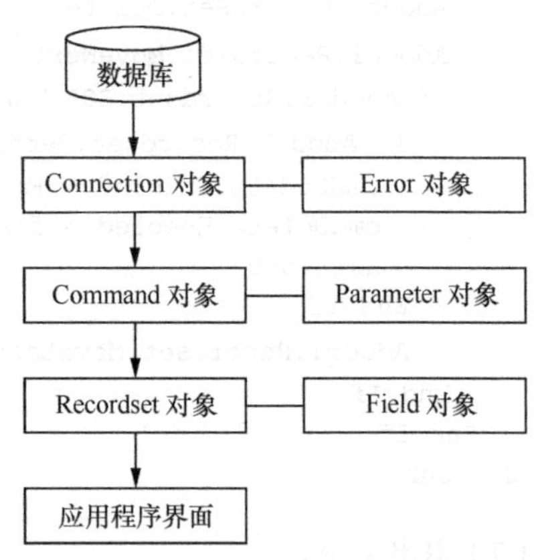

图 10-42 ADO 对象模型关系示意图

其中，Error 对象（错误对象）是 Connection 对象的子对象，Parameter 对象（参数对象）是 Command 对象的子对象，Field 对象（字段对象）是 Recordset 对象的子对象。

下面主要介绍 ADO 对象模型中的两大主要对象。

10.5.2 Connection 对象

Connection 对象也叫连接对象，用于建立与数据库的连接。只有连接打开后，才能使用其他对象访问数据库。

1. 定义 Connection 对象变量

Connection 对象变量必须在定义并实例化之后才能使用。可以先定义变量，然后使用 NEW 关键字进行实例化。例如：

```
Dim myConn As Connection    ' 定义 Connection 对象变量
Set myConn = New Connection ' 实例化，必须使用 Set 关键字赋值
```

如果没有引用（加载）ADO 类型库，可以使用 ADODB 限定对象，例如：

```
Dim myConn As ADODB.Connection
Set myConn = New ADODB.Connection
```

也可以直接在 Dim 语句中定义和实例化 Connection 对象，例如：

```
Dim myConn As New Connection
```

2. Connection 对象的常用属性

（1）Provider 属性

该属性用来指定 OLE DB 提供者名称（数据库引擎），以便访问不同的数据库。如果要访问 Access 数据库，可以使用如下的语句指定提供者名称。

```
myConn.Provider = "Microsoft.Jet.OLEDB.4.0"
```

常用的 OLE DB 提供者名称如表 10-9 所示。

表 10-9　　常用 OLE DB 提供者名称

提供者名称	访问的数据源
Microsoft.Jet.OLEDB.4.0	Microsoft Access 2003 及以下版本数据库（.mdb）
Microsoft.ACE.OLEDB.12.0	Microsoft Access 2007 及以上版本数据库（.accdb）
SQLOLEDB	Microsoft SQL Server 数据库
MSDAORA	Oracle 数据库
MSDASQL	ODBC 数据源
ADSDSOObject	Microsoft Active Directory Service

（2）ConnectionString 属性

该属性为连接字符串，它包含了连接数据源所需的各种信息，在打开数据库之前必须设置该属性。不同类型数据库的连接字符串参数有所不同。主要参数如表 10-10 所示。

表 10-10　　连接字符串主要参数

参 数 名 称	作　用
Provider	指定提供者名称，等价于上述的 Provider 属性
User ID 或 UID	指定用户名
Password 或 PWD	指定用户密码
Data Source 或 Server	指定大型数据库服务器名称
Initial Catalog 或 Database	指定要访问的大型数据库名称
Network Address	指定要连接的服务器 IP 地址，指定该参数后可省略 Data Source 参数
Persist Security Info	True：表示需要指定用户名和密码；False：不需要

参数名称不区分大小写，也不区分在连接字符串中的先后顺序。连接字符串中使用“参数=参数值”格式设置参数，各个参数之间使用分号（；）分隔。

如果是小型数据库，如 Access，则直接用 Data Source 指定数据库名称即可。

例如：下面的语句设置是用于访问 Access 数据库的连接字符串：

myConn.ConnectionString="Provider=Microsoft.Jet.OLEDB.4.0；Data Source=H:\学生档案.mdb；Persist Security Info=False"

（3）CursorLocation 属性

该属性允许用户设置游标位置，即设置记录集的位置。只有在连接建立之前，设置该属性并建立连接才有效，对于已经建立的连接，设置该属性对连接不会产生影响。该属性可以设置为如下常量之一：

① adUseNone：不使用游标服务。

② adUseClient：使用客户端游标，即记录集放在客户端。

③ adUseServer：使用服务器端游标，即记录集放在服务器端。默认值。

（4）ConnectionTimeout 属性。

该属性用于设置连接的最长时间。如果在建立连接时，等待时间超过了这个属性所设定的时间，则会自动中止连接操作的尝试，并产生一个错误。默认值是 15s。

3. Connection 对象的常用方法

（1）Open 方法

该方法用于打开数据库，即用于建立与数据库的连接。例如：

```
Dim myConn As Connection
Set myConn = New Connection
myConn.ConnectionString= "Provider=Microsoft.Jet.OLEDB.4.0 ; Data Source=H:\学生档案.mdb ; Persist Security Info=False"
myConn.Open  ' 使用 ConnectionString 属性连接字符串打开数据库学生档案.mdb
```

也可以在 Open 方法中指定连接信息，其语法格式如下：

```
Connection.Open ConnectionString , UserID , Password
```

其中，ConnectionString 是前面指出的连接字符串，UserID 是建立连接的用户名，Password 是建立连接的用户的口令。

```
myConn.Open "Provider=Microsoft.Jet.OLEDB.4.0 ; Data Source=H:\学生档案.mdb ; Persist Security Info=True" , "admin" , "123"
```

（2）Close 方法

该方法用于关闭一个数据库连接。

关闭一个数据库连接对象，并不是说将其从内存中移去了，该连接对象仍然驻留在内存中，可以对其属性更改后再重新建立连接。如果要将该对象从内存中移去，使用以下代码：

```
Set myConn=Nothing
```

（3）Execute 方法

该方法用于执行指定的查询、SQL 语句、存储过程等，还可以返回记录集。SQL 语句可以是 SELECT、INSERT、UPDATE、DELETE 等语句。

不返回记录集的 Execute 方法的语法格式如下：

```
Connection 对象.Execute CommandText , RecordAffected , Options
```

返回记录集的 Execute 方法的语法格式如下：

```
Set Recordset 对象= Connection 对象.Execute（CommandText , RecordAffected , Options）
```

其中，CommandText 参数为命令字符串，可以是要执行的查询名、SQL 语句、基本表名、存储过程或特定文本。RecordAffected 参数用于返回操作所影响的记录数目，可以省略。Options 参数也可以省略。常用的 Options 参数可取的常量值如表 10-11 所示。

表 10-11　　Options 参数可取的常量值

常 量 值	数　值	含　义
AdCmdText	1	将命令字符串解释为 SQL 语句
AdCmdTable	2	将命令字符串解释为基本表名称，产生记录集
AdCmdStoreProc	4	将命令字符串解释为存储过程的名称
AdCmdUnknown	8	将命令字符串解释为未知命令，默认值

例 1，向 student 表中插入一条新记录（学号、姓名、性别、年龄、籍贯分别是 1007、赵伟、男、22、吉林）：

```
myConn.Execute "INSERT INTO student（学号,姓名,性别,年龄,籍贯） VALUES （ '1007','赵伟',
'男' , 22 , '吉林'） " , n , adCmdText
```

例 2，将 student 表中每个同学的年龄增加 1 岁：

```
myConn.Execute "UPDATE student SET 年龄=年龄+1 " , n , adCmdText
```

例 3，删除 student 表中北京的同学档案信息：

```
myConn.Execute "DELETE FROM student WHERE 籍贯='北京' " , n , adCmdText
```

10.5.3 Recordset 对象

Recordset 对象包含某个查询返回的记录集。记录集可以通过 Connection 或 Command 对象的 Execute 方法打开，也可以通过 Recordset 对象的 Open 方法打开。

1. 定义 Recordset 对象变量

Recordset 对象变量必须在定义并实例化之后才能使用。可以先定义变量，然后使用 NEW 关键字进行实例化。例如：

```
Dim myRs As Recordset        ' 定义 Recordset 对象变量
Set myRs = New Recordset     ' 实例化，必须使用 Set 关键字赋值
```

如果没有引用（加载）ADO 类型库，可以使用 ADODB 限定对象，例如：

```
Dim myRs As ADODB. Recordset
Set myRs = New ADODB. Recordset
```

也可以直接在 Dim 语句中定义和实例化 Recordset 对象，例如：

```
Dim myRs As New Recordset
```

2. Recordset 对象的常用属性

（1）ActiveConnection 属性：指定 Recordset 对象（记录集）当前所属的 Connection 对象（数据源）。

（2）AbsolutePosition 属性：指定 Recordset 对象当前记录号。第一条记录的序号为 1。

（3）RecordCount 属性：返回记录集中的记录总数。

（4）Bookmark 属性：返回唯一标识记录集中当前记录的书签，或者将记录集的当前记录设置为由有效书签所标识的记录。

（5）BOF 属性：指示当前记录位置是否位于记录集的开始。

（6）EOF 属性：指示当前记录位置是否位于记录集的末尾。

（7）Fields 属性（实际上应该叫做集合）：Fields 集合包含了当前记录的所有字段，可以用多种方法引用字段。可以通过 Fields（序号）或 Fields（字段名）来访问当前记录的各字段的值。

例如：myRs.Fields（1）与 myRs.Fields（"姓名"）是等价的，都表示基本表 student 中的当前记录的第 2 个字段，即“姓名”字段。

注意

第一个字段的序号为 0，以此类推。

（8）CursorLocation 属性：设置记录集（游标）的位置。取值为 adUseClient，则放在客户端；取值为 adUseServer，则放在服务器端，此为默认值。

（9）CursorType 属性：指示在记录集中使用的游标类型。游标类型决定了访问记录集的方式。游标类型可取的常量值如表 10-12 所示。

表 10-12　游标类型可取的常量值

常量值	数值	说明
adOpenDynamic	2	动态游标：可以看到其他用户的添加、修改和删除，允许各种类型的记录指针移动。该类型的游标功能比较多，但速度是最慢的
adOpenKeyset	1	键集游标：类似动态游标，不同的是看不到其他用户添加和删除的记录。适合大型记录集
adOpenStatic	3	静态游标：提供记录集的静态副本。看不到其他用户所做的添加、修改和删除。但允许各种类型的记录指针移动。适合小型记录集。这是客户端游标唯一可以使用的游标类型
adOpenForwardOnly	0	仅向前游标：除只允许在记录集中向下移动之外，其他类似动态游标。该取值速度最快。默认值

（10）LockType 属性：指示编辑时对记录使用的锁定类型。可取的常量值如表 10-13 所示。

表 10-13　锁类型可取的常量值

常量值	数值	说明
adLockReadOnly	0	只读锁：默认值，只读。不能修改数据
adLockPessimistic	1	保守式记录锁（逐条）：在修改记录时立即对记录加锁。当移动记录或执行 Update 时解除锁定
adLockOptimistic	2	开放式记录锁（逐条）：在修改记录时不加锁，当移动记录或执行 Update 时加锁。存盘后再解锁
adLockBatchOptimistic	3	开放式批量更新锁。只在调用 UpdateBatch 方法时锁定记录，进行一批记录的更新

（11）Filter 属性：为记录集中的记录指定筛选条件。使筛选条件为 True 的记录才出现在记录集中。设置该属性，会影响 AbsolutePosition 和 RecordCount 等属性值。

一般使用包含逻辑表达式的字符串作为 Filter 属性值，例如：

```
myRs.Filter = " 籍贯='吉林' And 年龄>19 "
myRs.Filter = " 姓名 Like '王%' "
```

将 Filter 属性设置为空字符串或 adFilterNone 常量可以取消筛选，例如：

```
myRs.Filter= ""
myRs.Filter=adFilterNone
```

（12）Sort 属性：指定一个或多个以之排序的字段名，并指定按升序还是降序对字段进行排序。ASC 关键字表示升序，DESC 关键字表示降序。默认为 ASC。例如：

```
myRs.Sort = "学号 ASC"
```

将 Sort 属性设置为空字符串可取消排序，恢复原始顺序。例如：

```
myRs.Sort = ""
```

（13）Source 属性：指示 Recordset 对象（记录集）中数据的来源（Command 对象、SQL 语句、表的名称或存储过程）。

3. Recordset 对象的常用方法

（1）Open 方法。打开记录集。其语法格式如下：

```
recordset.Open  Source , ActiveConnection , CursorType ,LockType , Options
```

其中：Source 参数是可选的，可以是一个有效的 Command 对象的变量名，或是一个 SQL 查询、存储过程或表名等。ActiveConnection 参数是可选的，指明该记录集是基于哪个 Connection 对象连接的，必须注意这个对象应是已建立的连接。CursorType 参数是可选的，指明使用的记录集游标类型。LockType 参数是可选的，指明记录锁定类型。Options 参数是可选的，用于设置如何解释 Source 参数，与 Connection 对象的 Execute 方法的 Options 参数使用的常量相同。

例如，打开“H:\学生档案.mdb”数据库中的基本表“student”作为记录集。

```
Dim myConn As Connection
Dim myRs As Recordset
Set myConn = New Connection
myConn.ConnectionString= "Provider=Microsoft.Jet.OLEDB.4.0 ;  Data Source=H:\学生档案.mdb ;  Persist Security Info=False"
myConn.Open
Set myRs = New Recordset
myRs.Open "student" , myConn , adOpenKeyset , adLockPessimistic
```

最后一条语句也可改写为：

```
myRs.Source = "student"
myRs.ActiveConneciton = myConn
myRs.CursorType = adOpenKeyset
myRs.LockType = adLockPessimistic
myRs.Open
```

（2）Cancel 方法：取消 Execute 方法或 Open 方法的调用。

（3）AddNew 方法：在记录集中新增记录。

（4）Update 方法：保存对记录集的当前记录所做的所有更改。

（5）CancelUpdate 方法：取消在调用 Update 方法前对当前记录或新记录所做的任何更改。

（6）Delete 方法：删除记录集中的当前记录。

（7）Move 方法：移动记录集中当前记录指针到指定记录位置。

（8）MoveFirst、MoveLast、MoveNext 和 MovePrevious 方法：移动到记录集中的第一个、最后一个、下一个或上一个记录并使该记录成为当前记录。

（9）Find 方法：在记录集中查找记录。

例如：`myRs.Find "姓名='张三'"`

（10）Requery 方法：通过重新执行对象所基于的查询，来更新记录集中的数据。

（11）Close 方法：关闭记录集。

10.5.4 ADO 对象用法示例

【例 10-12】用 ADO 对象编写代码实现简单学生档案信息管理系统。实现对 student 表中数据增加、修改、删除、查找、浏览等功能。程序运行界面如图 10-43 所示。

1. 设计程序界面并设置控件属性

程序设计界面如图 10-44 所示。在窗体上添加 6 个 Label 控件、1 个 TextBox 控件数组、1 个 TextBox 控件和 10 个按钮控件 CommandButton。在属性窗口设置窗体及各主要控件的属性，如表 10-14 所示。

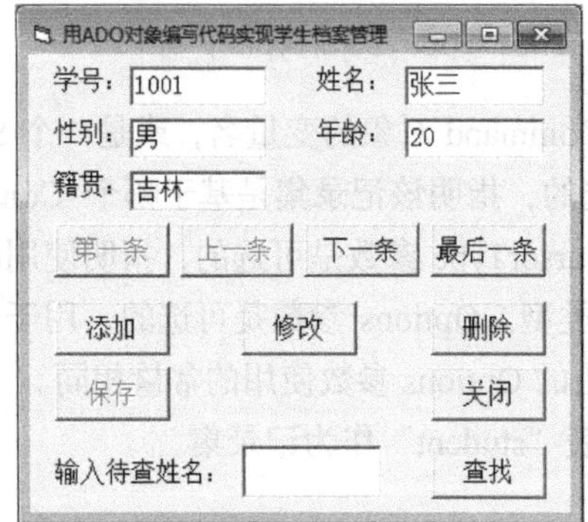

图 10-43 运行界面

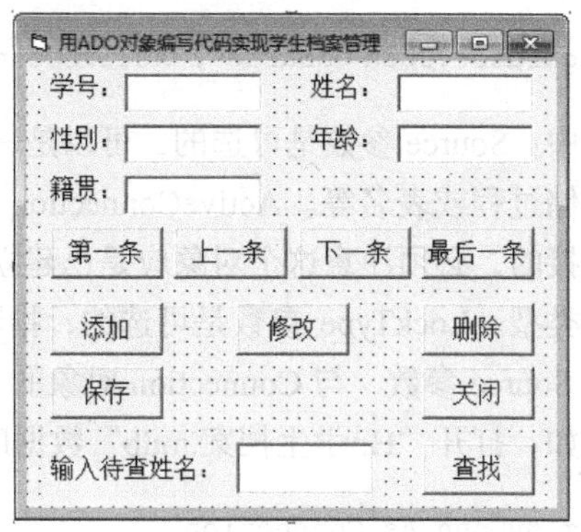

图 10-44 设计界面

在窗体上无需任何数据控件。

表 10-14 窗体及控件属性

	控 件 名	属 性 名	属 性 值
窗体	Form1	Caption	用 ADO 对象编写代码实现学生档案管理
文本框控件数组	Text1(1)	DataField	学号
		MaxLenth	4
	Text1(2)	DataField	姓名
		MaxLenth	4
	Text1(3)	DataField	性别
		MaxLenth	1
	Text1(4)	DataField	年龄
		MaxLenth	2
	Text1(5)	DataField	籍贯
		MaxLenth	5

续表

	控 件 名	属 性 名	属 性 值
文本框控件	Text2	MaxLenth	4
命令按钮	cmdAdd	Caption	添加
	cmdUpdate	Caption	修改
	cmdDelete	Caption	删除
	cmdSave	Caption	保存
	cmdClose	Caption	关闭
	cmdFirst	Caption	第一条
	cmdPrevious	Caption	上一条
	cmdNext	Caption	下一条
	cmdLast	Caption	最后一条
	cmdFind	Caption	查找

2. 程序代码

（1）初始化

通用段设置了后面需要的几个变量，代码如下：

```
Public myConn As ADODB.Connection  ' 定义数据库连接对象 myConn
Public myRs As ADODB.Recordset     ' 定义记录集对象 myRs
Dim myAdd As Boolean
Dim myEdit As Boolean
Dim i As Integer
```

窗体装载事件代码如下：

```
Private Sub Form_Load()
   myAdd = False       ' 对 myAdd 参数和 myEdit 参数赋初值
   myEdit = False
   Set myConn = New Connection
   Set myRs = New ADODB.Recordset
   myConn.Provider = "Microsoft.Jet.OLEDB.4.0"
   myConn.ConnectionString = "Data Source=" & App.Path & "\学生档案.mdb"
                  ' App.Path 表示工程所在路径，将"学生档案.mdb"复制到该路径中
   myConn.Open
   myRs.Open "student", myConn, adOpenStatic, adLockOptimistic
   ' 判断打开的表中记录数是否为 0，如果为 0 则使浏览、查找、修改、删除、保存和查找等按钮无效
   If myRs.RecordCount = 0 Then
      cmdFirst.Enabled = False
      cmdPrevious.Enabled = False
      cmdNext.Enabled = False
      cmdLast.Enabled = False
      cmdUpdate.Enabled = False
      cmdDelete.Enabled = False
      cmdSave.Enabled = False
      cmdFind.Enabled = False
      myAdd = True
   Else
      myRs.MoveFirst
```

```
        For i = 1 To 5          ' 在 5 个文本框显示当前记录各个字段的值
            Text1(i).Text = myRs.Fields(i - 1).Value
        Next i
        cmdPrevious.Enabled = False ' 显示首记录,使“上一条”和“第一条”按钮无效
        cmdFirst.Enabled = False
    End If
    cmdSave.Enabled = False          ' 使“保存”按钮无效
End Sub
```

（2）添加记录

单击“添加”按钮时，首先将 5 个文本框清空，以便用户输入新内容。然后使“浏览”“添加”“修改”“删除”“查找”按钮不可用，使“保存”按钮可用。这样可以防止误操作。并将学号对应的文本框置为焦点。代码如下：

```
Private Sub cmdAdd_Click()
    For i = 1 To 5              ' 将 5 个文本框清空
        Text1(i).Text = ""
    Next i
    MsgBox "在填写好字段内容后一定要单击“保存”按钮才能添加成功"
    myAdd = True  ' 设置为添加状态
    myEdit = False
    ' 将“浏览”“添加”“修改”“删除”“查找”按钮置为无效
    cmdFirst.Enabled = False
    cmdPrevious.Enabled = False
    cmdNext.Enabled = False
    cmdLast.Enabled = False
    cmdFind.Enabled = False
    cmdAdd.Enabled = False
    cmdUpdate.Enabled = False
    cmdDelete.Enabled = False
    cmdFind.Enabled = False
    cmdSave.Enabled = True   ' 使“保存”按钮有效
    Text1(1).SetFocus  ' 将第一个文本框置为焦点
End Sub
```

（3）修改记录

单击“修改”按钮时，首先使“浏览”“添加”“修改”“删除”“查找”按钮不可用，使“保存”按钮可用。这样可以防止误操作。并将学号对应的文本框置为焦点。代码如下：

```
Private Sub cmdUpdate_Click()
    MsgBox "在编辑修改完字段内容后一定要单击“保存”按钮才能保存成功"
    myEdit = True          ' 设置为修改状态
    myAdd = False
    ' 将“浏览”“添加”“修改”“删除”“查找”按钮置为无效
    cmdFirst.Enabled = False
    cmdPrevious.Enabled = False
    cmdNext.Enabled = False
    cmdLast.Enabled = False
    cmdFind.Enabled = False
    cmdAdd.Enabled = False
    cmdUpdate.Enabled = False
    cmdDelete.Enabled = False
```

```
    cmdFind.Enabled = False
    cmdSave.Enabled = True   ' 使“保存”按钮有效
    Text1(1).SetFocus  ' 将第一个文本框置为焦点
End Sub
```

（4）“保存”按钮

“保存”按钮是用于配合“添加”和“修改”按钮的。用于将新增加的记录或修改后数据存盘。当单击“保存”按钮时，首先判断学号、姓名和年龄是否为空。

接下来判断是添加（myAdd 为 True）还是修改（myEdit 为 True）。如果是添加记录，则调用 myRs.AddNew 方法，在记录集末尾新增一条空记录。然后将控件数组中的数据存入新增加记录的各个字段中。最后调用 myRs.Update 方法保存新增记录。

如果是修改记录，则直接将控件数组中的数据存入当前记录的各个字段中。然后调用 myRs.Update 方法保存当前记录。

最后根据情况，使一些按钮可用，使另外一些按钮不可用。

代码如下：

```
Private Sub cmdSave_Click()
    If Len(Text1(1).Text) = 0 Then
        MsgBox "学号不能为空！", vbExclamation, "错误"
        Text1(1).SetFocus
        Exit Sub
    End If
    If Len(Text1(2).Text) = 0 Then
        MsgBox "姓名不能为空！", vbExclamation, "错误"
        Text1(2).SetFocus
        Exit Sub
    End If
    If Len(Text1(4).Text) = 0 Then
        MsgBox "年龄不能为空！", vbExclamation, "错误"
        Text1(4).SetFocus
        Exit Sub
    End If
    If myAdd = True Then
        myRs.AddNew            ' 调用 AddNew 方法
        For i = 1 To 5               ' 将 5 个文本框的值存入新增加记录的各个字段中
            myRs.Fields(i - 1).Value = Text1(i).Text
        Next i
        myRs.Update             ' 保存新增记录
        MsgBox "添加记录成功！"
    ElseIf myEdit = True Then
        For i = 1 To 5             ' 将 5 个文本框的值存入当前记录的各个字段中
            myRs.Fields(i - 1).Value = Text1(i).Text
        Next i
        myRs.Update             ' 保存记录
        MsgBox "修改记录成功！"
    End If
    ' 将“添加”“修改”“删除”“查找”按钮置为有效
    cmdAdd.Enabled = True
    cmdUpdate.Enabled = True
```

```
      cmdDelete.Enabled = True
      cmdFind.Enabled = True
      cmdSave.Enabled = False    ' 使“保存”按钮无效
      If myRs.AbsolutePosition = 1 Then
         cmdPrevious.Enabled = False  ' 显示第一条记录,使“上一条”和“第一条”按钮无效
         cmdFirst.Enabled = False
      Else
         cmdPrevious.Enabled = True  ' 否则，使“上一条”和“第一条”按钮有效
         cmdFirst.Enabled = True
      End If
      If myRs.AbsolutePosition = myRs.RecordCount Then
         cmdNext.Enabled = False    ' 显示最后记录,使“下一条”和“最后一条”按钮无效
         cmdLast.Enabled = False
      Else
         cmdNext.Enabled = True     ' 否则，使“下一条”和“最后一条”按钮有效
         cmdLast.Enabled = True
      End If
   End Sub
```

（5）删除记录

单击“删除”按钮时，将弹出“确认删除”消息框，如图 10-45 所示。

在“确认删除”消息框中，如选择“是”，则通过调用“myRs.Delete”方法删除当前记录。删除成功后，如果记录集中数据非空，则显示第一条记录，否则将 5 个文本框清空。代码如下：

图 10-45 “确认删除”消息框

```
   Private Sub cmdDelete_Click()
      Dim str1$, str2$
      str1$ = "您确定要删除 " & Text1(2).Text & " 的档案信息吗？ "
      str2$ = MsgBox(str1$, vbYesNo + vbQuestion, "确认删除")
      If str2$ = vbYes Then
         myRs.Delete           ' 调用删除方法
         If myRs.RecordCount = 0 Then
            MsgBox "当前已经无记录！ "
            For i = 1 To 5              ' 将 5 个文本框清空
               Text1(i).Text = ""
            Next i
            ' 使浏览、查找、修改、删除、保存和查找等按钮无效
            cmdFirst.Enabled = False
            cmdPrevious.Enabled = False
            cmdNext.Enabled = False
            cmdLast.Enabled = False
            cmdUpdate.Enabled = False
            cmdDelete.Enabled = False
            cmdSave.Enabled = False
            cmdFind.Enabled = False
         Else
            myRs.MoveFirst
            For i = 1 To 5             ' 在 5 个文本框显示当前条记录各个字段的值
               Text1(i).Text = myRs.Fields(i - 1).Value
            Next i
            ' 显示第一条记录，使“上一条”和“第一条”按钮无效
```

```
        cmdPrevious.Enabled = False
        cmdFirst.Enabled = False
        If myRs.AbsolutePosition = myRs.RecordCount Then
          ' 显示最后一条记录，使“下一条”和“最后一条”按钮无效
          cmdNext.Enabled = False
          cmdLast.Enabled = False
        Else
          cmdNext.Enabled = True  ' 否则，使“下一条”和“最后一条”按钮有效
          cmdLast.Enabled = True
        End If
      End If
    End If
End Sub
```

（6）查找记录

单击“查找”按钮时，将按照文本框 Text2 中输入的姓名调用 myRs.Find 方法进行查找。如果找到，则显示该记录，否则显示原先记录。代码如下：

```
Private Sub cmdFind_Click()
  Dim str As String
  Dim mybookmark As Variant
  mybookmark = myRs.Bookmark  ' 记住查找前，记录指针位置
  str = "姓名='" & Text2.Text & "'"
  myRs.MoveFirst
  myRs.Find str
  If myRs.EOF Then
    MsgBox "指定的条件没有匹配的记录", , "信息提示"
    myRs.Bookmark = mybookmark  ' 若未找到，则显示原先记录
  Else
    For i = 1 To 5              ' 在 5 个文本框显示所找到记录各个字段的值
      Text1(i).Text = myRs.Fields(i - 1).Value
    Next i
  End If
End Sub
```

（7）浏览按钮

4 个用于浏览数据的按钮的 Click 事件代码如下：

```
Private Sub cmdFirst_Click()
  ' 将记录移动到第一条记录
  myRs.MoveFirst
  For i = 1 To 5              ' 在 5 个文本框显示当前条记录各个字段的值
    Text1(i).Text = myRs.Fields(i - 1).Value
  Next i
  cmdPrevious.Enabled = False ' 显示第一条记录,使“上一条”和“第一条”按钮无效
  cmdFirst.Enabled = False
  cmdNext.Enabled = True     ' 显示第一条记录，使“下一条”按钮有效
  cmdLast.Enabled = True     ' 显示第一条记录，使“最后一条”按钮有效
End Sub

Private Sub cmdPrevious_Click()
  ' 将记录移动到上一条记录
```

```
    myRs.MovePrevious
    For i = 1 To 5                ' 在 5 个文本框显示当前条记录各个字段的值
      Text1(i).Text = myRs.Fields(i - 1).Value
    Next i
    cmdNext.Enabled = True        ' 使“下一条”按钮有效
    cmdLast.Enabled = True        ' 使“最后一条”按钮有效
    If myRs.AbsolutePosition = 1 Then
      cmdPrevious.Enabled = False ' 显示第一条记录,使“上一条”和“第一条”按钮无效
      cmdFirst.Enabled = False
    Else
      cmdPrevious.Enabled = True  ' 否则，使“上一条”和“第一条”按钮有效
      cmdFirst.Enabled = True
    End If
End Sub

Private Sub cmdNext_Click()
      ' 将记录移动到下一条记录
    myRs.MoveNext
    For i = 1 To 5                ' 在 5 个文本框显示当前条记录各个字段的值
      Text1(i).Text = myRs.Fields(i - 1).Value
    Next i
    cmdPrevious.Enabled = True  ' 使“上一条”和“第一条”按钮有效
    cmdFirst.Enabled = True
    If myRs.AbsolutePosition = myRs.RecordCount Then
      cmdNext.Enabled = False  ' 显示最后记录,使“下一条”和“最后一条”按钮无效
      cmdLast.Enabled = False
    Else
      cmdNext.Enabled = True  ' 否则，使“下一条”和“最后一条”按钮有效
      cmdLast.Enabled = True
    End If
End Sub

Private Sub cmdLast_Click()
    ' 将记录移动到最后一条记录
    myRs.MoveLast
    For i = 1 To 5                ' 在 5 个文本框显示当前条记录各个字段的值
      Text1(i).Text = myRs.Fields(i - 1).Value
    Next i
    cmdPrevious.Enabled = True  ' 使“上一条”和“第一条”按钮有效
    cmdFirst.Enabled = True
    cmdNext.Enabled = False  ' 显示最后记录，使“下一条”和“最后一条”按钮无效
    cmdLast.Enabled = False
End Sub
```

（8）退出系统

单击“关闭”按钮时，将结束本系统的运行。代码如下：

```
Private Sub cmdClose _Click()
   Unload Me
End Sub
```

通过上述例子，介绍了使用 ADO 对象进行简单信息管理系统的开发过程。读者可以了解用 ADO 对象直接编写代码访问数据库表中数据的方法。

10.6　数据库中图片的存取

在数据库应用程序设计中，经常需要对图片进行处理。图片在数据库中应该如何进行存储，又如何读取，怎样存取效率最高，这是本节要探讨的问题。

通常，图片在数据库中的存储方式有两种：

（1）直接把图片存储在数据库中；

（2）只把图片的地址（图片所在路径）保存在数据库中。

同样，从数据库读取图片也有相应的两种方式。下面分别介绍这两种方式。

10.6.1　直接存取图片

在数据库应用系统中，直接存储图片是指直接把图片本身的数据存储到数据库中。这种存储方式主要采用的是数据流技术。即使用 ADO 对象模型中的流对象 ADODB.Stream。当然，对这种方式存储的图片进行读取时，也同样是使用流对象 ADODB.Stream 来进行的。

因为要用到 ADO 对象，所以需要引用 Microsoft ActiveX Data Objects 2.5 Library 或以上版本。2.5 版本以下不支持 Stream 对象。

直接把图片存储在数据库中，其优缺点如下。

（1）优点：可移植性好，不受系统前台程序代码的约束，可直接在任意地点使用而不需要附带任何图片文件。

（2）缺点：由于图片容量较大，因而造成了数据库的负荷过重，在数据量大的情况下，会导致数据存取、备份等操作速度下降。所以，这种方式只适合少量图片存取的情况。

下面举例说明直接在数据库中存取图片的方法。

在 Access 数据库“学生档案.mdb”的基本表“student”中增加一个字段：字段名称为照片、字段类型为 OLE 对象（如果在可视化数据管理器中，字段类型为 Binary）。

【例 10-13】用 ADO 对象编写代码实现在数据库中直接存储图片。运行界面如图 10-46 所示。

1. 设计程序界面并设置控件属性

程序设计界面如图 10-47 所示。在窗体上添加 2 个 Label 控件、1 个 ComboBox 控件、1 个 TextBox 控件、1 个 CommonDialog 控件、1 个 Image 图像框控件和 3 个按钮控件 CommandButton。在属性窗口设置窗体及各主要控件的属性，如表 10-15 所示。

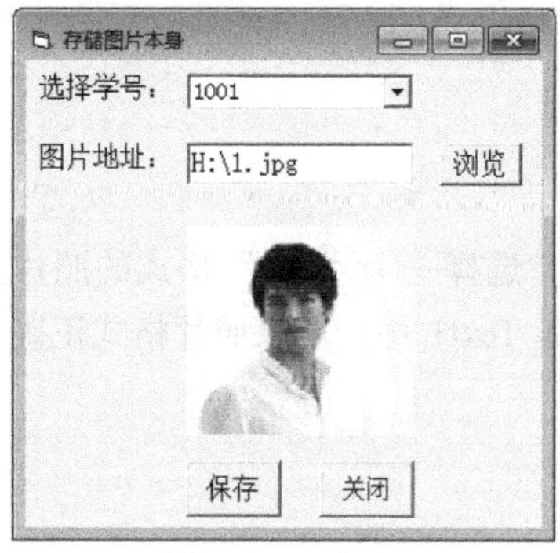

图 10-46　运行界面

图 10-47　设计界面

注意

在窗体上无需任何数据控件。

表 10-15　　窗体及控件属性

	控 件 名	属 性 名	属 性 值
窗体	Form1	Caption	存储图片本身
组合框控件	Combo1	名称	Combo1
文本框控件	Text1	MaxLenth	200
公共对话框	CommonDialog1	名称	CommonDialog1
图像框控件	Image1	名称	Image1
命令按钮	cmdBrowse	Caption	浏览
	cmdSave	Caption	保存
	cmdClose	Caption	关闭

2. 程序代码

（1）初始化

通用段设置了后面需要的几个变量，代码如下：

```
Dim cn As ADODB.Connection    ' 定义数据库连接对象 cn
Dim rs As ADODB.Recordset      ' 定义记录集对象 rs
Dim str As String
Dim sql As String
```

窗体装载事件代码如下：

```
Private Sub Form_Load()
   Set cn = New ADODB.Connection
   Set rs = New ADODB.Recordset
   cn.Open "Provider=Microsoft.Jet.OLEDB.4.0 ;  Data Source=H:\学生档案.mdb ;  Persist
Security Info=False"
   sql = "select * from student"
   rs.Open sql, cn, 3, 2
   Do While Not rs.EOF()        ' 将所有学生的学号添加到组合框中，以便用户选择
      Combo1.AddItem rs("学号")
      rs.MoveNext
   Loop
   rs.Close
End Sub
```

（2）浏览按钮

单击“浏览”按钮时，将弹出“打开”公共对话框，选择一个“.jpg”格式的照片文件。单击“打开”按钮后，该文件及其所在路径便出现在文本框 Text1 中。如果照片格式正确，则在图像框 Image1 中显示该照片。代码如下：

```
Private Sub cmdBrowse_Click()
   Dim temp As String
   Me.CommonDialog1.ShowOpen                  ' 打开“打开”对话框
```

```
    str = Me.CommonDialog1.FileName          ' 获取文件名及路径名
    Text1.Text = str                         ' 显示路径及文件名
    temp = Right(str, 3)                     ' 判断文件类型，只支持 JPG 格式
    If temp <> "jpg" Then
       MsgBox "请选择正确的图片格式" , , "提示"
    Else
       Image1.Stretch = True
       Image1.Picture = LoadPicture(str)     ' 显示预览图片
    End If
End Sub
```

（3）保存按钮

单击“保存”按钮时，首先定义并建立流对象 myStream，将其 Type 属性设置为二进制模式，并打开该流对象、并将上面浏览的照片转换后装入到该流对象中。然后，按照在组合框中选择的学号定位记录，打开记录集。并将流对象 myStream 中照片数据存入到“照片”字段中。代码如下：

```
Private Sub cmdSave_Click()
   Set myStream = New ADODB.Stream  ' 定义并新建流对象
   With myStream
      .Type = adTypeBinary     ' 二进制模式
      .Open
      .LoadFromFile (str)
   End With
   sql = "select * from student where 学号='" & Combo1.Text & "'"   ' 定位记录
   rs.Open sql , cn , 3 , 2
   rs("照片") = myStream.Read     ' 从 myStream 对象中读取数据存入字段
   rs.Update
   myStream.Close
   rs.Close
   MsgBox "保存成功", 16 + vbInformation, "提示"
End Sub
```

（4）退出系统

单击“关闭”按钮时，将结束本系统的运行。代码如下：

```
Private Sub cmdClose _Click()
   Unload Me
End Sub
```

通过上述例子，介绍了使用 ADO 对象编写代码在数据库中直接存储图片的方法。下面通过实例介绍直接读取图片的方法。

【例 10-14】用 ADO 对象编写代码实现在数据库中直接读取图片。运行界面如图 10-48 所示。

1．设计程序界面并设置控件属性

程序设计界面如图 10-49 所示。在窗体上添加 6 个 Label 控件、1 个 TextBox 控件数组、1 个 Image 图像框控件和 5 个按钮控件 CommandButton。在属性窗口设置窗体及各主要控件的属性，如表 10-16 所示。

在窗体上无需任何数据控件。

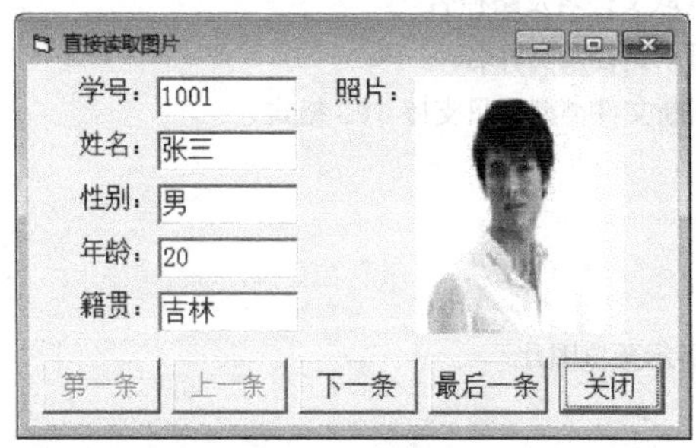

图 10-48　运行界面

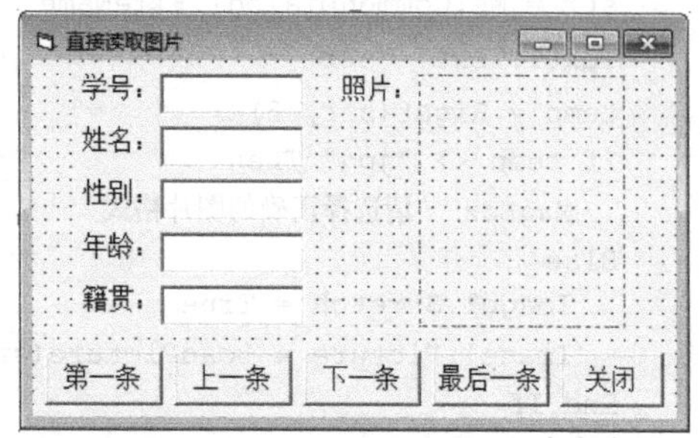

图 10-49　设计界面

表 10-16　　窗体及控件属性

	控 件 名	属 性 名	属 性 值
窗体	Form1	Caption	直接读取图片
文本框控件数组	Text1(1)	Locked	True
	Text1(2)	Locked	True
	Text1(3)	Locked	True
	Text1(4)	Locked	True
	Text1(5)	Locked	True
图像框控件	Image1	名称	Image1
命令按钮	cmdClose	Caption	关闭
	cmdFirst	Caption	第一条
	cmdPrevious	Caption	上一条
	cmdNext	Caption	下一条
	cmdLast	Caption	最后一条

2. 程序代码

（1）初始化

通用段设置了后面需要的几个变量，代码如下：

```
Dim cn As ADODB.Connection     ' 定义数据库连接对象 cn
Dim rs As ADODB.Recordset      ' 定义记录集对象 rs
```

窗体装载事件代码如下：

```
Private Sub Form_Load()
   Set cn = New ADODB.Connection
   Set rs = New ADODB.Recordset
   cn.Open "Provider=Microsoft.Jet.OLEDB.4.0; Data Source=H:\学生档案.mdb; Persist Security Info=False"
   sql = "select * from student "
   rs.Open sql, cn, 1, 1
   If rs.EOF And rs.BOF Then
      MsgBox "数据为空！"
      cmdFirst.Enabled = False
      cmdPrevious.Enabled = False
      cmdNext.Enabled = False
      cmdLast.Enabled = False
```

```
    Else
      Call showrecord     ' 调用过程 showrecord()显示当前记录的各字段值，包括照片
      cmdFirst.Enabled = False
      cmdPrevious.Enabled = False
    End If
  End Sub
```

（2）自定义过程 showrecord()

该过程主要用来显示当前记录各个字段的值，包括在 Image1 图像框控件中显示该同学的照片。

首先定义并新建 ADO 对象模型的流对象 myStream，将其设置为二进制模式。然后打开该流对象，并将当前记录的"照片"字段的数据写到该流对象中，将该流对象中的照片数据写入到临时文件 temp.jpg 中。最后将临时文件 temp.jpg 在图像框控件 Image1 中显示出来。代码如下：

```
  Public Sub showrecord()
    Dim str As String
    Dim i As Integer
    Set myStream = New ADODB.Stream
    If  Not  IsNull(rs("照片"))  Then       ' 判断图片字段是否为空
      With myStream
        .Type = adTypeBinary        ' 二进制模式
        .Open
        .Write rs("照片")             ' 将"照片"数据存到流对象 myStream 中
        .SaveToFile App.Path & "\temp.jpg", adSaveCreateOverWrite
                                        ' 将 myStream 中数据写入临时文件中
      .Close
      End With
    str = App.Path & "\temp.jpg"
    Else
      str = ""
    End If
    For i = 1 To 5              ' 将前 5 个字段值显示在文本框数组的 5 个文本框中
      If  IsNull(rs.Fields(i  -  1))  Then  Text1(i).Text  =  ""  Else  Text1(i).Text  =
rs.Fields(i - 1)
    Next i
    Image1.Stretch = True
    Image1.Picture = LoadPicture(str) ' 在图像框中显示已经存入到临时文件中的照片
  End Sub
```

（3）浏览按钮

4 个浏览用的按钮用于遍历整个记录集中的所有记录。代码如下：

```
  Private Sub cmdFirst_Click()
    rs.MoveFirst
    cmdFirst.Enabled = False
    cmdPrevious.Enabled = False
    cmdNext.Enabled = True
    cmdLast.Enabled = True
    Call showrecord ' 调用过程 showrecord()显示当前记录的各字段值，包括照片
  End Sub
  Private Sub cmdPrevious_Click()
    rs.MovePrevious
    cmdNext.Enabled = True
```

```
    cmdLast.Enabled = True
    If rs.AbsolutePosition = 1 Then
        cmdFirst.Enabled = False
        cmdPrevious.Enabled = False
    End If
    Call showrecord  ' 调用过程 showrecord()显示当前记录的各字段值，包括照片
End Sub
Private Sub cmdNext_Click()
    rs.MoveNext
    cmdFirst.Enabled = True
    cmdPrevious.Enabled = True
    If rs.EOF Then
        cmdNext.Enabled = False
        cmdLast.Enabled = False
    Else
        Call showrecord  ' 调用过程 showrecord()显示当前记录的各字段值，包括照片
    End If
End Sub

Private Sub cmdLast_Click()
    rs.MoveLast
    cmdFirst.Enabled = True
    cmdPrevious.Enabled = True
    cmdNext.Enabled = False
    cmdLast.Enabled = False
    Call showrecord  ' 调用过程 showrecord()显示当前记录的各字段值，包括照片
End Sub
```

（4）退出系统

单击“关闭”按钮时，将结束本系统的运行。代码如下：

```
Private Sub cmdClose _Click()
    Unload Me
End Sub
```

通过上述例子，介绍了使用 ADO 对象编写代码在数据库中直接读取图片的方法。该示例需与例 10-13 配合使用。

10.6.2　存取图片地址

在数据库中存储图片地址是指在数据库中只存储图片的存放地址（路径），而不存储图片文件本身。这种存储方式对数据库的操作比较简单。无需使用特殊对象或技术，只需把图片地址作为字符串进行存取即可。

只将图片地址存储在数据库中，其优缺点如下。

（1）优点：存储的图片地址是字符型数据，容量较小，这样大大减轻了数据库负荷。可加快数据库中数据存取、备份等操作。

（2）缺点：系统可移植性较差。系统安装在不同的计算机上，所选的安装路径各不相同。所以，图片所在的路径也会有所不同。这样，就需要将图片文件夹也相应移植。

下面举例说明在数据库中按地址存取图片的方法。

在 Access 数据库“学生档案.mdb”的基本表“student”中删除上例中增加的字段照片。然后

再增加一个字段，字段名称为照片，字段类型为文本型，字段长度为 200。

【例 10-15】用 ADO 对象编写代码实现在数据库中存储图片地址。程序运行界面如图 10-50 所示。

1. 设计程序界面并设置控件属性

程序设计界面如图 10-51 所示。在窗体上添加 2 个 Label 控件、1 个 ComboBox 控件、1 个 TextBox 控件、1 个 CommonDialog 控件、1 个 Image 图像框控件和 3 个按钮控件 CommandButton。在属性窗口设置窗体及各主要控件的属性，如表 10-17 所示。

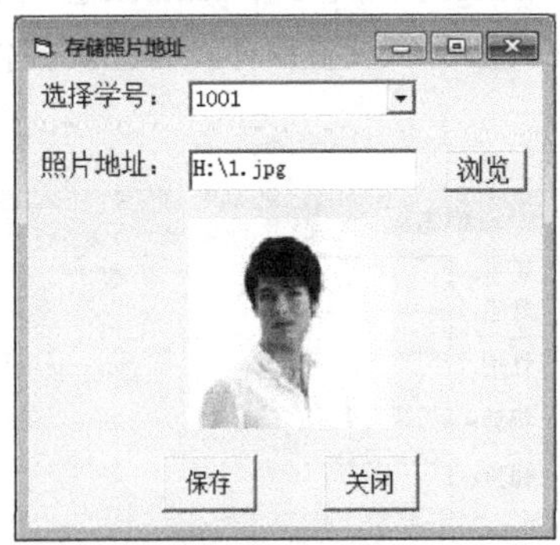

图 10-50　运行界面

图 10-51　设计界面

注意　在窗体上无需任何数据控件。

表 10-17　窗体及控件属性

	控　件　名	属　性　名	属　性　值
窗体	Form1	Caption	存储图片地址
组合框控件	Combo1	名称	Combo1
文本框控件	Text1	MaxLenth	200
公共对话框	CommonDialog1	名称	CommonDialog1
图像框控件	Image1	名称	Image1
命令按钮	cmdBrowse	Caption	浏览
	cmdSave	Caption	保存
	cmdClose	Caption	关闭

2. 程序代码

除“保存”按钮的事件过程代码不同外，其他代码与例 10-13 相同。

“保存”按钮：单击“保存”按钮时，首先按照用户选定的学号定位记录，打开记录集。然后把带路径的文件名存入到当前记录的“照片”字段中。代码如下：

```
Private Sub cmdSave_Click()
   sql = "select * from student where 学号='" & Combo1.Text & "'"   ' 定位记录
   rs.Open sql, cn, 3, 2
   rs("照片") = Trim(str)    ' 将带路径的文件名存入“照片”字段中
   rs.Update
```

```
    rs.Close
    MsgBox "保存成功", 16 + vbInformation, "提示"
End Sub
```

通过上述例子，介绍了使用 ADO 对象编写代码在数据库中存储图片地址的方法。下面通过实例介绍按照图片地址读取图片的方法。

【例 10-16】用 ADO 对象编码实现按照图片地址读取图片。运行界面如图 10-52 所示。

1. 设计程序界面并设置控件属性

程序设计界面如图 10-53 所示。在窗体上添加 6 个 Label 控件、1 个 textbox 控件数组、1 个 Image 图像框控件和 5 个按钮控件 CommandButton。在属性窗口设置窗体及各主要控件的属性，如表 10-18 所示。

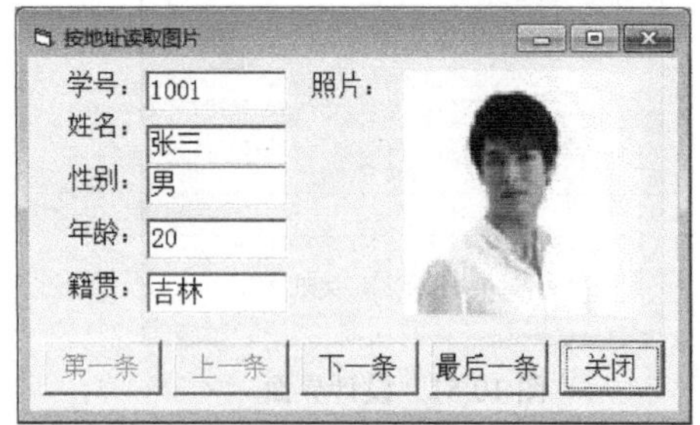

图 10-52　运行界面

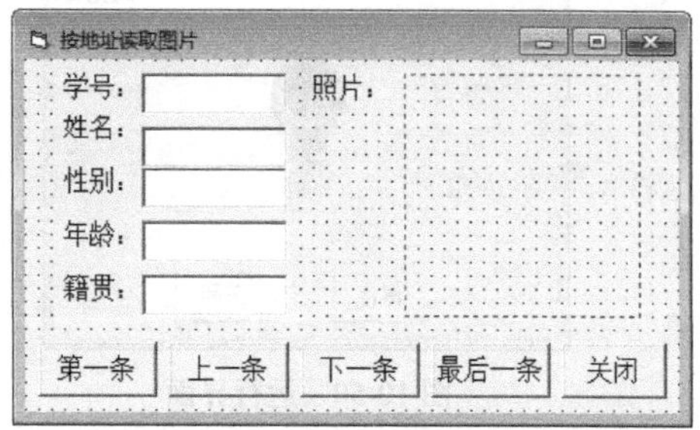

图 10-53　设计界面

在窗体上无需任何数据控件。

表 10-18　窗体及控件属性

	控 件 名	属 性 名	属 性 值
窗体	Form1	Caption	按地址读取图片
文本框控件数组	Text1(1)	Locked	True
	Text1(2)	Locked	True
	Text1(3)	Locked	True
文本框控件数组	Text1(4)	Locked	True
	Text1(5)	Locked	True
图像框控件	Image1	名称	Image1
命令按钮	cmdClose	Caption	关闭
	cmdFirst	Caption	第一条
	cmdPrevious	Caption	上一条
	cmdNext	Caption	下一条
	cmdLast	Caption	最后一条

2. 程序代码 showrecord()

除自定义过程 showrecord()外，其他代码与例 10-14 相同。

自定义过程 showrecord()主要用来显示当前记录各个字段的值，包括在 Image1 图像框控件中显示该同学的照片。

首先通过循环将除了“照片”字段外的其他 5 个字段值显示在文本框控件数组的 5 个文本框中，然后从“照片”字段中取出该照片的地址（路径+文件名），存到变量 str 中。最后通过 LoadPicture(str)方法将照片显示在图像框 Image1 中。代码如下：

```
    Public Sub showrecord()
      Dim str As String
      Dim i As Integer
      For i = 1 To 5                    ' 将各个字段值显示在文本框数组的 5 个文本框中
        If IsNull(rs.Fields(i - 1)) Then Text1(i).Text = "" Else Text1(i).Text =
rs.Fields(i - 1)
      Next i
      If IsNull(rs("照片")) Then
        str = ""
      Else
        str = rs("照片")
      End If
      Image1.Stretch = True
      Image1.Picture = LoadPicture(str)  ' 显示照片
    End Sub
```

通过上述例子，介绍了使用 ADO 对象编写代码在数据库中按地址读取图片的方法。该示例需与例 10-15 配合使用。

第11章 网络应用程序设计

11.1 网络基础

使用 VB 6.0 编写网络应用程序之前，应首先了解一些在编程时会用到的网络知识，如 IP 地址、端口和协议等概念。

11.1.1 IP 地址

所谓 IP 地址就是给每个连接在 Internet 上的主机分配的一个 32bit 地址。Internet 上的每台主机（Host）都有一个唯一的 IP 地址。IP 协议就是使用这个地址在主机之间传递信息，这是 Internet 能够运行的基础。IP 地址的长度为 32 位，分为 4 段，每段 8 位，用十进制数字表示，每段数字范围为 0～255，段与段之间用句点隔开。例如：192.168.0.1。

11.1.2 域名

域名（Domain Name），是由一串用点分隔的名字组成的 Internet 上某一台计算机的名称，用于在数据传输时标识计算机的电子方位（有时也指地理位置）。

网络中的地址方案分为两套：IP 地址系统和域名地址系统。由于 IP 地址是数字标识，使用时难以记忆和书写，因此在 IP 地址的基础上又发展出一种符号化的地址方案，来代替数字型的 IP 地址。每一个符号化的地址都与特定的 IP 地址对应，这样网络上的资源访问起来就容易得多了。这个与网络上的数字型 IP 地址相对应的字符型地址，就被称为域名。

11.1.3 端口

这里所说的端口（port）是逻辑意义上的端口，是指 TCP/IP 协议中的端口，通过 16 位的端口号来标记的，端口号只有整数，范围是 0～65 535（$2^{16}-1$）。如果把 IP 地址比作一间房子，端口就是出入这间房子的门。真正的房子只有几个门，但是一个 IP 地址的端口可以有 65 536 个之多。

在 Internet 上，各主机间通过 TCP/IP 协议发送和接收数据包，各个数据包根据其目的主机的 IP 地址来进行互联网络中的路由选择。可见，把数据包顺利的传送到目的主机是没有问题的。问题出在哪里呢？我们知道大多数操作系统都支持多程序（进程）同时运行，那么目的主机应该把接收到的数据包传送给众多同时运行的进程中的哪一个呢？显然这个问题有待解决，端口机制便由此被引入进来。

当目的主机接收到数据包后，将根据报文首部的目的端口号，把数据发送到相应端口，而与此端口相对应的那个进程将会领取数据并等待下一组数据的到来。

不光接收数据包的进程需要开启它自己的端口，发送数据包的进程也需要开启端口，这样，数据包中将会标识有源端口，以便接收方能顺利的回传数据包到这个端口。

我们知道，一台拥有 IP 地址的主机可以提供许多服务，如 Web 服务、FTP 服务、SMTP 服务等，这些服务完全可以通过一个 IP 地址来实现。那么，主机是怎样区分不同的网络服务呢？显然不能只靠 IP 地址，因为 IP 地址与网络服务的关系是一对多的关系。实际上是通过“IP 地址+端口号”（套接字）来区分不同的服务的。

需要注意的是，端口并不是一一对应的。例如，你的电脑作为客户机访问一台 WWW 服务器时，WWW 服务器使用“80”端口与你的电脑通信，但你的电脑则可能使用“3457”这样的端口。

另外，1024 以下的端口号（0～1023）已经分配给了一些知名的协议，称为熟知端口。用户在开发自己的应用程序时，应避免使用这些熟知端口，尽量使用大于或等于 1024 的端口号。

11.1.4　协议

网络上的计算机之间又是如何交换信息的呢？就像我们说话用某种语言一样，在网络上的各台计算机之间也有一种语言，这就是网络协议，不同的计算机之间必须使用相同的网络协议才能进行通信。

网络协议的定义：为计算机网络中进行数据交换而建立的规则、标准或约定的集合。

协议是用来描述进程之间信息交换数据时的规则术语。在计算机网络中，两个相互通信的实体处在不同的地理位置，其上的两个进程相互通信，需要通过交换信息来协调它们的动作和达到同步，而信息的交换必须按照预先共同约定好的过程进行。

当然了，网络协议也有很多种，具体选择哪一种协议则要看情况而定。Internet 上的计算机使用的是 TCP/IP 协议。

TCP（Transmission Control Protocol，传输控制协议）是一种面向连接的、可靠的、基于字节流的运输层通信协议。在计算机网络 OSI 模型中，它完成第四层传输层所指定的功能。它在两个主机之间建立连接，提供双向、有序且无重复的数据流服务，以及差错控制、流量控制等服务，保证数据的可靠传输。

UDP（User Datagram Protocol，用户数据包协议）是 OSI 参考模型中一种无连接的传输层协议，提供面向事务的简单不可靠信息传送服务。数据发出去后并不进行差错控制，不能保证数据的可靠传输，一般只用于少量的数据传输。

TCP 协议和 UDP 协议都使用端口号来区分运行在同一台主机上的多个应用程序（进程）。

11.2　Winsock 控件

Winsock 是 Microsoft Windows 提供的网络编程接口，它提供了基于 TCP/IP 协议的接口实现方法。

使用 TCP/IP 协议进行网络通信时，使用 IP 地址来标识网络中的主机（IP 地址是唯一的），可以保证数据能正确地发送到指定主机。又由于每台主机上运行不止一个应用程序，为了识别同一个主机上的不同应用程序（进程），在 TCP/IP 中使用端口（Port）来作为主机上运行的应用程序标识号。所以，TCP/IP 协议中一个有效的网络地址包括：IP 地址+端口号（即 Socket 套接字）。

Winsock 控件能够通过 UDP 协议或 TCP 协议连接到远程计算机并进行数据交换，使用这两种协议可以开发复杂的网络应用程序。

要使用 Winsock 控件，首先应该将其添加到工具箱中，方法为：选择“工程”→“部件”，弹出“部件”对话框。在控件列表中选择“Microsoft Winsock Control 6.0”项，单击“确定”按钮，Winsock 控件就会被添加到工具箱中，其图标如图 11-1 所示。

图 11-1　Winsock 控件图标

Winsock 控件在运行状态下不可见。

11.2.1　Winsock 控件的常用属性

1. Protocol 属性

设置使用的协议（TCP 或 UDP），其取值及其含义如表 11-1 所示。

表 11-1　Protocol 属性取值及其含义

常　数	数　值	含　义
sckTCPProtocol	0	使用 TCP 协议，默认值
sckUDPProtocol	1	使用 UDP 协议

该属性可以在属性窗口设置，也可以在程序中设置。例如：

```
Winsock1.Protocol = sckTCPProtocol
```

2. RemoteHost 属性

指定要连接的远程主机的名称（域名）或 IP 地址（字符串型），例如：

```
Winsock1.RemoteHost = "192.168.10.2"
```

3. RemotePort 属性

设置或返回要连接的应用程序（进程）的远程端口号，尽量使用大于 1024 的端口号。例如：

```
Winsock1.RemotePort = 6666
```

4. RemoteHostIP 属性

返回实际连接的远程计算机的 IP 地址（字符串型）。可以是客户端 IP，也可以是服务器端 IP。当使用 TCP 协议时，在连接成功后，对于客户端，该属性为服务器 IP；对于服务器，该属性为客户端 IP。当使用 UDP 协议时，在 DataArrival（数据到达）事件出现后，该属性包含了发送 UDP 数据的计算机的 IP 地址。

5. LocalHostName 属性

返回本地计算机名。只在运行状态中可用。

6. LocalPort 属性

用于设置或返回 Winsock 控件使用的本地端口。对于服务器进程来说，这是用于侦听的本地端口号，必须设置；对于客户端进程来说，该属性指定发送数据的本地端口，可以不设置，由 Winsock 控件随机指定。

7. LocalIP 属性

返回本地主机的 IP 地址（字符串型），只在运行状态可用。

8. State 属性

用于返回 Winsock 控件的当前状态，其取值及其含义如表 11-2 所示。

表 11-2　State 属性取值及其含义

常　　数	数　　值	含　　义
sckClosed	0	关闭状态，默认值
sckOpen	1	打开
sckListening	2	侦听
sckConnectPending	3	连接挂起
sckResolvingHost	4	正在识别主机
sckHostResolved	5	已识别主机
sckConnecting	6	正在连接
sckConnected	7	已连接
sckClosing	8	正在关闭连接
sckError	9	出错

11.2.2　Winsock 控件的常用方法

1. Connect 方法

使用 TCP 协议时，用于建立与远程服务器的连接，该方法只在客户端使用。

格式：Object.Connect [remoteHost　,　remotePort]

2. Accept 方法

接收一个新的连接请求。该方法只能在服务器端应用程序中的 ConnectRequest 事件过程中使用。

格式：Object.Accept requestID

其中，requestID 参数是 ConnectRequest 事件传递过来的请求号。

3. Listen 方法

进行 TCP 连接时，用于创建套接字并设置为侦听模式。该方法只适用于 TCP 连接。

格式：Object.Listen

4. SendData 方法

用于将数据发送给远程计算机。

格式：Object.SendData data

其中，data 参数是要发送的数据。

5. GetData 方法

用于获取从网络传送给 Winsock 控件的数据，该方法通常在 DataArrival 事件过程中使用。

格式：Object.GetData data　[,　type] [,　maxlen]

其中，data 参数用于存放传过来的数据，一般为变量；type 参数用于指定数据类型；maxlen 用于指定数据的最大长度。

6. Close 方法

用于关闭 TCP 连接。

11.2.3 Winsock 控件的常用事件

1. Connect 事件

该事件在编写客户端应用程序时使用。当与服务器的连接成功后被触发。通常在该事件中写入连接成功提示信息并返回服务器 IP 等。例如：

```
Private Sub Winsock1_Connect()
   MsgBox "成功连接 IP 地址为" & Winsock1.RemoteHostIP & "的服务器! "
End Sub
```

2. ConnectionRequest 事件

该事件只能在使用 TCP 协议编写服务器应用程序时使用。当远程计算机请求连接时被触发，在该事件中经常使用 Accept 方法接受新请求的连接。例如：

```
Private Sub Winsock1_ConnectionRequest(ByVal requestID As Long)
   …
   Winsock1.Accept requestID
   …
End Sub
```

3. DataArrival 事件

当新的数据到达时触发，该事件的 bytesTotal 参数指明了新到达数据的总字节数。

```
Private Sub Winsock1_DataArrival(ByVal bytesTotal As Long)
   …
End Sub
```

4. SendComplete 事件

当完成一个发送操作时触发。

5. Close 事件

当远程计算机关闭连接时被触发。

11.2.4 Winsock 编程模型

1. 基于 TCP 的模型

TCP 协议是面向连接的协议，允许创建和维护与远程计算机的连接。连接两台计算机就可以彼此进行数据传输。将运行服务器应用程序的计算机称为服务器，运行客户端应用程序的计算机称为客户机。

（1）如果创建服务器应用程序，就应设置一个侦听端口（LocalPort 属性）并调用 Listen 方法侦听在这个端口上的传入信息。当客户机传来要求连接的请求时就会发生 ConnectionRequest 事件。可调用 ConnectionRequest 事件内的 Accept 方法完成连接。

（2）如果要创建客户端应用程序，就必须知道服务器的域名或 IP 地址，以便给 RemoteHost 属性设置值，还必须知道服务器应用程序（进程）在哪个端口上进行侦听，以便给 RemotePort 属性设置该端口值。最后调用 Connect 方法连接服务器。

连接成功后，任何一方都可以收发数据。可以调用 SendData 方法来发送数据。当对方发来的数据达到时会触发 DataArrival 事件。此时可调用 DataArrival 事件内的 GetData 方法来接收数据。当所有数据都发送完成后，调用 Close 方法关闭 TCP 连接。基于 TCP 的连接模型如图 11-2 所示。

注：1234 为客户机进程的端口号，6666 为服务器进程的端口号。

从该模型中可以看出，只有当客户机知道了服务器的套接字（IP 地址和端口号）以后，才能和服务器连接成功。

2．基于 UDP 的模型

UDP 协议是一个无连接协议，两台计算机传送数据之前并不需要建立连接。

每台参与通信的计算机既可以是服务器，也可以是客户机。

假设计算机 1 要向计算机 2 发送数据。首先要设置计算机 2 的 LocalPort 属性（假如：5678）。然后在计算机 1 端，将 RemoteHost 属性设置为计算机 2 的 IP 地址（192.168.10.4），将 RemotePort 属性设置为计算机 2 的端口号（5678），并调用 SendData 方法来发送数据。最后，计算机 2 调用 DataArrival 事件内的 GetData 方法来接收计算机 1 发来的数据。基于 UDP 的连接模型如图 11-3 所示。

注：图中的虚线表示传送数据之前并不需要建立连接。

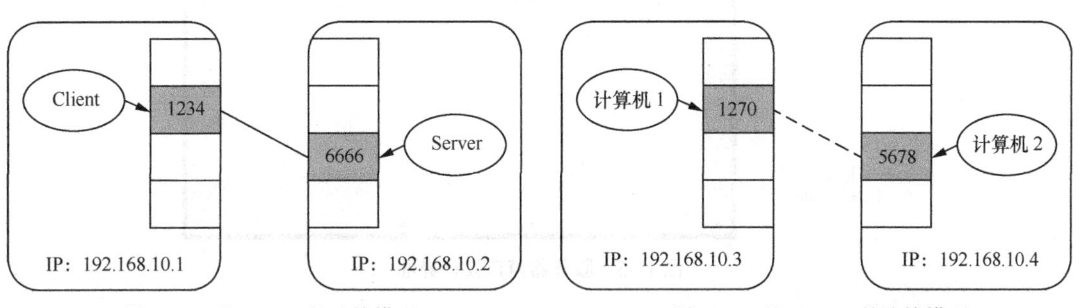

图 11-2　基于 TCP 的连接模型　　图 11-3　基于 UDP 的连接模型

11.2.5　Winsock 控件用法示例——简易聊天程序

下面分别列举两个示例来说明使用 TCP 协议和 UDP 协议开发简易聊天程序的过程。

【例 11-1】使用 TCP 协议编写一个两台主机可以互相发信息聊天的程序。两台主机中一台为服务器，另一台为客户机。所以，需要编写两个程序，分别实现服务器的功能和客户机的功能。

1．服务器端程序设计

（1）启动 VB 6.0，新建一个标准 EXE 工程，将默认窗体名称改为 frmServer。

（2）选择“工程”菜单下的“工程 1 属性”菜单项，在打开的“工程 1—工程属性”对话框中将“工程名称”栏中的内容改为“Server”，并单击“确定”按钮，如图 11-4 所示。

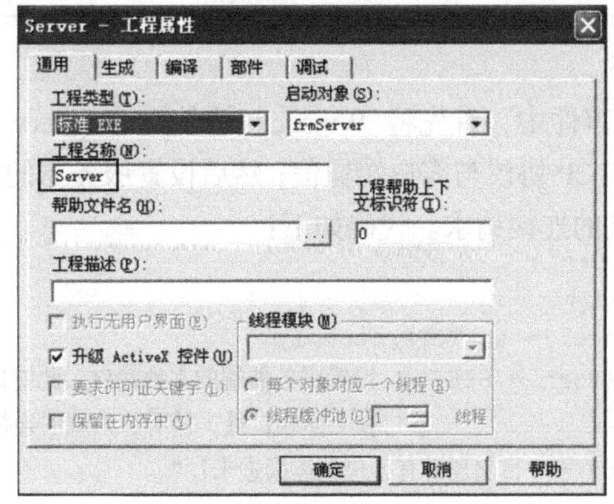

图 11-4　“工程属性”对话框

（3）右击工具箱，选择“部件”菜单项，在打开的“部件”对话框控件列表中选中“Microsoft Winsock Controls 6.0”项，单击“确定”按钮将 Winsock 控件添加到工具箱。

（4）在窗体 frmServer 上，按照图 11-5 所示绘制控件。

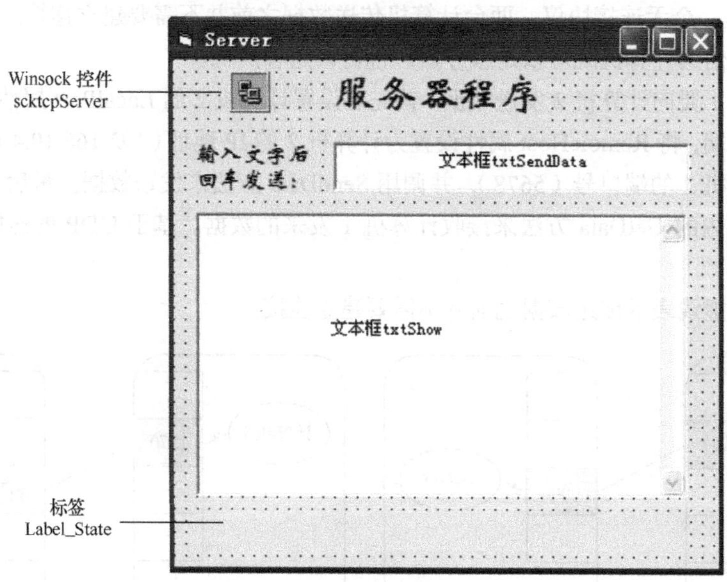

图 11-5 服务器窗口设计界面

（5）各主要控件属性设置如表 11-3 所示。

表 11-3 窗体及主要控件属性

	控 件 名	属 性 名	属 性 值
窗体	FrmServer	Caption	Server
Winsock 控件	ScktcpServer	名称	scktcpServer
标签控件	Label_State	名称	Label_State
文本框	TxtSendData	Text	（空）
文本框	TxtShow	Text	（空）
		MultiLine	True
		ScrollBars	2-Vertical
		Locked	True

（6）编写事件过程如下。

① 初始化。窗体装载事件中，首先将 Winsock 控件 scktcpServer 的 Protocol 属性设置为 sckTCPProtocol，以便使用 TCP 协议与客户端通信；然后设置服务器的本地端口。最后调用 Listen 方法在此端口处侦听客户端的连接请求。代码如下：

```
Private Sub Form_Load()
   scktcpServer.Protocol = sckTCPProtocol
   scktcpServer.LocalPort = 6666  ' 设置服务器端的本地端口，此端口号必须设置
   scktcpServer.Listen            ' 在上面端口处，监听客户端的连接请求
   Label_State.Caption = "目前还没有客户端连接进来！"
End Sub
```

② 接受请求。如果有客户端发来连接请求，则服务器端会自动触发 ConnectionRequest 事件。在该事件过程中，调用 Accept 方法接受客户端发来的连接请求。代码如下：

```
Private Sub scktcpServer_ConnectionRequest(ByVal requestID As Long)
                                              ' 有客户端请求连接，产生该事件
  If scktcpServer.State <> sckClosed Then scktcpServer.Close
  scktcpServer.Accept requestID               ' 接受客户端的连接请求
  Label_State.Caption = "客户端:" & scktcpServer.RemoteHostIP & " 连接入本服务器!"
                                              ' 显示客户端的 ip 地址
  txtSendData.SetFocus
End Sub
```

③ 接收数据。连接成功后，如果客户端发来数据，则服务器端会自动触发 DataArrival 事件。可以在该事件过程中，调用 GetData 方法接受客户端发来的数据，以便处理。代码如下：

```
Private Sub scktcpServer_DataArrival(ByVal bytesTotal As Long)  ' 有数据到达
  Dim strData As String
  scktcpServer.GetData strData         ' 接收对方传过来的数据
  If Len(txtShow.Text) = 0 Then
    txtShow.Text = strData
  Else
    txtShow.Text = txtShow.Text & vbCrLf & strData
  End If
  ' 下面两条语句的功能是使滚动条向下滚动，始终显示下方最新的聊天数据
  txtShow.SelLength = 0
  txtShow.SelStart = Len(txtShow.Text)
End Sub
```

④ 发送数据。连接成功后，如果服务器有数据要向客户端发送，则服务器可以调用 SendData 方法向客户端发送数据。代码如下：

```
Private Sub txtSendData_KeyPress(KeyAscii As Integer)
  If KeyAscii = 13 Then       ' 判断是否按下了回车键
    If scktcpServer.State = sckConnected Then  ' 判断 Winsock 组件是否处于连接状态
      scktcpServer.SendData "服务器 " & Time & vbCrLf & "  " & txtSendData.Text
                                                            ' 发送数据
    If Len(txtShow.Text) = 0 Then
       txtShow.Text = "服务器 " & Time & vbCrLf & "  " & txtSendData.Text
      Else
       txtShow.Text = txtShow.Text & vbCrLf & "服务器 " & Time & vbCrLf & "  " &
     txtSendData.Text
      End If
      txtSendData.Text = ""
      txtShow.SelLength = 0
      txtShow.SelStart = Len(txtShow.Text)
    Else
      MsgBox "目前没有客户端连接入服务器! "
    End If
  End If
End Sub
```

⑤ 对方关闭。如果客户端用户关闭了窗口，则服务器端会自动触发 Close 事件，以便自动执

行该事件过程中的代码。代码如下：

```
Private Sub scktcpServer_Close()      ' 客户端窗体关闭，产生该事件
  Label_State.Caption = "客户端：" & scktcpServer.RemoteHostIP & " 关闭！"
End Sub
```

（7）将过程保存为 Server.vbp，将窗体保存为 frmServer.frm。

（8）选择“文件”菜单中的“生成 Server.exe”，生成一个 exe 可执行文件。

2. 客户端程序设计

（1）新建一个标准 EXE 过程，将默认窗体名称改为 frmClient。

（2）选择“过程”菜单下的“过程 1 属性”菜单项，在打开的“过程 1—工程属性”对话框中将“过程名称”栏中的内容改为“Client”，并单击“确定”按钮。

（3）使用前面的方法将 Winsock 控件添加到工具箱。

（4）在窗体 frmClient 上，按照图 11-6 所示绘制控件。

图 11-6　客户端窗口设计界面

（5）各控件属性设置如表 11-4 所示。

表 11-4　窗体及主要控件属性

	控 件 名	属 性 名	属 性 值
窗体	frmClient	Caption	Client
Winsock 控件	scktcpClient	名称	scktcpClient
标签控件	Label_State	名称	Label_State
文本框	txtSendData	text	（空）
文本框	txtShow	text	（空）
本框	txtShow	MultiLine	True
		ScrollBars	2-Vertical
		Locked	True

（6）编写事件过程如下。

① 初始化。窗体装载事件中，首先将 Winsock 控件 scktcpClient 的 Protocol 属性设置为 sckTCPProtocol，以便使用 TCP 协议与服务器通信；然后设置想要连接的服务器的 IP 地址和端口号。客户端的本地端口号可以不设置，系统会自动选择一个可用的端口号。代码如下：

```
Private Sub Form_Load()
  scktcpClient.Protocol = sckTCPProtocol
  scktcpClient.RemoteHost = "127.0.0.1"
    ' 如果客户端与服务器不在同一台主机上，则该 ip 地址要设置为服务器所在主机的真正 IP 地址
  scktcpClient.RemotePort = 6666 ' 该端口号一定要和服务器端的 LocalPort 属性值相同
  scktcpClient.LocalPort = 1234
                          ' 客户端的本地端口号可以不设置，系统会随机选择一个来用
  Label_State.Caption = "目前还没有连接到服务器！"
End Sub
```

② “连接”按钮。单击“连接”按钮后，调用 Winsock 控件的 Connect 方法向服务器发出连接请求。代码如下：

```
Private Sub cmdConnect_Click()
  scktcpClient.Close       ' 关闭上一次未成功的连接请求
  scktcpClient.Connect     ' 向服务器发出连接请求
End Sub
```

③ 服务器接受请求。服务器接受请求后，会触发下列事件。代码如下：

```
Private Sub scktcpClient_Connect()  ' 连接请求成功
  Label_State.Caption = "成功连接服务器：" & scktcpClient.RemoteHostIP
                                            ' 显示服务器的 ip 地址
  txtSendData.SetFocus
  cmdConnect.Enabled = False
End Sub
```

④ 发送数据。判断文本框 txtSendData 中是否按下了回车键，如果是则调用 SendData 方法将回车键前面的数据发送给服务器，并同时显示在下方的聊天文本框 txtShow 中。代码与服务器端类似。代码如下：

```
Private Sub txtSendData_KeyPress(KeyAscii As Integer)
  If KeyAscii = 13 Then       ' 判断是否按下了回车键
    If scktcpClient.State = sckConnected Then  ' 判断 Winsock 组件是否处于连接状态
      scktcpClient.SendData "客户端 " & Time & vbCrLf & "  " & txtSendData.Text
                                            ' 发送数据
      If Len(txtShow.Text) = 0 Then
        txtShow.Text = "客户端 " & Time & vbCrLf & "  " & txtSendData.Text
      Else
        txtShow.Text = txtShow.Text & vbCrLf & "客户端 " & Time & vbCrLf & "  " &
        txtSendData.Text
      End If
      txtSendData.Text = ""
      ' 这两条语句的功能是使滚动条向下滚动，始终显示下方最新的聊天数据
      txtShow.SelLength = 0
```

```
      txtShow.SelStart = Len(txtShow.Text)
    Else
      MsgBox "目前没有连接服务器，请单击“连接”按钮！"
    End If
  End If
End Sub
```

⑤ 接收数据。如果服务器发来的数据到达本客户机，则会触发下列事件。在该事件中调用 GetData 方法接收数据，并显示在下方的聊天文本框 txtShow 中。代码与服务器端类似。代码如下：

```
Private Sub scktcpClient_DataArrival(ByVal bytesTotal As Long)  ' 有数据到达
  Dim strData As String
  scktcpClient.GetData strData   ' 接收对方传过来的数据
  If Len(txtShow.Text) = 0 Then
    txtShow.Text = strData
  Else
    txtShow.Text = txtShow.Text & vbCrLf & strData
  End If
  ' 这两条语句的功能是使滚动条向下滚动，始终显示下方最新的聊天数据
  txtShow.SelLength = 0
  txtShow.SelStart = Len(txtShow.Text)
End Sub
```

⑥ 对方关闭。

```
Private Sub scktcpClient_Close()
  Label_State.Caption = "服务器：" & scktcpClient.RemoteHostIP & " 关闭！"
End Sub
```

（7）将工程保存为 Client.vbp，将窗体保存为 frmClient.frm。

（8）选择“文件”菜单中的“生成 Client.exe”，生成一个 exe 可执行文件。

3. 测试程序

（1）首先，双击 Server.exe，运行服务器端程序。

（2）然后，双击 Client.exe，运行客户端程序。

（3）单击客户端窗体上的“连接”按钮，向服务器发出连接请求，如果连接成功，双方即可开始相互发送数据。

（4）在客户端界面文本框 txtSendData 中输入文本并按回车键后即可在服务器窗体中看到发送的信息。在服务器窗体文本框 txtSendData 中输入文本并按回车键后也可以在客户端窗体中看到信息。效果如图 11-7 和图 11-8 所示。

本示例也可以在两台不同的主机上进行测试。需要修改的是客户端程序中 Winsock 控件的 RemoteHost 属性。将其设置为另一台主机（服务器）的 IP 地址即可。例如，假设服务器的 IP 地址为“192.168.10.100”，客户端程序设置 RemoteHost 属性的语句如下：

```
scktcpClient.RemoteHost = "192.168.10.100"
```

本示例只是实现了两台主机之间的通信，如果想要让多台主机与服务器通信，应当在服务器程序中放置多个 Winsock 控件，每一个客户端对应一个服务器中 Winsock 控件。

【例 11-2】使用 UDP 协议编写一个两台主机可以互相发信息聊天的程序。两台主机地位平等、不分主次。其中一台称为 Host1，另一台称为 Host2。所以，需要编写两个程序，分别实现两台主

机的功能。事实上，两台主机的程序代码非常类似。

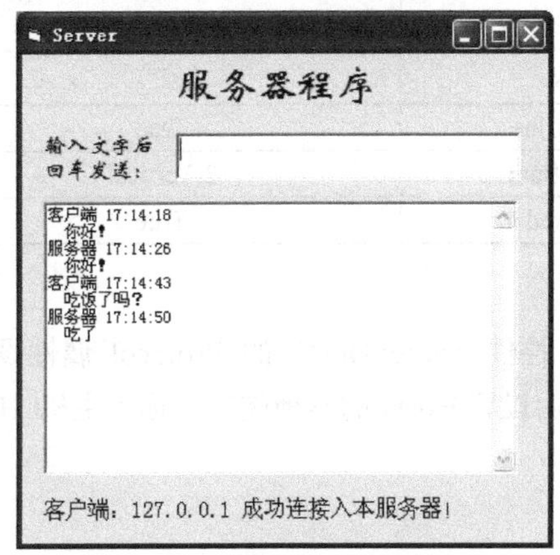

图 11-7　服务器程序运行界面

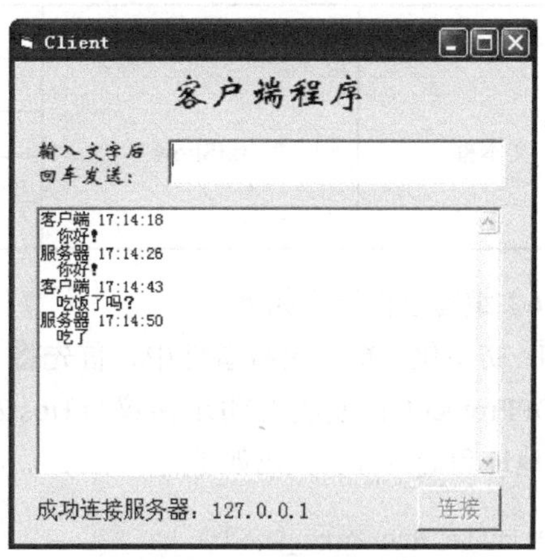

图 11-8　客户端程序运行界面

1. Host1 端程序设计

（1）启动 VB 6.0，新建一个标准 EXE 工程，将默认窗体名称改为 frmHost1。

（2）选择“工程”菜单下的“工程 1 属性”菜单项，在打开的“工程 1—工程属性”对话框中将“工程名称”栏中的内容改为“Host1”，并单击“确定”按钮。

（3）右击工具箱，选择“部件”菜单项，在打开的“部件”对话框控件列表中选中“Microsoft Winsock Controls 6.0”项，单击“确定”按钮将 Winsock 控件添加到工具箱。

（4）在窗体 frm Host1 上，按照图 11-9 所示绘制控件。

图 11-9　Host1 窗口设计界面

（5）各主要控件属性设置如表 11-5 所示。

表 11-5　窗体及主要控件属性

	控 件 名	属 性 名	属 性 值
窗体	frmHost1	Caption	Host1
Winsock 控件	sckudpHost1	名称	sckudpHost1
文本框	txtSendData	Text	（空）

续表

控件	控 件 名	属 性 名	属 性 值
文本框	txtShow	Text	（空）
		MultiLine	True
		ScrollBars	2-Vertical
		Locked	True

（6）编写事件过程如下。

① 初始化。窗体装载事件中，首先将 Winsock 控件 sckudpHost1 的 Protocol 属性设置为 sckUDPProtocol，以便使用 UDP 协议与 Host2 通信；然后设置 Host1 的本地端口及远程主机（Host2）的 IP 地址和端口号。代码如下：

```
Private Sub Form_Load()
   sckudpHost1.Protocol = sckUDPProtocol         ' 设置为 UDP 协议
   sckudpHost1.LocalPort = 1270                  ' 设置本地端口号
   sckudpHost1.RemoteHost = "127.0.0.1"          ' 设置远程主机（Host2）的 IP 地址
   sckudpHost1.RemotePort = 5678                 ' 设置远程主机（Host2）的端口号
   sckudpHost1.SendData ""
End Sub
```

② 发送数据。如果本机 Host1 有数据要向 Host2 发送，则 Host1 可以调用 SendData 方法向 Host2 发送数据。代码如下：

```
Private Sub txtSendData_KeyPress(KeyAscii As Integer)
   If KeyAscii = 13 Then      ' 判断是否按下了回车键
      sckudpHost1.SendData "计算机1 " & Time & vbCrLf & "  " & txtSendData.Text
                     ' 发送数据
      If Len(txtShow.Text) = 0 Then
         txtShow.Text = "计算机1 " & Time & vbCrLf & "  " & txtSendData.Text
      Else
         txtShow.Text = txtShow.Text & vbCrLf & "计算机1 " & Time & vbCrLf & "  " &
         txtSendData.Text
      End If
      txtSendData.Text = ""
      ' 这两条语句的功能是使滚动条向下滚动，始终显示下方最新的聊天数据
      txtShow.SelLength = 0
      txtShow.SelStart = Len(txtShow.Text)
   End If
End Sub
```

③ 接收数据。如果对方（Host2）发来数据，则本机（Host1）会自动触发 DataArrival 事件。可以在该事件过程中，调用 GetData 方法接受对方发来的数据，以便处理。代码如下：

```
Private Sub sckudpHost1_DataArrival(ByVal bytesTotal As Long)
   Dim strData As String
   On Error Resume Next
   sckudpHost1.GetData strData          ' 接收对方传过来的数据
   If Len(txtShow.Text) = 0 Then
      txtShow.Text = strData
   Else
```

```
        txtShow.Text = txtShow.Text & vbCrLf & strData
    End If
    ' 这两条语句的功能是使滚动条向下滚动，始终显示下方最新的聊天数据
    txtShow.SelLength = 0
    txtShow.SelStart = Len(txtShow.Text)
End Sub
```

（7）将过程保存为 Host1.vbp，将窗体保存为 frmHost1.frm。

（8）选择“文件”菜单中的“生成 Host1.exe”，生成一个 exe 可执行文件。

2. Host2 端程序设计

（1）新建一个标准 EXE 过程，将默认窗体名称改为 frmHost2。

（2）选择“过程”菜单下的“过程 1 属性”菜单项，在打开的“过程 1—工程属性”对话框中将“过程名称”栏中的内容改为“Host2”，并单击“确定”按钮。

（3）使用前面的方法将 Winsock 控件添加到工具箱。

（4）在窗体 frmHost2 上，按照图 11-10 所示绘制控件。

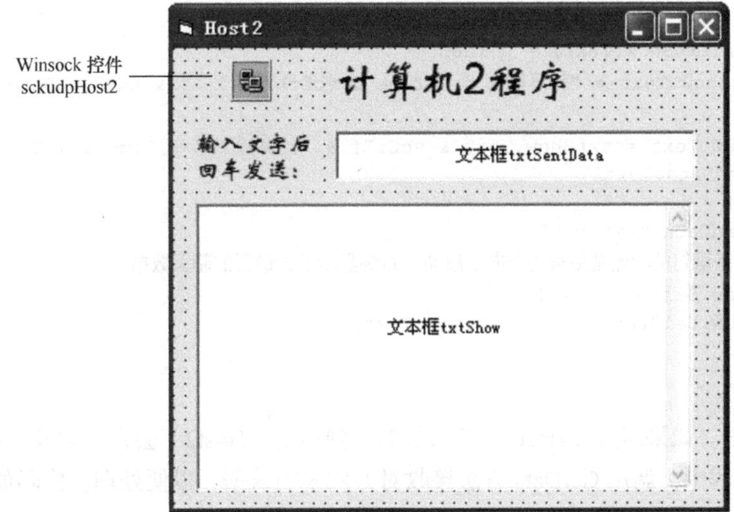

图 11-10　Host2 端窗口设计界面

（5）各控件属性设置如表 11-6 所示。

表 11-6　　窗体及主要控件属性

	控　件　名	属　性　名	属　性　值
窗体	frmHost2	Caption	Host2
Winsock 控件	sckudpHost2	名称	sckudpHost2
文本框	txtSendData	text	（空）
文本框	txtShow	text	（空）
		MultiLine	True
		ScrollBars	2-Vertical
		Locked	True

（6）编写事件过程如下。

① 初始化。窗体装载事件中，首先将 Winsock 控件 sckudpHost2 的 Protocol 属性设置为

sckUDPProtocol，以便使用 UDP 协议与 Host1 通信；然后设置 Host2 的本地端口及远程主机（Host1）的 IP 地址和端口号。代码如下：

```
Private Sub Form_Load()
   sckudpHost2.Protocol = sckUDPProtocol       ' 设置为 UDP 协议
   sckudpHost2.LocalPort = 5678                ' 设置本地端口号
   sckudpHost2.RemoteHost = "127.0.0.1"        ' 设置远程主机（Host1）的 IP 地址
   sckudpHost2.RemotePort = 1270               ' 设置远程主机（Host1）的端口号
   sckudpHost2.SendData ""
End Sub
```

② 发送数据。如果本机 Host2 有数据要向 Host1 发送，则 Host2 可以调用 SendData 方法向 Host1 发送数据。代码如下：

```
Private Sub txtSendData_KeyPress(KeyAscii As Integer)
   If KeyAscii = 13 Then      ' 判断是否按下了回车键
      sckudpHost2.SendData "计算机 2 " & Time & vbCrLf & "  " & txtSendData.Text
            ' 发送数据
      If Len(txtShow.Text) = 0 Then
         txtShow.Text = "计算机 2 " & Time & vbCrLf & "  " & txtSendData.Text
      Else
      txtShow.Text = txtShow.Text & vbCrLf & "计算机 2 " & Time & vbCrLf & "  " &
      txtSendData.Text
      End If
      txtSendData.Text = ""
      ' 这两条语句的功能是使滚动条向下滚动，始终显示下方最新的聊天数据
      txtShow.SelLength = 0
      txtShow.SelStart = Len(txtShow.Text)
   End If
End Sub
```

③ 接收数据。如果对方（Host1）发来数据，则本机（Host2）会自动触发 DataArrival 事件。可以在该事件过程中，调用 GetData 方法接收对方发来的数据，以便处理。代码如下：

```
Private Sub sckudpHost2_DataArrival(ByVal bytesTotal As Long)
   Dim strData As String
   On Error Resume Next
   sckudpHost2.GetData strData    ' 接收对方传过来的数据
   If Len(txtShow.Text) = 0 Then
      txtShow.Text = strData
   Else
      txtShow.Text = txtShow.Text & vbCrLf & strData
   End If
   ' 这两条语句的功能是使滚动条向下滚动，始终显示下方最新的聊天数据
   txtShow.SelLength = 0
   txtShow.SelStart = Len(txtShow.Text)
End Sub
```

（7）将过程保存为 Host2.vbp，将窗体保存为 frmHost2.frm。

（8）选择“文件”菜单中的“生成 Host2.exe”，生成一个 exe 可执行文件。

3. 测试程序

（1）首先，双击 Host1.exe，运行 Host1 端程序。

（2）然后，双击 Host2.exe，运行 Host2 端程序。

（3）在 Host1 端界面文本框 txtSendData 中输入文本并按回车键后即可在 Host2 窗体中看到发送的信息。同理，在 Host2 窗体文本框 txtSendData 中输入文本并按回车键后也可以在 Host1 窗体中看到信息。效果如图 11-11 和图 11-12 所示。

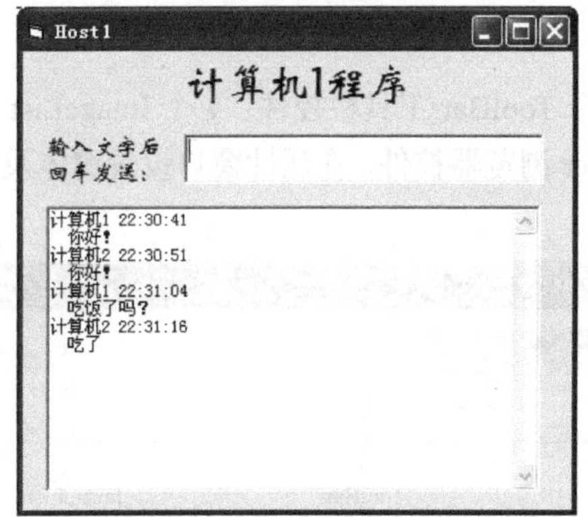

图 11-11　Host1 程序运行界面

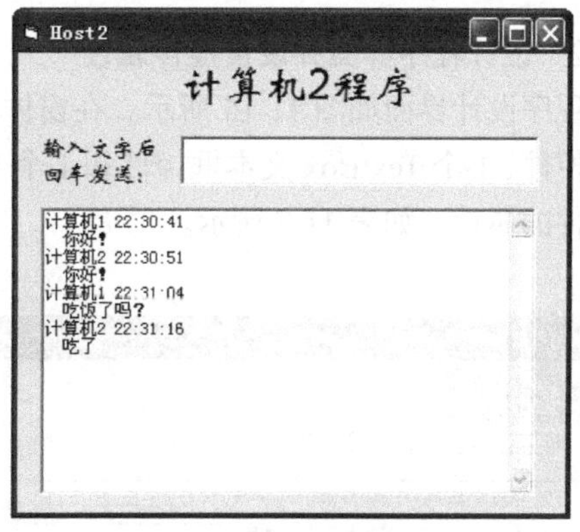

图 11-12　Host2 程序运行界面

本示例也可以在两台不同的主机上进行测试。需要修改的是每台主机中 Winsock 控件的 RemoteHost 属性。将其设置为另一台主机的 IP 地址即可。

假设 Host1 的 IP 地址为“192.168.10.3”，则 Host2 程序设置 RemoteHost 属性的语句如下：

```
sckudpHost2.RemoteHost = "192.168.10.3"
```

假设 Host1 的 IP 地址为“192.168.10.4”，则 Host1 程序设置 RemoteHost 属性的语句如下：

```
sckudpHost1.RemoteHost = "192.168.10.4"
```

11.3　WebBrowser 控件

WebBrowser 控件主要用来编写类似 IE 的浏览器程序。

要使用该控件开发自己的浏览器，需要把它添加到工具箱中。方法：打开“工程”→“部件”菜单项，在弹出的“部件”对话框中选中“Microsoft Internet Controls”项。其在工具箱上的图标如图 11-13 所示。

图 11-13　WebBrowser 控件的图标

WebBrowser 控件的常用方法如下。

（1）Navigate 方法：用于将网页显示到 WebBrowser 控件中。例如：

```
WebBrowser1.Navigate www.sohu.com
```

（2）GoBack 方法：用于将网页返回到前一页。例如：

```
WebBrowser1.GoBack
```

（3）GoForward 方法：用于将网页进入下一页。

（4）GoHome 方法：用于显示主页。

（5）Stop 方法：用于停止在 WebBrowser 控件中显示的网页。

（6）Refresh 方法：用于刷新在 WebBrowser 控件中显示的网页。

【例 11-3】使用 WebBrowser 控件制作自己的简易浏览器。运行界面如图 11-14 所示。

1. 添加控件

首先，将 WebBrowser 控件和工具栏控件添加到工具箱中：打开“工程”→“部件”菜单项，在“部件”对话框中选中“Microsoft Internet Controls”和“Microsoft Windows Common Controls 6.0”两项。

2. 设计程序界面并设置控件属性

程序设计界面如图 11-15 所示。在窗体上添加 1 个 ToolBar 工具栏控件、1 个 ImageList 图像列表控件、1 个 TextBox 文本框控件和 1 个 WebBrowser 浏览器控件。在属性窗口设置窗体及各主要控件的属性，如表 11-7 所示。

图 11-14　例 11-3 运行界面

图 11-15　例 11.3 设计界面

表 11-7　窗体及控件属性

	控　件　名	属　性　名	属　性　值
窗体	Form1	Caption	简易浏览器
		Icon	一个图标文件
工具栏控件	ToolBar1	名称	ToolBar1
		ImageList	ImageList1
文本框控件	txtAddress	名称	txtAddress
		Text	请在此输入网址
图像列表框控件	ImageList1	名称	ImageList1
浏览器控件	WebBrowser1	名称	WebBrowser1

在 ImageList1 图像列表框中加入 5 个图标。在 ToolBar1 工具栏中添加 5 个按钮，图像来源于 ImageList1 图像列表框。

3. 程序代码

（1）窗体大小调整事件

当窗体的大小被改变时，会自动触发窗体大小改变事件 Form_Resize()，在该事件代码中，改变 WebBrowser1 控件的大小（高度和宽度）以便适应窗体的大小。代码如下：

```
Private Sub Form_Resize()
   ' WebBrowser 控件大小随着窗体的改变而改变
   WebBrowser1.Height = ScaleHeight - Toolbar1.Height - txtAddress.Height - 220
```

```
    WebBrowser1.Width = ScaleWidth - 150
End Sub
```

（2）文本框按键事件

当用户在文本框 txtAddress 中输入网址并按下回车后触发下列事件。事件中判断用户是否按下回车键，如果按下了回车键，则执行 WebBrowser1 控件中的 Navigate 方法，以便浏览文本框中输入的网页。代码如下：

```
Private Sub txtAddress_KeyPress(KeyAscii As Integer)
  If KeyAscii = 13 Then    ' 按回车键则浏览网页
    WebBrowser1.Navigate Trim(txtAddress.Text)
  End If
End Sub
```

（3）工具栏单击按钮事件

当用户在工具栏上单击某个按钮时触发下列事件。根据按钮的索引值来判断用户按下了哪个按钮，以便执行相应的操作。代码如下：

```
Private Sub Toolbar1_ButtonClick(ByVal Button As MSComctlLib.Button)
  Select Case Button.Index
    Case 1
      WebBrowser1.GoBack          ' 返回上一页
    Case 2
      WebBrowser1.GoForward       ' 进入下一页
    Case 3
      WebBrowser1.GoHome          ' 显示主页
    Case 4
      WebBrowser1.Refresh         ' 刷新本页
    Case 5
      WebBrowser1.Stop            ' 停止浏览
  End Select
End Sub
```

11.4　Internet Transfer 控件

Internet Transfer 控件能够使用 Internet 上应用最广泛的协议 HTTP（HyperText Transfer Protocol，超文本传输协议）和 FTP（File Transfer Protocol，文件传输协议）下载文件。

HTTP 主要用于从互联网中的服务器上传输 HTML 文档。当在浏览器中以“http://”开始键入一个 Internet 地址时，就是在告诉服务器，想要打开的是一个具有 HTML 格式代码的文档，此时浏览器可以理解并显示这种代码。Internet Transfer 控件还可以用这个协议从 Internet 的服务器上下载网页。

FTP 主要用于从特殊服务器，如 FTP 服务器或 FTP 站点传输二进制文件或文本文件。可以通过服务器名的前缀“ftp://”识别 FTP 服务器。一般的公司都会利用其 FTP 站点传输.zip（已压缩）格式的工程文件和其他二进制文件，如动态链接库（.dll）和可执行文件（.exe）等。Internet Transfer 控件还可以用来管理下载和上传等 FTP 操作。

Internet Transfer 控件是一个 ActiveX 控件，将该控件添加到工具箱的方法为：打开“工程”→

“部件”菜单项，在“部件”对话框中选中“Microsoft Internet Transfer Controls 6.0”项。

1. Internet Transfer 控件的常用属性

（1）AccessType 属性。该属性用于设置或返回与 Internet 进行通信时的访问类型，其取值及含义如表 11-8 所示。

表 11-8　　AccessType 属性取值及含义

常　数	数　值	含　义
icUseDefault	0	使用在注册表中找到的默认设置值访问 Internet，默认值
icDirect	1	直接连接类型，控件直接连接到 Internet
icNamedProxy	2	Internet Transfer 控件通过代理访问 Internet，需要设置 Proxy 属性

（2）UserName 属性。该属性用于设置或返回访问服务器时需要登录的用户名。如果该属性为空，则当提出请求时，Internet Transfer 控件将把“anonymous”作为用户名发送到远程计算机。

（3）Password 属性。该属性用于设置或返回访问服务器时需要登录的密码。

（4）URL 属性。该属性用于设置或返回 Execute 或 OpenURL 方法使用的 URL。该属性至少需要包含一个协议和一个远程主机名。当然，后面也可以包含文件名。

（5）Protocol 属性。该属性用于设置或返回 Internet Transfer 控件当前使用的协议。其取值及含义如表 11-9 所示。

表 11-9　　Protocol 属性取值及含义

常　数	数　值	含　义
icUnknown	0	未知的协议
icDefault	1	默认协议
icFTP	2	FTP 协议（文件传输协议）
icReserved	3	为将来预留
icHTTP	4	HTTP 协议（超文本传输协议）
icHTTPs	5	安全 HTTP 协议

（6）Proxy 属性。该属性用于设置或返回代理服务器的 IP 地址或名称。只有 AccessType 属性设置为 3 时该属性才会有效。另外，该属性页可以指定端口号，例如：

```
Inet1.Proxy = "192.168.10.100:8080"
```

（7）StillExecuting 属性。该属性用于返回一个逻辑值，指明当前的 Internet Transfer 控件是否处于忙状态。如果该控件正在做诸如下载和打开网页之类的操作时，则该属性值返回 True，否则返回 False。

2. Internet Transfer 控件的常用方法

（1）OpenURL 方法

该方法以同步方式连接到远程服务器上，打开并下载一个完整的文档。文档以变体型返回。该方法完成时，URL 的各种属性（以及该 URL 的一些部分，如协议）将被更新，以符合当前的 URL。使用该方法的预计类似于：

```
Text1.Text = Inet1.OpenURL(www.sohu.com)
```

其中，Inet1 是 Internet Transfer 控件的默认名称。上面语句的作用是将 www.sohu.com 的主页内容下载下来复制给 Text1 文本框。

（2）Execute 方法

以异步方式连接远程服务器，向远程服务器发送服务请求并得到服务结果。该方法无返回值。使用该方法的语句类似于：

```
Inet1.Execute FTP://ftp.microsoft.com, "GET aa.txt D:\download\aa.txt"
```

该语句的作用是将 ftp.microsoft.com 站点的 aa.txt 文件下载到本机“D:\download”文件夹中，并起名为 aa.txt。该方法的第二个参数中，除了可以用 GET 运算符下载文件以外，还可以用 DELETE、DIR 和 CD 等多种运算符。

（3）Cancel 方法

Cancel 方法用来取消当前请求，并关闭当前已经建立的所有连接。

3. Internet Transfer 控件的常用事件

Internet Transfer 控件只有一个事件——StateChange 事件。该事件当连接状态发生改变时被触发。StateChange 事件有一个参数 State，该参数的取值及其含义如表 11-10 所示。

表 11-10　State 参数的取值及其含义

常　量	数　值	含　义
icNone	0	无状态可报告
icHostResolvingHost	1	该控件正在查询所指定的主机 IP 地址
icHostResolved	2	该控件已成功找到所指定的主机 IP 地址
icConnecting	3	该控件正在于主机连接
icConnected	4	该控件以于主机连接成功
icRequesting	5	该控件正在向主机发送请求
icRequestSent	6	该控件发送请求成功
icReceivingResponse	7	该控件正在接受主机的响应
icResponseReceived	8	该控件已成功接收到主机的响应
icDisconnecting	9	该控件正在解除于主机的连接
icDisconnected	10	该控件已成功地与主机解除了连接
icError	11	与主机通信时出现了错误
icResponseCompleted	12	该请求已经完成，并且所以数据均已接收到

【例 11-4】使用 Internet Transfer 控件下载网页源代码。程序运行界面如图 11-16 所示。

（1）添加控件。首先，将 Internet Transfer 控件添加到工具箱中：打开“工程”→“部件”菜单项，在“部件”对话框中选中“Microsoft Internet Transfer Controls 6.0”项。

（2）设计程序界面并设置控件属性。如图 11-17 所示，在窗体上添加 1 个 Internet Transfer 控件和 2 个 TextBox 文本框控件。在属性窗口设置窗体及各主要控件的属性，如表 11-11 所示。

表 11-11　窗体及控件属性

	控　件　名	属　性　名	属　性　值
窗体	Form1	Caption	下载网页源代码
文本框控件	txtAddress	名称	txtAddress
		Text	请输入网址并按回车
文本框控件	txtHTML	名称	txtHTML
		Text	（空）

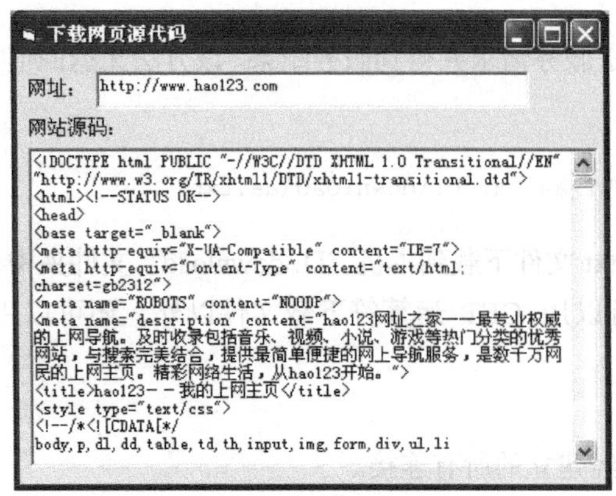

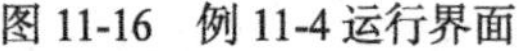
图 11-16　例 11-4 运行界面

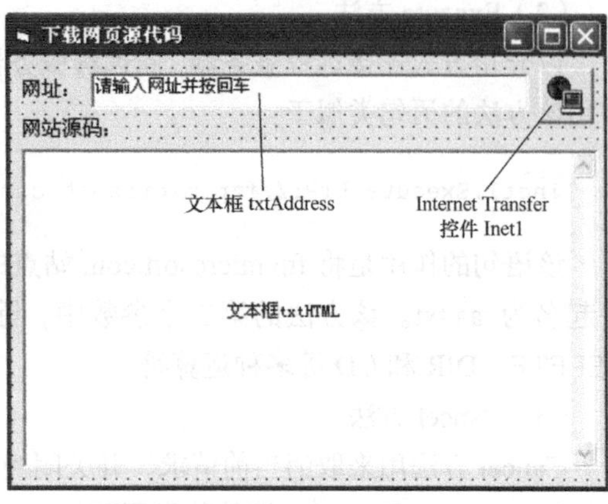

图 11-17　例 11-4 设计界面

（3）程序代码。

① 文本框按键事件。当用户在文本框 txtAddress 中输入网址并按下回车后触发下列事件。事件中判断用户是否按下回车键，如果按下了回车键，则执行 Internet Transfer 控件中的 OpenURL 方法，以便下载网页源代码。代码如下：

```
Private Sub txtAddress_KeyPress(KeyAscii As Integer)
  Dim strAddress As String
  If KeyAscii = 13 Then
    strAddress = txtAddress.Text
    ' 将地址框变为不可用，将鼠标指针变为沙漏
    txtAddress.Enabled = False
    Screen.MousePointer = 11
    ' 把网页的内容复制到文本框中
    txtHTML.Text = Inet1.OpenURL（strAddress）
  End If
End Sub
```

② Internet Transfer 控件的 StateChanged 事件。当使用 OpenURL 方法连接远程主机成功或通信出错时，就会自动触发下列事件。根据 State 参数的值进行不同的处理。代码如下：

```
Private Sub Inet1_StateChanged(ByVal State As Integer)
  Select Case State
    Case icError
      MsgBox "找不到网页或网页不存在！", vbOKOnly + vbExclamation, "提示"
    Case icConnected
      MsgBox "网页源代码下载成功！", vbOKOnly + vbExclamation, "提示"
  End Select
    '将地址框变为可用，将鼠标指针还原
    txtAddress.Enabled = True
    txtAddress.SetFocus
    Screen.MousePointer = 0
End Sub
```

第 12 章 多媒体应用程序设计

12.1 多媒体控件 Multimedia MCI

Multimedia MCI 控件用于管理媒体控制接口（MCI）设备上多媒体文件的记录与播放。它被用来向声卡、MIDI 序列发生器、CD-ROM 驱动器、视频 CD 播放器、视频磁带记录器及播放器等设备发出 MCI 命令；它可以对这些设备进行常规的启动、播放、前进、后退、停止等管理操作；同时 Multimedia MCI 控件还支持.avi 视频文件的播放。

在调用 Multimedia MCI 控件之前，需要执行“工程→部件”菜单命令，将 Microsoft Multimedia Controls 6.0 前的方框选中，在工具箱中便会出现 Multimedia MCI 控件图标。在设计时，把 Multimedia MCI 控件添加到窗体上。它在窗体中的外观如图 12-1 所示。

图 12-1 Multimedia MCI 控件外观

按钮被分别定义为 Prev、Next、Play、Pause、Back、Step、Stop、Record 和 Eject。用户可以为某一个按钮编写程序，从而为其增加特殊功能，但一般情况，默认的按钮功能就能很好地播放音乐和视频。各按钮的作用如表 12-1 所示。

表 12-1 Multimedia MCI 控件各按钮的作用

按钮图标	功 能
⏮	回到当前曲目起点
⏭	到下一个曲目起点
▶	播放一个文件
⏸	暂停
◀	后退一步
▶	前进一步
■	停止
●	对一个设备进行记录
⏏	退出光盘

一个 Multimedia MCI 控件只能控制一个 MCI 设备，如果要对多个设备实现并行控制，则必须添加多个 Multimedia MCI 控件到窗体中。

按默认规定，Multimedia MCI 控件添加到窗体中是可见的。如果不需要通过按钮与用户交互，而只是通过 Multimedia MCI 控件来实现多媒体功能，则可将控件的 Visible 属性设为 False 使其不可见。此外，还可以使单个按钮可见或者不可见，如果想使用控件中的按钮，则可将 Visible 和 Enabled 属性设置为 True，反之，如果不想使用控件中的按钮，则可将 Visible 和 Enabled 属性设置为 False。

12.1.1 常用命令、属性和事件

1. 常用命令

用户可以通过多媒体控件的 Command 属性向多媒体控件发出 MCI 命令，从而实现对 MCI 设备的管理，例如用以下语句来播放选中的媒体文件：

```
MMControl1.Command = "Play"
```

多媒体控件能发出的命令如表 12-2 所示。

表 12-2 Multimedia MCI 控件的 Command 属性的常用命令

命　令	功　能
Open	打开 MCI 设备
Close	关闭 MCI 设备
Play	用 MCI 设备进行播放
Pause	暂停播放或者录制
Stop	停止 MCI 设备
Back	向后步进可用的曲目
Step	向前步进可用的曲目
Prev	跳到当前曲目的起始位置
Next	跳到下一曲目的起始位置
Seek	向前或向后查找曲目
Record	录制 MCI 设备的输入
Sound	播放声音
Eject	从光驱中弹出光盘
Save	保存打开的文件

2. 常用属性

Multimedia MCI 控件的常用属性如下。

（1）AutoEnable 属性。该属性用于决定系统是否具有自动检测 Multimedia MCI 控件各按钮状态的功能。当属性值为 True（默认值）时，系统自动检测 Multimedia MCI 控件各按钮的状态，此时若有按钮为有效状态，则会以黑色显示，若无效，则以灰色显示；当属性值为 False 时，系统不会检测 Multimedia MCI 控件的各按钮状态，所有按钮将以灰色显示。

（2）PlayEnabled 属性。该属性用于决定 Multimedia MCI 控件的各按钮是否处于有效状态。默认值为 False，即无效状态。比如要使用 Play 按钮、Pause 按钮时，可以在控件所在窗体的 Load 事件中添加如下代码：

```
Private Sub Form_Load()
   MMControl1.AutoEnable = False
   MMControl1.PlayEnable = True
   MMControl1.PauseEnable = True
End Sub
```

（3）PlayVisible 属性。该属性用于决定 Multimedia MCI 控件各按钮是否可视。当 Playvisible 属性值为 True 时（默认值），按钮可视；当 PlayVisible 属性值为 False 时，按钮不可视。

（4）Command 属性。该属性用于指定将要执行的 MCI 命令。

（5）DeviceType 属性。该属性用于指定多媒体设备的类型：AVI 动画（AVIVideo）、CD 音乐设备（CDAudio）、VCD 文件（DAT）、数字视频文件（DigitalVideo）、WAV 声音播放设备（WaveAudio）、MIDI 设备（Sequencer）和其他类型。

（6）FileName 属性。该属性指定 Open 命令将要打开的或者 Save 命令将要保存的文件名。

（7）From 属性。该属性指定下一条 Play 或 Record 命令的起始点。在设计时，该属性不可用。

（8）Notify 属性。决定 MMControl 控件的下一条命令执行后，是否产生或回调事件（CallbackEvent）。为 True 则产生。

（9）Length 属性。该属性返回所使用的 MCI 设备的长度。

（10）Position 属性。该属性返回打开的 MCI 设备的当前位置。

（11）Start 属性。该属性返回当前媒体的起始位置。

（12）TimeFormat 属性。该属性设置用来报告位置信息的时间格式。

（13）To 属性。该属性指定下一条 Play 或 Record 命令的终点位置。

（14）UpdateInterval 属性。该属性指定 StatusUpdate 事件之间间隔的毫秒数。

Multimedia MCI 控件的一些主要属性可以通过属性页进行设置，如图 12-2 和图 12-3 所示。

图 12-2　多媒体控件“属性页”对话框

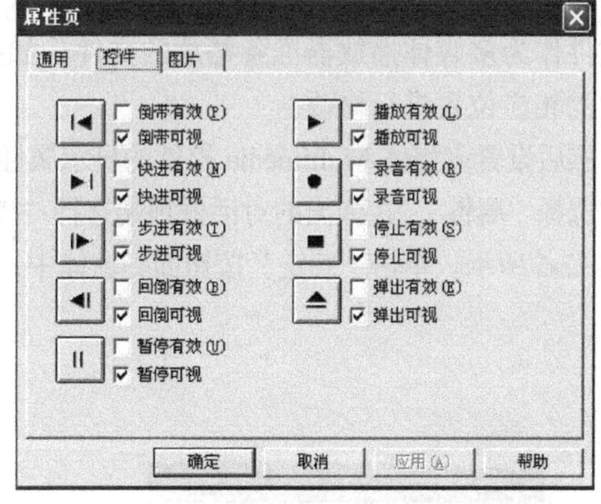

图 12-3　“属性页”对话框的“控件”选项卡

3. 常用事件

（1）ButtonClick 事件。当用户在 Multimedia MCI 控件的按钮上按下并释放鼠标按钮时触发该事件。

（2）ButtonCompleted 事件。当 Multimedia MCI 控件激活的 MCI 命令结束时触发该事件。

（3）Done 事件。当 Notify 属性设置为 True 后所遇到的第一个 MCI 命令结束时触发该事件。

（4）StatusUpdate 事件。按 UpdateInteval 属性所给的时间间隔自动发生。

12.1.2　制作多媒体播放器

Multimedia MCI 控件可以用来播放音频和视频，也就是音乐和电影。本节中将制作一个多媒体播放器，可以用来播放 WAV 格式和 MP3 格式的音频文件，以及 AVI 格式的视频文件。

1. 设计用户界面

新建一个工程，按表 12-3 所示内容创建多媒体播放器窗体。当完成创建窗体的操作后，窗体显示如图 12-4 所示。

表 12-3　　多媒体播放器窗体各控件属性

对　象	属　性	属 性 值
窗体	Name	Form1
	Caption	音乐播放器
标签	Name	Lable1
	Caption	我的播放器
多媒体 Multimedia 控件	Name	MMControl1
	UpdateInterval	1000
单选按钮	Name	Option1
	Caption	Wav
单选按钮	Name	Option2
	Caption	Mp3
单选按钮	Name	Option3
	Caption	Avi
命令按钮	Name	Command1
	Caption	退出

2. 编写程序代码

首先在 D 盘根目录下新建一个文件夹，名字改为 music，里面拷入 3 个音乐文件，一个 WAV 文件，重命名为 one，一个 MP3 文件，重命名为 two，另一个 AVI 文件，重命名为 thr。这 3 个音乐文件作为多媒体播放器准备播放的文件，如果需要，可以修改文件名和保存路径，同时应在代码中的相应位置进行修改。

然后设置多媒体 Multimedia 控件的显示属性。用鼠标右键单击窗体中的多媒体控件，在弹出的菜单中选择"属性"，在弹出的对话框顶端选择"控件"标签，将各个按钮符号旁边的有效选中打上勾，如图 12-5 所示。单击"确定"按钮回到窗体中，这时候多媒体 Multimedia 控件就可以使用了。

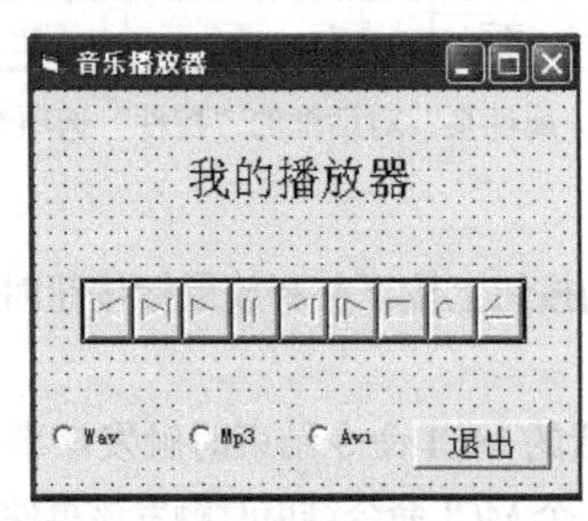

图 12-4　多媒体播放器设计窗体

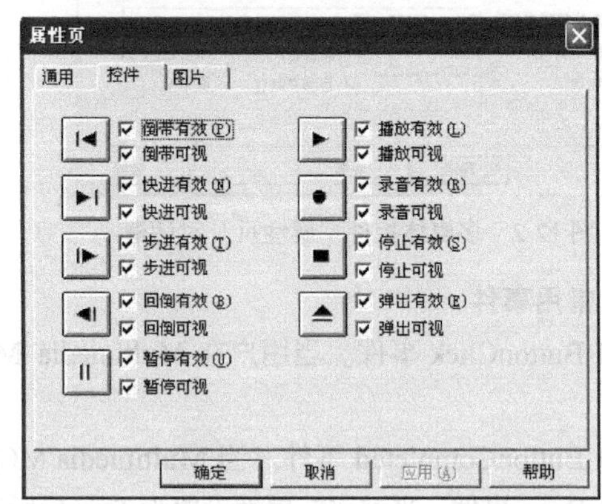

图 12-5　多媒体控件的"控件"选项卡设置

下面为播放器添加代码，以播放一个指定的文件，双击窗体，添加代码到 Form_Load()过程中，初始化播放器：

```
Private Sub Form_Load()
  MMControl1.Notify = False '不返回播放信息
  MMControl1.Wait = True '播放时其他人等待
End Sub
```

在代码窗口的顶部左边的列表中选择 Option1，右边自动选择 Click，在弹出的 Option1_Click()过程中添加播放 WAV 的代码：

```
Private Sub Option1_Click()
   MMControl1.Command = "close" '先关闭播放器
   MMControl1.DeviceType = "Waveaudio" 'Wav 音频格式
   MMControl1.FileName = "d:\music\one.wav" '文件夹中的 one.wav 文件
   MMControl1.Command = "open" '打开设备
   MMControl1.Command = "play" '播放文件
End Sub
```

最后一句用来自动播放，相当于单击播放器的“播放”按钮，播放时必须要有文件名和播放命令。同样找到 Option2 的 Click()过程，添加播放 MP3 的代码：

```
Private Sub Option2_Click()
   MMControl1.Command = "close" '先关闭播放器
   MMControl1.DeviceType = "" '其他类型
   MMControl1.FileName = "d:\music\two.mp3" '文件夹中的 two.mp3 文件
   MMControl1.Command = "open" '打开设备
   MMControl1.Command = "play" '也可以单击播放按钮
End Sub
```

这里的 MP3 格式是压缩格式，属于其他类型，别的跟 WAV 文件相同，都是声音文件，没有图像只有音乐。

Option3 有些不同，它是 AVI 视频格式，也就是既有声音还有图像，它的 Click()代码为：

```
Private Sub Option3_Click()
   MMControl1.Command = "close" '先关闭播放器
   MMControl1.DeviceType = "AviVideo" 'Avi 视频格式
   MMControl1.hWndDisplay = Form1.hWnd '用背景窗体当屏幕
   MMControl1.FileName = "d:\music\thr.avi" '文件夹中的 thr.avi 文件
   MMControl1.Command = "open" '打开设备
   MMControl1.Command = "play" '也可以单击播放按钮
End Sub
```

此处第三行代码是让视频图像显示在背景中，也可以添加一个图片框，把 Form1 改为 Picture1，注意图像的比例一般是 4:3 或者 16:9。

单击“启动”按钮运行程序，单击不同的格式文件来播放音乐，多媒体播放器播放效果如图 12-6 所示。

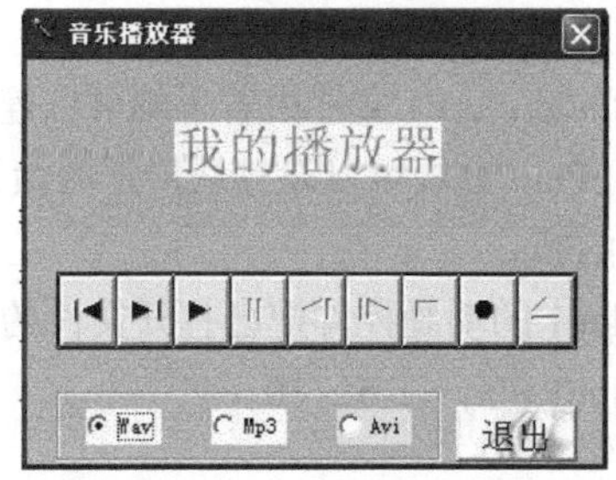

图 12-6　正在运行的多媒体播放器界面

12.2 动画控件 Animation

Animation 控件以标准 Windows 音频/视频格式来显示 AVI 动画。类似于播放电影，每个 AVI 动画都是由一系列位图帧组成的。该控件只能播放无声的 AVI 文件。运行时，Animation 控件是不可见的。

在调用 Animation 控件之前，需要执行"工程→部件"菜单命令，将 Microsoft Windows Commom Controls-2 6.0 前的方框选中，在工具箱中便会出现 Animation 控件图标。

12.2.1 常用属性、事件和方法

1. 常用属性

（1）Center 属性。该属性用于设置动画播放的位置。如将 Center 属性设为 True，则可确保播放的画面位于动画控件的中间位置。设置为 False 时，AVI 文件定位在控件内的（0，0）处。

（2）AutoPlay 属性。该属性用于设置已打开动画文件的自动播放。设置为 True 时，一旦将 AVI 文件加载到 Animation 控件中，则 AVI 文件将连续循环自动播放。设置为 False 时，虽加载了 AVI 文件，但不使用 Play 方法就不会播放 AVI 文件。

例如，

```
Animation1.AutoPlay = True
Animation1.Open <文件名>
```

只需打开文件，不需使用 Play 方法，文件就会自动播放。

2. 事件

Animation 控件常用的事件是 Click 事件。

3. 方法

（1）Open 方法

格式：<动画控件名>.Open <文件名>

打开一个要播放的 AVI 文件。如果 AutoPlay 属性设置为 True，则只要打开该文件，就开始播放。

（2）Play 方法

格式：<动画控件名>.Play [= Repeat][, Start][,End]

在 Animation 控件中播放 AVI 文件。3 个可选参数的意义如下。

- Repeat：用于设置重复播放次数。
- Start：用于设置开始的帧。AVI 文件由若干幅可以连续播放的画面组成，每一幅画面称为 1 帧，第一幅画面为第 0 帧，Play 方法可以设置从指定的帧开始播放。
- End：用于设置结束的帧。

例如，使用名为 Animation1 的动画控件把已打开文件的第 5 幅画面到第 10 幅画面重复 6 遍，可以使用以下语句：Animation1.Play 6，5，10。

（3）Stop 方法

格式：<动画控件名>.Stop

用于终止用 Play 方法播放的 AVI 文件，但不能终止使用 Autoplay 属性播放的文件。

（4）Close 方法

格式：<动画控件名>.Close

用于关闭当前打开的 AVI 文件，如果没有加载任何文件，则 Close 不执行任何操作，也不会产生任何错误。

12.2.2　播放 AVI 动画

下面设计一个简单的无声动画的播放程序。动画播放程序的运行界面如图 12-7 所示。

1. 设计用户界面

新建一个工程，按表 12-4 所示内容创建动画播放窗体。当完成创建窗体的操作后，窗体如图 12-8 所示。

表 12-4　　CD 播放器窗体各控件属性

对　　象	属　　性	属　性　值
窗体	Name	Form1
	Caption	动画播放
命令按钮	Name	Cmdopen
	Caption	打开
命令按钮	Name	Cmdplay
	Caption	播放
命令按钮	Name	Cmdstop
	Caption	停止
命令按钮	Name	Cmdclose
	Caption	关闭
Animation 控件	Name	Animation1
公共对话框	Name	CommonDialog1

图 12-7　播放动画运行界面

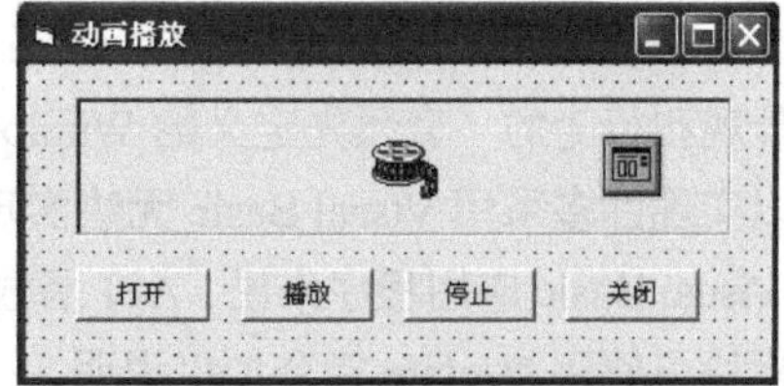

图 12-8　播放动画设计界面

2. 编写程序代码

（1）“打开”按钮

在单击“打开”按钮时弹出“打开文件”对话框，选择要播放的 AVI 文件，编写事件过程如下：

```
Public bopen As Boolean
Private Sub Cmdopen_Click()
   On Error GoTo a0:
   CommonDialog1.Filter = "AVI 文件(*.avi)|*.avi"
   CommonDialog1.ShowOpen
```

```
    Animation1.Open CommonDialog1.FileName
    bopen = True
    Exit Sub
a0:
    bopen = False
End Sub
```

（2）“播放”按钮

打开文件后，单击“播放”按钮时播放动画，编写事件过程代码如下：

```
Private Sub Cmdplay_Click()
    If bopen Then
    Animation1.Play
End Sub
```

（3）“停止”按钮

单击“停止”按钮，停止动画播放，编写事件过程代码如下：

```
Private Sub Cmdstop_Click()
    Animation1.Stop
End Sub
```

（4）“关闭”按钮

单击“关闭”按钮，关闭动画同时结束应用程序，编写事件过程代码如下：

```
Private Sub Cmdclose_Click()
    Animation1.Close
    Unload Me
End Sub
```

12.3 调用多媒体 API 函数开发多媒体应用程序

12.3.1 API 函数简介

API（Application Programming Interface，应用程序编程接口）是一套用来控制 Windows 各个部件的外观和行为的一套预先定义的 Windows 函数。用户可以在编程时调用这些函数。调用 API 函数可以实现许多采用 Visual Basic 无法实现的功能。

对 Visual Basic 应用程序来说，API 函数是外部过程，所以在调用 API 函数之前，一般都必须在整体模块中使用 Declare 指令加以说明，一旦说明之后，就可以把它们当作一般的 VB 所提供的函数或者过程进行调用。例如，VB 要调用 Sleep 函数就必须在标准模块中做如下声明：

Declare Sub Sleep Lib "kernel32" Alias "Sleep"（ByVal dwMilliseconds As Long）

在上面的代码中，程序访问的函数名为 Sleep，库名为 Kernel32，别名也为 Sleep。

在 VB 中，用户通常不需要编写复杂的说明代码来声明调用的函数，可以借助 VB 6.0 中的“API 文本浏览器”工具选择要描述的函数，然后直接插入到程序中即可。

1. 启动 API 浏览器

可以用以下两种方法启动 API 浏览器。

（1）在 Windows 环境下启动。选择“开始”菜单中的“程序”，再选择“Microsoft Visual Basic 6.0 中文版”中的“Microsoft Visual Basic 6.0 中文版工具”，最后单击“API 浏览器”，即可打开

API 浏览器，如图 12-9 所示。

（2）在 VB 环境下启动，操作步骤如下。

① 选择“外接程序”菜单中的“外接程序管理器”命令，打开“外接程序管理器”对话框。

② 在“外接程序管理器”对话框的“可用外接程序”列表中选择“VB 6 API Viewer”，然后在“加载行为”选项组中选中“在启动中加载”和“加载/卸载”两个复选框。

③ 单击“确定”按钮，即可把“API 浏览器”命令添加到“外接程序”菜单中。

④ 执行“外接程序”菜单中的“API 浏览器”命令，可打开 API 浏览器。

2. 加载 API 文件

在“API 浏览器”窗口中选择“文件”菜单下的“加载文本文件”菜单项，弹出“选择一个文本 API 文件”对话框，选择“WIN32API.TXT”文件，单击“打开”按钮，即可装入文本 API 文件。这时 API 浏览器如图 12-10 所示。

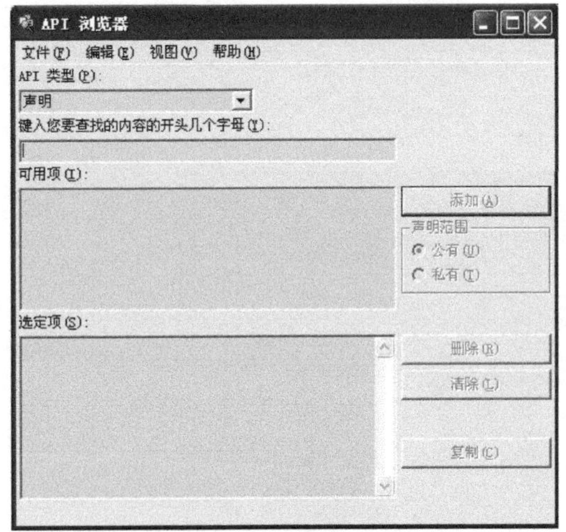

图 12-9　API 浏览器

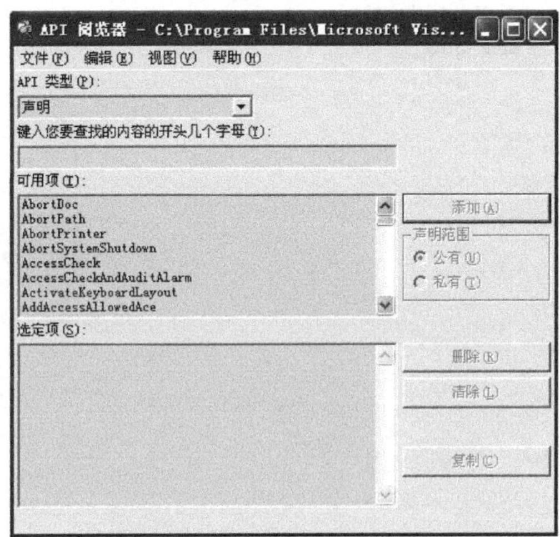

图 12-10　装入 API 文件后的 API 浏览器

12.3.2　API 函数制作多媒体应用程序举例

1. 与多媒体有关的 API

与多媒体有关的 API 函数有很多，以 Wave 开头的函数负责处理语音，以 Midi 开头的函数负责处理音乐合成，用 sndPlaySound 函数可以播放音频文件，用 mciSendString 和 mciSendCommand 函数可以写与 MCI 有关的多媒体应用程序。

sndPlaySound 的语法：sndPlaySound（SoundFile，PlayMode），第一个参数 SoundFile 表示要播放的声音文件，第二个参数 PlayMode 表示播放模式，取值及意义如表 12-5 所示。

表 12-5　播放模式

常　数	值	模　式
SND_SYNC	0	同步播放
SND_ASYNC	1	异步播放
SND_NODEFAULT	2	无指定文件时不播放预设声音
SND_LOOP	8	循环播放
SND_NOSTOP	16	不要停止其他正在播放的声音

2. API 应用实例

下面的程序利用 sndPlaySound 函数播放当前路径下的 10 个声音文件，在程序的通用代码部分声明了外部 API 函数 sndPlaySound，然后在命令按钮 cmdStart 的 Click 事件中循环调用 sndPlaySound 来播放声音。App.Path 是当前程序所在的全路径。

```
Private Declare Function sendPlaySound Lib "winmm.dll" Alias "sndPlaySoundA"
(By Val lpszSoundName As String, ByVal uFlags As Long) As Long
Private Sub cmdStart_Click()
   Dim SoundFile As String, PlayMode As Integer
   PlayMode = 0
   For i = 0 To 9
      SoundFile = App.Path & "\SOUND" & CStr(i) & ".wav"
      DoEvents
      Result = sndPlaySound(SoundFile, PlayMode)
   Next i
End Sub
```

第13章 程序调试与错误处理

本章主要介绍 VB 的程序调试与错误处理技术，其中包括 VB 编程过程中常见的错误类型的产生和表现，以及利用 VB 提供的调试工具和错误处理语句对程序错误进行捕获、处理和修改的方法。VB 为广大用户提供了功能强大的程序调试工具，使用户能够迅速排除编程中出现的问题。

13.1 错误类型

VB 程序设计中常见的错误类型可以分为 3 种：语法错误（Syntax Errors）、运行错误（RunTime Errors）及程序逻辑错误（Logic Errors）。

1. 语法错误

语法错误是指在编译时出现的错误，是最常见的一种错误类型。它主要是由于代码编写时不符合 VB 的语法要求引起的，如拼错关键字、丢失关键字、非法标点符号和遗漏了标点符号、函数调用时一些必须配对的关键字没有成对出现等。

VB 应用程序在编译时会自动检测是否存在语法错误。如果发现了这类错误，会红色高亮显示发生错误的语法行，提示程序员进行更正，相对来说这类错误比较容易解决。

编译错误如图 13-1 所示。

2. 运行错误

应用程序在运行期间执行了非法操作或数据库连接有问题等情况，就会导致运行错误。发生这类错误的程序一般语法没有错误，编译能够通过，只有在运行时才出错，如类型不匹配、除数为 0、访问不存在的文件、数组的下标越界等。出现此类错误时，程序会自动中断，同时给出相应的错误提示信息。运行错误如图 13-2 所示。

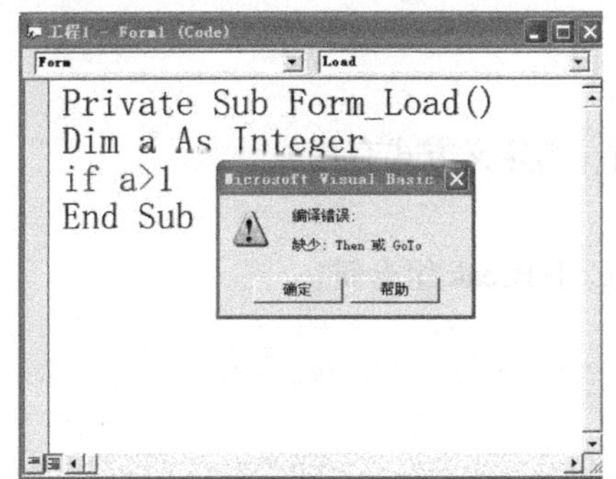

图 13-1 编译错误提示对话框

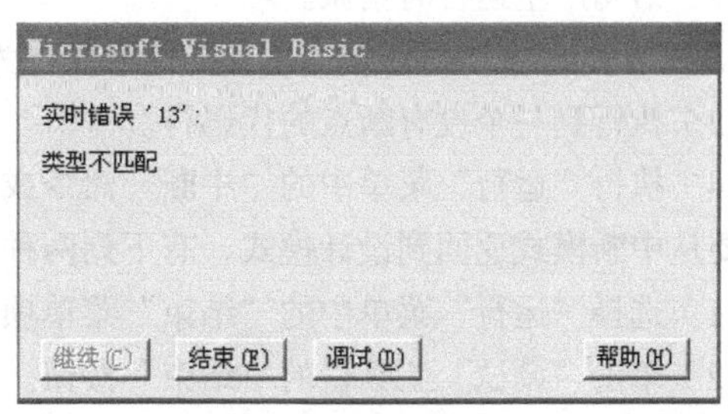

图 13-2 运行错误提示对话框

3. 逻辑错误

逻辑错误指的是程序可以正常执行，但是无法得到用户所希望的结果。这并不是程序语句的错误，而是由于程序设计时本身存在逻辑缺陷所致。例如，定义了错误的变量类型，或者在程序中出现了不正确的循环次数或死循环等。大多数逻辑错误不容易发觉是在哪一条语句发生的，而且错误产生的原因与产生错误结果的语句之间可能隔有多条语句，因而难以发现。VB 提供了程序调试功能以便程序员能够查找该类错误的根源。

13.2 代码调试

程序中的错误是难以避免的，尤其是难以查找的逻辑错误。为此 VB 不但提供了专门的调试工具来帮助程序设计人员查找并排除错误，而且提供了有关的捕获错误和处理错误的语句用于设计错误处理程序。

13.2.1 Visual Basic 三种工作模式

VB 具有集程序编辑、解释和运行于一体的集成环境。按其工作状态可分为 3 种模式：设计模式、运行模式及中断模式。

1. 设计模式

设计模式是代码在编写过程所在的模式。在该模式下，可以进行程序的界面和代码编写。在此阶段，根据设计目标的不同，不同的代码被写在相应的模块里。当要执行一个程序时，可以单击“运行”菜单中的“开始”命令，或者按 F5 功能键。当程序处于设计模式时，除了可以设置断点和创建监视表达式外，不能使用其他调试工具。

2. 运行模式

当代码编写完成后就进入了运行模式，在运行模式下，程序处于运行状态，此时可以查看程序代码或者与应用程序对话，但不能修改程序。单击“运行”菜单中的“结束”命令可以使之由运行状态转到设计状态。用“运行”菜单中的“中断”命令或者按下 Ctrl+Break 组合键就进入了中断模式。

3. 中断模式

中断模式使运行中的程序处于挂起状态。一旦发生了错误，就应进入中断模式来调试代码。在此模式下，可以使用各种调试工具，如设置断点、改变某变量的值、观察某变量的值等，以便发现或者更正错误。

以下情况发生时都会使程序自动地进入中断模式。

（1）语句产生运行时错误。

（2）“添加监视”对话框中定义的中断条件为真时（与定义方式有关）。

（3）执行到一个设有断点的代码行。

（4）执行“运行”菜单中的“中断”命令或单击 Ctrl+Break 组合键。

要从中断模式返回到设计模式，有下列两种方法。

（1）选择“运行”菜单中的“结束”菜单项。

（2）单击“调试”工具栏的“结束”按钮。

要从中断模式重新进入运行模式，有下列 3 种方法。

（1）选择“运行”菜单中的“继续”菜单项。

（2）单击“调试”工具栏的“继续”按钮（在中断模式下，“启动”按钮变为“继续”按钮）。

（3）使用快捷键 F5。

13.2.2　调试工具

调试工具的功能是提供应用程序的当前状态，以便程序员分析代码的运行过程，了解变量、表达式和属性值的变化情况。有了调试工具，程序员就能深入到应用程序内部去观察程序的运行过程和运行状态。

VB 提供的调试功能设置在“调试”菜单下，如图 13-3 所示。调试工具包括断点、中断表达式、监视表达式、逐语句运行、逐过程运行、显示变量和属性的值等。此外 VB 还提供了一个专用的程序调试工具栏，如图 13-4 所示。在“视图”菜单下选择“工具栏”菜单项下“调试”命令，可以打开调试工具栏。表 13-1 所示为每个调试工具的作用。

图 13-3　“调试”菜单

图 13-4　调试工具栏

表 13-1　调试工具功能

调 试 工 具	作　　用
断点	程序运行到该处将暂时停止运行
逐语句	执行程序代码的下一行，并跟踪到过程中
逐过程	执行程序代码的下一行，但并不跟踪到过程中
跳出	执行当前过程的其他部分，并在调用过程的下一行处中断执行

13.2.3　调试窗口

在中断模式下，利用调试窗口可以观察有关变量的值。VB 提供了“立即”、“本地”、“监视”3 种调试窗口。

1. “立即”窗口

“立即”窗口可以在中断模式下自动激活，还可以通过其他方法打开。例如，单击“调试”工具条上的“立即窗口”按钮，执行“视图”工具条上的“立即窗口”命令，或者按下 Ctrl+G 组合键。该窗口是最方便、最常用窗口。立即窗口的使用有两种方法。

（1）可以在程序代码中利用 Debug.Print 方法，把输出送到“立即”窗口。

例如：`debug.print "a = ";a`

（2）设置某程序行为断点后，可以直接在窗口输入语句，如输入“?a”，则可将变量 a 的值显示在窗体上，因此，立即窗口可以在中断状态下使用。在运行状态时可以在窗口输入代码，来测试某个命令的使用。

2. “监视”窗口

“监视”窗口在代码运行过程中监控并显示当前监视表达式的值。在中断状态下，可以使用监视窗口显示当前的某个变量或表达式的值。在使用监视窗口监视表达式的值时，应首先利用“调试”菜单的“添加监视命令”或“快速监视”命令添加监视表达式及设置监视类型。如图 13-5 和图 13-6 所示。

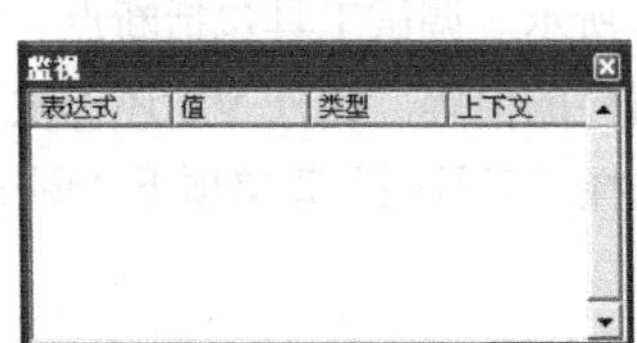

图 13-5 “监视”窗口

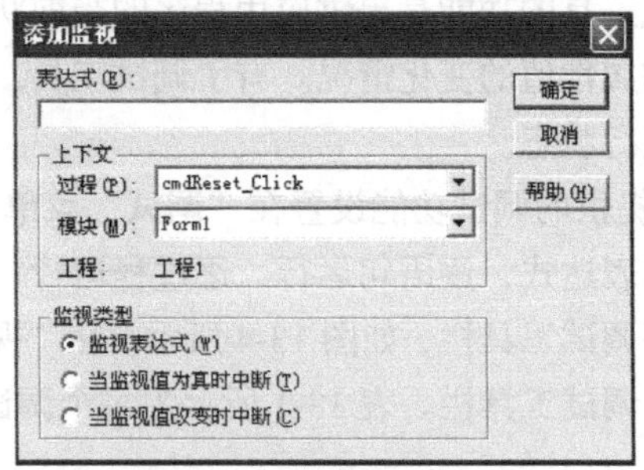

图 13-6 “添加监视”对话框

在图 13-6 所示的对话框中输入相应的监视表达式、上下文及类型。其中“表达式”中输入要监视的表达式或参数名；“上下文”用于选择所要考察的模块或过程，监视表达式将在这些模块或过程中进行计算，并在监视窗口中显示其值；“监视类型”用于指定在何种条件下进入中断模式。

3. “本地”窗口

“本地”窗口只显示当前过程中所有变量和对象值，只在中断模式下可用，在设计和运行时均不可用。当程序的执行从一个过程切换到另一个过程时，本地窗口的内容也会随之发生相应的变化，即它只反映当前过程中可用的变量，如图 13-7 所示。

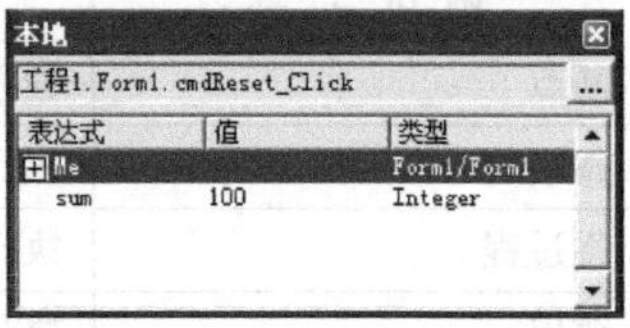

图 13-7 “本地”窗口

13.2.4 调试方法

1. 中断程序

中断程序的执行是指当程序运行到某一行语句时，就进入中断状态，不再继续执行。这样程序员就可以在中断状态下调试程序。常用的方法是通过设置断点来实现，有关断点的相关操作包括以下几种。

（1）设置断点。将插入点放在要设置断点的行，然后使用下述操作之一便可为该行设置断点。

① 选择“调试”菜单中的“切换断点”命令。

② 单击调试工具栏中的按钮。

③ 按 F9 键。

为某一行设置了断点后，该行代码将以红底白字显示，并在左侧边界指示条中出现一个红色的圆圈，表示这一行代码已被设置了断点，如图 13-8 所示。

（2）清除断点。对已设置断点的行，再执行和上面相同的操作便可清除已有的断点。

（3）清除所有断点。选择“调试”菜单中的“清除所有断点”命令，或按 Ctrl+Shift+F9 组合键。

2. 单步调试

所谓单步调试即逐个语句或逐个过程地执行程序，程序每执行完一条语句或一个过程，就发生中断。

（1）逐语句执行。此项操作是逐条语句地执行代码，即每次运行一行代码。当进入到过程中时，也将在该过程中逐条语句执行代码。

逐条语句执行代码有下面 3 种方法：

① 选择“调试”菜单中的“逐语句”命令；

② 单击调试工具栏中的 按钮；

③ 按 F8 键。

当逐语句执行代码时，执行点将移动到下一行，且该行将以黄底黑字显示，而且，在左侧的边界指示条中还会出现一个黄色的箭头，如图 13-9 所示。

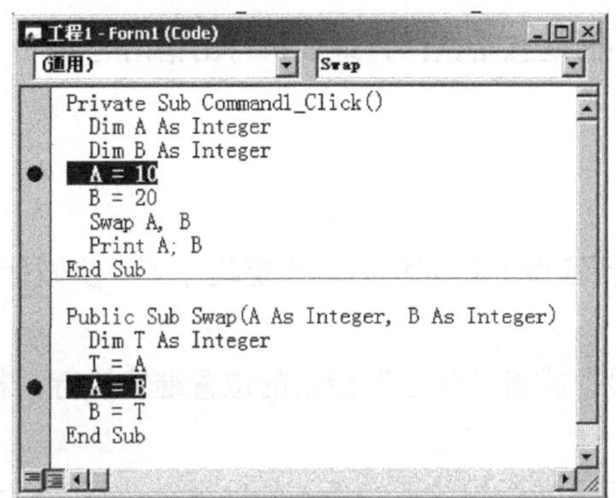

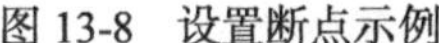
图 13-8　设置断点示例

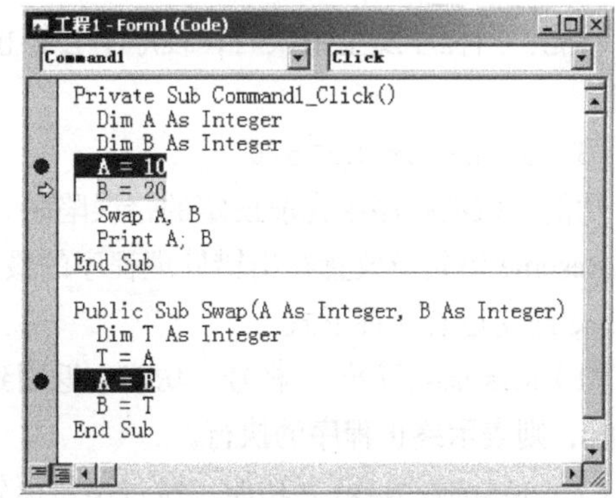

图 13-9　单步调试示例

（2）逐过程执行。此项操作单步执行代码，如果碰到过程调用，则不进入该过程，也就是说，将过程调用看作一行语句来执行。

逐过程执行有下面 3 种方法：

① 选择“调试”菜单中的“逐过程”命令；

② 单击调试工具栏中的 按钮；

③ 按 Shift+F8 组合键。

（3）跳出过程。此项操作将当前过程中执行点后面的语句全部执行，并将下一执行点定位在调用该过程的语句的下一行。

跳出过程有下面 3 种方法：

① 选择“调试”菜单中的“跳出”命令；

② 单击调试工具栏中的按钮；

③ 按 Ctrl+Shift+F8 组合键。

13.3　错 误 处 理

利用 VB 调试工具能够排除程序代码中的错误，但是却无法处理在程序运行过程中由于运行环境、资源使用等因素引起的错误。为了避免这种错误，应用程序本身就应当具有一定的错误捕获与错误处理功能，也就是设计专门能够用于错误处理的程序，为此 VB 提供了一系列错误捕获与错误处理的语句和函数。

错误处理程序由错误陷阱、错误处理和退出处理 3 部分组成，通过错误捕获语句、恢复语句以及有关的错误处理函数和语句来实现。

VB 提供了 On Error 语句设置错误陷阱，捕捉错误。On Error 语句有 3 种形式。

（1）On Error GoTo 行号 | 标号

功能：该语句用来设置错误陷阱，并指定错误处理子程序的入口。“行号”或者“标号”是错误处理子程序的入口，位于错误处理子程序的第一行。例如：

```
On Error GoTo 100
```

指发生错误时，跳到从行号 100 开始的错误处理子程序。

（2）On Error Resume Next

功能：当程序发生错误时，程序不会终止执行，而是忽略错误，继续执行出错语句的下一条语句。

（3）On Error GoTo 0

功能：取消程序中先前设定的错误陷阱。

Resume 语句应放置在出错处理程序的最后，以便错误处理完毕后，指定程序下一步做什么。Resume 语句也有 3 种形式。

（1）Resume 行号 | 标号。功能：返回到“行号”或者“标号”指定的位置继续执行，若行号为 0，则表示终止程序的执行。

（2）Resume Next。功能：跳过出错语句，返回出错语句的下一条语句处继续执行。

（3）Resume。功能：返回到出错语句处重新执行。

附录
常用字符与ASCII代码对照表

ASCII 值	字符	ASCII 值	字符	ASCII 值	字符	ASCII 值	字符
0	NUT	32	（space）	64	@	96	、
1	SOH	33	!	65	A	97	a
2	STX	34	”	66	B	98	b
3	ETX	35	#	67	C	99	c
4	EOT	36	$	68	D	100	d
5	ENQ	37	%	69	E	101	e
6	ACK	38	&	70	F	102	f
7	BEL	39	,	71	G	103	g
8	BS	40	(	72	H	104	h
9	HT	41	)	73	I	105	i
10	LF	42	*	74	J	106	j
11	VT	43	+	75	K	107	k
12	FF	44	,	76	L	108	l
13	CR	45	-	77	M	109	m
14	SO	46	.	78	N	110	n
15	SI	47	/	79	O	111	o
16	DLE	48	0	80	P	112	p
17	DCI	49	1	81	Q	113	q
18	DC2	50	2	82	R	114	r
19	DC3	51	3	83	X	115	s
20	DC4	52	4	84	T	116	t
21	NAK	53	5	85	U	117	u
22	SYN	54	6	86	V	118	v
23	TB	55	7	87	W	119	w
24	CAN	56	8	88	X	120	x
25	EM	57	9	89	Y	121	y
26	SUB	58	:	90	Z	122	z
27	ESC	59	;	91	[	123	{
28	FS	60	<	92	\	124	|
29	GS	61	=	93	]	125	}
30	RS	62	>	94	^	126	~
31	US	63	?	95	—	127	DEL

参考文献

[1] 张彦玲，于志翔．Visual Basic 6.0 程序设计教程[M]．北京：电子工业出版社，2009.

[2] 郑丽．Visual Basic 程序设计[M]．北京：清华大学出版社，2009.

[3] 邹丽明．Visual Basic 6.0 程序设计与实训[M]．北京：电子工业出版社，2008.

[4] 范晓平．Visual Basic 软件开发项目实训[M]．北京：海洋出版社，2006.

[5] 郑阿奇，曹戈．Visual Basic 实用教程[M]．北京：电子工业出版社，2007.